필요충분한 수학유형서

중등수학 3-1

거인의 어깨가 필요할 때

만약 내가 멀리 보았다면, 그것은 거인들의 어깨 위에 서 있었기 때문입니다.
If I have seen farther, it is by standing on the shoulders of giants.

오래전부터 인용되어 온 이 경구는, 성취는 혼자서 이룬 것이 아니라
많은 앞선 노력을 바탕으로 한 결과물이라는 의미를 담고 있습니다.
과학적으로 큰 성취를 이룬 뉴턴(Newton, I.: 1642~1727)도
과학적 공로에 관해 언쟁을 벌이며 경쟁자에게 보낸 편지에
이 문장을 인용하여 자신보다 앞서 과학적 발견을 이룬 과학자들의
도움을 많이 받았음을 고백하였다고 합니다.

수학은 어렵고, 잘하기까지 오랜 시간이 걸립니다.
그렇기에 수학을 공부할 때도 거인의 어깨가 필요합니다.

<각 GAK>은 여러분이 오를 수 있는 거인의 어깨가 되어
여러분의 수학 공부 여정을 함께 하겠습니다.
<각 GAK>의 어깨 위에서 여러분이 원하는
수학적 성취를 이루길 진심으로 기원합니다.

Structure
구성과 특장

개념 익히고,

1. 교과서에서 다루는 기본 개념을 충실히 반영하여 반드시 알아야 할 개념들을 빠짐없이 수록하였습니다.

2. 개념마다 기본적인 문제를 제시하여 개념을 바르게 이해하였는지 점검할 수 있도록 하였습니다.

기출 & 변형하면 …

수학 시험지를 철저하게 분석하여 빼어난 문제를 선별하고 적확한 유형으로 구성하였습니다.
왼쪽에는 기출 문제를 난이도 순으로 배치하고 오른쪽에는 왼쪽 문제의 변형 유사 문제를 배치하여 ③ 가로로 익히고 ④ 세로로 반복하는 학습을 할 수 있습니다.
유형마다 시험에서 자주 다뤄지는 문제는 ★___로 표시해 두었습니다. 또한 서술형으로 자주 출제되는 문제는 **서술형**으로 표시해 두었습니다.

실력 완성!

총정리 학습!
B Step에서 공부했던 유형에 대하여 점검할 수 있도록 구성하였으며, B Step에서 제시한 문항보다 다소 어려운 문항을 단원별로 2~3문항씩 수록하였습니다.

A step 개념 익히고, 01 제곱근과 실수

개념 1
제곱근의 뜻과 표현
> 유형 1~4

(1) 제곱근: 어떤 수 x를 제곱하여 a ($a \geq 0$)가 될 때, 즉 $x^2 = a$일 때 x를 a의 제곱근이라 한다.

(2) 제곱근의 개수
① 양수의 제곱근은 양수와 음수 2개가 있고, 그 두 수의 절댓값은 서로 같다.
② 0의 제곱근은 0의 1개이다. ← 제곱하여 0이 되는 수는 0뿐이다.
③ 음수의 제곱근은 없다. ← 제곱하여 음수가 되는 수는 없다.

(3) 제곱근의 표현
① 제곱근은 기호 $\sqrt{}$ (근호)를 사용하여 나타내고, 이것을 '제곱근' 또는 '루트(root)'라 읽는다.
② 양수 a의 제곱근 중 양수인 것을 양의 제곱근, 음수인 것을 음의 제곱근이라 하며 다음과 같이 나타낸다.
➡ 양의 제곱근: $\sqrt{a}$, 음의 제곱근: $-\sqrt{a}$

참고 a의 제곱근과 제곱근 a의 비교 (단, $a > 0$)

	a의 제곱근	제곱근 a
뜻	제곱하여 a가 되는 수	a의 양의 제곱근
표현	$\sqrt{a}, -\sqrt{a}$	$\sqrt{a}$
개수	2	1

개념 2
제곱근의 성질
> 유형 5~13

(1) 제곱근의 성질
$a > 0$일 때
① a의 제곱근을 제곱하면 a가 된다.

B step 기출 & 변형하면…

유형 1 제곱근의 뜻
> 개념 1

0019 x가 7의 제곱근일 때, 다음 중 x와 7 사이의 관계식으로 옳은 것은?
① $\sqrt{x} = 7$ ② $x^2 = 7^2$ ③ x
④ $\sqrt{x} = \sqrt{7}$ ⑤ $x^2 =$

→ **0020** x가 양수 a의 제곱근일 때, 다음 중 x와 a 사이의 관계를 식으로 바르게 나타낸 것은?
① $\sqrt{a}$ ② $a = \sqrt{x}$ ③ $x = 2a$
④ a ⑤ $a^2 = x$

유형 2 제곱근의 이
> 개념 1

0021 다음 중 옳은 것은
① -36의 제곱근은 ± 6
② $\sqrt{9}$의 제곱근은 ± 3이
③ 0.04의 제곱근은 0.02와 -0.02이다.
④ 제곱근 0.16은 0.4이
⑤ 제곱하여 0.3이 되는

→ **0022** 다음 **보기** 중 제곱근에 대한 설명으로 옳은 것을 모두 고르시오.

보기
ㄱ. 제곱근 $\sqrt{16}$은 2이다.
ㄴ. 음이 아닌 모든 수의 제곱근은 2개이다.
ㄷ. ± 0.5는 0.25의 제곱근이다.
ㄹ. $-\sqrt{3}$은 -3의 음의 제곱근이다.

0023 $x^2 = 25$일 때, 다음 중 옳지 않은 것은?

C step 실력 완성!

0111 다음 중 제곱근에 대하여 잘못 말한 학생은?

> 현우: $\dfrac{25}{4}$의 제곱근은 2개이고, 두 제곱근의 합은 0이야.
> 진아: 9^2의 제곱근은 ± 9야.
> 사랑: 제곱근 0.81은 0.9야.
> 승유: $\sqrt{256}$의 양의 제곱근은 16이야.
> 하은: $\left(-\dfrac{1}{6}\right)^2$의 음의 제곱근은 $-\dfrac{1}{6}$이야.

① 현우 ② 진아 ③ 사랑
④ 승유 ⑤ 하은

0112 닮음비가 1 : 3인 두 정사각형의 넓이의 합이 60일 때, 작은 정사각형의 한 변의 길이는?
① $\sqrt{2}$ ② $\sqrt{3}$ ③ 2
④ $\sqrt{5}$ ⑤ $\sqrt{6}$

0114 $-\sqrt{\dfrac{16}{25}} \times \sqrt{225} + \sqrt{(-8)^2}$을 계산하면?
① -1 ② -2 ③ -3
④ -4 ⑤ -5

0115 $b < 0 < a$일 때, $\sqrt{(3a)^2} + \sqrt{(-b)^2} + \sqrt{(b-a)^2}$을 간단히 하면?
① $2a$ ② $2a + 2b$ ③ $4a - 2b$
④ $3a$ ⑤ $2a - 2b$

개념 2 제곱근의 성질

0006 다음 수를 근호를 사용하지 않고 나타내시오.

(1) $\sqrt{(-5)^2}$　　　　(2) $-\sqrt{7^2}$

(3) $(-\sqrt{0.6})^2$　　　(2) $\sqrt{\left(\frac{3}{2}\right)^2}$

0007 다음을 계산하시오.

(1) $\sqrt{2^2}+\sqrt{(-13)^2}$　　(2) $(-\sqrt{10})^2-\sqrt{3^2}$

(3) $(\sqrt{6})^2\times\sqrt{\left(-\frac{5}{3}\right)^2}$　(4) $\sqrt{64}\div\sqrt{(-4)^2}$

0008 $a\geq0$일 때, 다음 식을 간단히 하시오.

(1) $\sqrt{a^2}+\sqrt{(-3a)^2}$　　(2) $\sqrt{(6a)^2}-\sqrt{(-7a)^2}$

0009 $a<0$일 때, 다음 식을 간단히 하시오.

(1) $\sqrt{a^2}+\sqrt{(-3a)^2}$　　(2) $\sqrt{(6a)^2}-\sqrt{(-7a)^2}$

개념 3 제곱근의 대소 관계

0010 다음 ◯ 안에 알맞은 부등호를 써넣으시오.

(1) $\sqrt{5}$ ◯ $\sqrt{7}$　　(2) $\sqrt{6}$ ◯ 6

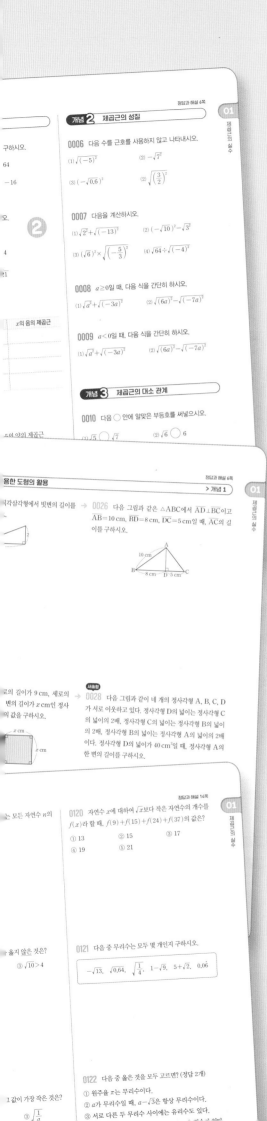

0026 다음 그림과 같은 △ABC에서 $\overline{AD}\perp\overline{BC}$이고 $\overline{AB}=10$ cm, $\overline{BD}=8$ cm, $\overline{DC}=5$ cm일 때, $\overline{AC}$의 길이를 구하시오.

서술형

0028 다음 그림과 같이 네 개의 정사각형 A, B, C, D가 서로 이웃하고 있다. 정사각형 D의 넓이는 정사각형 C의 넓이의 2배, 정사각형 C의 넓이는 정사각형 B의 넓이의 2배, 정사각형 B의 넓이는 정사각형 A의 넓이의 2배이다. 정사각형 D의 넓이가 40 cm²일 때, 정사각형 A의 한 변의 길이를 구하시오.

0120 자연수 x에 대하여 $\sqrt{x}$보다 작은 자연수의 개수를 $f(x)$라 할 때, $f(9)+f(15)+f(24)+f(37)$의 값은?

① 13　　② 15　　③ 17

④ 19　　⑤ 21

0121 다음 중 무리수는 모두 몇 개인지 구하시오.

$$-\sqrt{13},\ \sqrt{0.64},\ \sqrt{\frac{1}{4}},\ 1-\sqrt{9},\ 5+\sqrt{2},\ 0.06$$

0122 다음 중 옳은 것을 모두 고르면? (정답 2개)

① 원주율 π는 무리수이다.
② a가 무리수일 때, $a-\sqrt{3}$은 항상 무리수이다.
③ 서로 다른 두 무리수 사이에는 유리수도 있다.

정답과 해설

출제 의도에 충실하고 꼼꼼한 해설입니다. 논리적으로 쉽게 설명하였으며, 다각적 사고력 향상을 위하여 **다른풀이** 를 제시하였습니다. 문제 해결에 필요한 보충 내용을 **참고** 로 제시하여 해설의 이해를 도왔습니다.

차례 Contents

Study plan
학습 계획표

*DAY별로 학습 성취도를 체크해 보세요. 성취 정도가 △, ✕이면 반드시 한번 더 복습합니다.

*복습할 문항 번호를 메모해 두고 2회독 할 때 중점적으로 점검합니다.

	학습일		문항 번호	성취도	복습 문항
1주	1일차	/	0001~0034	○ △ ✕	
	2일차	/	0035~0064	○ △ ✕	
	3일차	/	0065~0088	○ △ ✕	
	4일차	/	0089~0110	○ △ ✕	
	5일차	/	0111~0130	○ △ ✕	
	6일차	/	0131~0156	○ △ ✕	
	7일차	/	0157~0184	○ △ ✕	
2주	8일차	/	0185~0216	○ △ ✕	
	9일차	/	0217~0238	○ △ ✕	
	10일차	/	0239~0276	○ △ ✕	
	11일차	/	0277~0312	○ △ ✕	
	12일차	/	0313~0332	○ △ ✕	
	13일차	/	0333~0370	○ △ ✕	
	14일차	/	0371~0404	○ △ ✕	
3주	15일차	/	0405~0440	○ △ ✕	
	16일차	/	0441~0462	○ △ ✕	
	17일차	/	0463~0487	○ △ ✕	
	18일차	/	0488~0521	○ △ ✕	
	19일차	/	0522~0543	○ △ ✕	
	20일차	/	0544~0574	○ △ ✕	
	21일차	/	0575~0608	○ △ ✕	
4주	22일차	/	0609~0636	○ △ ✕	
	23일차	/	0637~0673	○ △ ✕	
	24일차	/	0674~0709	○ △ ✕	
	25일차	/	0710~0729	○ △ ✕	
	26일차	/	0730~0766	○ △ ✕	
	27일차	/	0767~0794	○ △ ✕	
	28일차	/	0795~0814	○ △ ✕	

I

실수와 그 계산

01 제곱근과 실수

02 근호를 포함한 식의 계산

개념 1

제곱근의 뜻과 표현

> 유형 1~4

(1) **제곱근**: 어떤 수 x를 제곱하여 a $(a \geq 0)$가 될 때, 즉 $x^2 = a$일 때 x를 a의 제곱근이라 한다.

(2) **제곱근의 개수**

① 양수의 제곱근은 양수와 음수 2개가 있고, 그 두 수의 절댓값은 서로 같다.

② 0의 제곱근은 0의 1개이다. ← 제곱하여 0이 되는 수는 0뿐이다.

③ 음수의 제곱근은 없다. ← 제곱하여 음수가 되는 수는 없다.

(3) **제곱근의 표현**

① 제곱근은 기호 $\sqrt{}$ (근호)를 사용하여 나타내고, 이것을 '제곱근' 또는 '루트(root)'라 읽는다.

② 양수 a의 제곱근 중 양수인 것을 양의 제곱근, 음수인 것을 음의 제곱근이라 하며 다음과 같이 나타낸다.

➡ 양의 제곱근: $\sqrt{a}$, 음의 제곱근: $-\sqrt{a}$

참고 a의 제곱근과 제곱근 a의 비교 (단, $a > 0$)

	a의 제곱근	제곱근 a
뜻	제곱하여 a가 되는 수	a의 양의 제곱근
표현	$\sqrt{a}, -\sqrt{a}$	$\sqrt{a}$
개수	2	1

개념 2

제곱근의 성질

> 유형 5~13

(1) **제곱근의 성질**

$a > 0$일 때

① a의 제곱근을 제곱하면 a가 된다.

➡ $(\sqrt{a})^2 = a$, $(-\sqrt{a})^2 = a$

② 근호 안의 수가 어떤 수의 제곱이면 근호를 사용하지 않고 나타낼 수 있다.

➡ $\sqrt{a^2} = a$, $\sqrt{(-a)^2} = a$

(2) **$\sqrt{a^2}$의 성질**

① $a \geq 0$이면 $\sqrt{a^2} = a$　　② $a < 0$이면 $\sqrt{a^2} = -a$

예 ① $a = 2$일 때, $\sqrt{a^2} = \sqrt{2^2} = 2 = a$
그대로

② $a = -2$일 때, $\sqrt{a^2} = \sqrt{(-2)^2} = -(-2) = 2 = -a$
앞에 −를 붙인다.

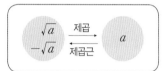

$\sqrt{(양수)^2} = (양수)$
$\sqrt{(음수)^2} = (음수)$
↳ 양수

개념 3

제곱근의 대소 관계

> 유형 14~17

$a > 0$, $b > 0$일 때

(1) $a < b$이면 $\sqrt{a} < \sqrt{b}$

(2) $\sqrt{a} < \sqrt{b}$이면 $a < b$

(3) $\sqrt{a} < \sqrt{b}$이면 $-\sqrt{a} > -\sqrt{b}$

개념 **1** 제곱근의 뜻과 표현

0001 다음을 만족시키는 x의 값을 구하시오.

(1) $x^2=1$ (2) $x^2=64$

(3) $x^2=\dfrac{9}{25}$ (4) $x^2=-16$

0002 다음 수의 제곱근을 구하시오.

(1) 0 (2) 7

(3) 144 (4) 0.04

(5) -25 (6) $\dfrac{1}{121}$

0003 다음 표를 완성하시오.

x	x의 양의 제곱근	x의 음의 제곱근
36		
17		
5.2		
$\dfrac{1}{9}$		

0004 다음을 구하시오.

(1) 5의 제곱근 (2) 5의 양의 제곱근

(3) 5의 음의 제곱근 (4) 제곱근 5

0005 다음 수를 근호를 사용하지 않고 나타내시오.

(1) $\sqrt{100}$ (2) $-\sqrt{81}$

(3) $\sqrt{0.36}$ (4) $\pm\sqrt{\dfrac{9}{49}}$

개념 **2** 제곱근의 성질

0006 다음 수를 근호를 사용하지 않고 나타내시오.

(1) $\sqrt{(-5)^2}$ (2) $-\sqrt{7^2}$

(3) $\left(-\sqrt{0.6}\right)^2$ (2) $\sqrt{\left(\dfrac{3}{2}\right)^2}$

0007 다음을 계산하시오.

(1) $\sqrt{2^2}+\sqrt{(-13)^2}$ (2) $\left(-\sqrt{10}\right)^2-\sqrt{3^2}$

(3) $\left(\sqrt{6}\right)^2\times\sqrt{\left(-\dfrac{5}{3}\right)^2}$ (4) $\sqrt{64}\div\sqrt{(-4)^2}$

0008 $a\geq0$일 때, 다음 식을 간단히 하시오.

(1) $\sqrt{a^2}+\sqrt{(-3a)^2}$ (2) $\sqrt{(6a)^2}-\sqrt{(-7a)^2}$

0009 $a<0$일 때, 다음 식을 간단히 하시오.

(1) $\sqrt{a^2}+\sqrt{(-3a)^2}$ (2) $\sqrt{(6a)^2}-\sqrt{(-7a)^2}$

개념 **3** 제곱근의 대소 관계

0010 다음 ◯ 안에 알맞은 부등호를 써넣으시오.

(1) $\sqrt{5}$ ◯ $\sqrt{7}$ (2) $\sqrt{6}$ ◯ 6

(3) $\sqrt{8}$ ◯ 3 (4) $-\sqrt{13}$ ◯ $-\sqrt{15}$

0011 다음 수를 크기가 작은 것부터 차례대로 나열하시오.

$$\sqrt{75}, \quad 9, \quad \sqrt{80}, \quad 8$$

개념 4

무리수와 실수

> 유형 18~20

(1) **무리수**: 유리수가 아닌 수, 즉 순환소수가 아닌 무한소수로 나타내어지는 수

📖 $\sqrt{2}=1.4142135\cdots$, $\pi=3.1415926\cdots$

(2) **실수**: 유리수와 무리수를 통틀어 실수라 한다.

(3) **실수의 분류**

$$
실수
\begin{cases}
유리수
\begin{cases}
정수
\begin{cases}
양의\ 정수\ (자연수):\ 1,\ 2,\ 3,\ \cdots \\
0 \\
음의\ 정수:\ -1,\ -2,\ -3,\ \cdots
\end{cases} \\
정수가\ 아닌\ 유리수:\ \dfrac{1}{2},\ -\dfrac{1}{3},\ 1.\dot{5},\ -0.17,\ \cdots
\end{cases} \\
무리수\ (순환소수가\ 아닌\ 무한소수):\ \sqrt{2},\ -\sqrt{5},\ \pi,\ \cdots
\end{cases}
$$

(4) **제곱근표**: 1.00부터 99.9까지 수의 양의 제곱근의 값을 반올림하여 소수점 아래 셋째 자리까지 나타낸 표

참고 제곱근표를 읽는 방법

처음 두 자리 수의 가로줄과 끝자리 수의 세로줄이 만나는 곳에 있는 수를 읽는다.

📖 제곱근표에서 $\sqrt{1.12}$의 값은 1.1의 가로줄과 2의 세로줄이 만나는 곳에 적힌 수인 1.058이다. 즉, $\sqrt{1.12}=1.058$

수	0	1	2	...
1.0	1.000	1.005	1.010	...
1.1	1.049	1.054	1.058	...
⋮	⋮	⋮	⋮	⋮

개념 5

실수를 수직선 위에 나타내기

> 유형 21~22

(1) **무리수를 수직선 위에 나타내기**

직각삼각형에서 피타고라스 정리를 이용하여 빗변의 길이를 구하면 무리수를 수직선 위에 나타낼 수 있다.

📖 빗변의 길이가 $\sqrt{2}$인 직각삼각형을 이용하여 무리수 $-\sqrt{2}$, $\sqrt{2}$를 수직선 위에 나타내면 오른쪽 그림과 같다.

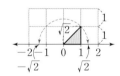

(2) **실수와 수직선**

① 수직선은 실수에 대응하는 점들로 완전히 메울 수 있다.

② 모든 실수는 각각 수직선 위의 한 점에 대응한다. ← 수직선 위에서 원점의 오른쪽에 있는 점에는 양의 실수가 대응하고, 왼쪽에 있는 점에는 음의 실수가 대응한다.

③ 서로 다른 두 실수 사이에는 무수히 많은 실수가 있다.

개념 6

실수의 대소 관계

> 유형 23~25

(1) 양수는 0보다 크고 음수는 0보다 작다.

(2) 양수는 음수보다 크다.

(3) 양수끼리는 절댓값이 큰 수가 크다.

(4) 음수끼리는 절댓값이 큰 수가 작다.

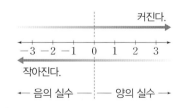

개념 4 무리수와 실수

0012 다음 수가 유리수이면 '유', 무리수이면 '무'를 쓰시오.

(1) $\sqrt{15}$　　　(　　)　　(2) $-\sqrt{64}$　　　(　　)

(3) $\sqrt{0.16}$　　　(　　)　　(4) π　　　(　　)

(5) $0.5\dot{2}$　　　(　　)　　(6) $\sqrt{\dfrac{1}{7}}$　　　(　　)

0013 다음 중 옳은 것은 ○표, 옳지 않은 것은 ×표를 하시오.

(1) 근호를 사용하여 나타낸 수는 모두 무리수이다. (　　)

(2) $\dfrac{\pi}{4}$ 는 순환소수가 아닌 무한소수이다.　　(　　)

(3) 무한소수는 모두 무리수이다.　　　　　　(　　)

(4) 무리수는 모두 무한소수로 나타내어진다.　(　　)

(5) 유리수이면서 무리수인 수는 없다.　　　(　　)

0014 아래 제곱근표를 이용하여 다음 제곱근의 값을 구하시오.

수	0	1	2	3	4	5
5.0	2.236	2.238	2.241	2.243	2.245	2.247
5.1	2.258	2.261	2.263	2.265	2.267	2.269
5.2	2.280	2.283	2.285	2.287	2.289	2.291
5.3	2.302	2.304	2.307	2.309	2.311	2.313

(1) $\sqrt{5.3}$　　　　　　(2) $\sqrt{5.05}$

(3) $\sqrt{5.12}$　　　　　　(4) $\sqrt{5.24}$

개념 5 실수를 수직선 위에 나타내기

0015 다음 그림과 같이 한 눈금의 길이가 1인 모눈종이 위에 수직선과 직각삼각형 ABC를 그리고 $\overline{AC}=\overline{AP}$가 되도록 수직선 위에 점 P를 정할 때, $\overline{AP}$의 길이와 점 P에 대응하는 수를 차례대로 구하시오.

(1) 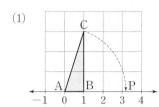　　　(2)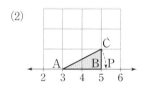

0016 다음 중 옳은 것은 ○표, 옳지 않은 것은 ×표를 하시오.

(1) $\sqrt{2}$와 $\sqrt{3}$ 사이에는 무수히 많은 유리수가 있다. (　　)

(2) 수직선 위의 점 중에는 무리수가 아닌 수에 대응하는 점이 있다.　　　　　　　　　　　(　　)

(3) 유리수와 무리수에 대응하는 점만으로는 수직선을 완전히 메울 수 없다.　　　　　　　　(　　)

개념 6 실수의 대소 관계

0017 다음 그림과 같이 한 눈금의 길이가 1인 모눈종이 위에 수직선이 있다. 이 수직선 위에 두 실수 $\sqrt{10}$ 1, $2+\sqrt{2}$에 대응하는 점을 각각 나타내고, 두 실수의 대소를 비교하시오.

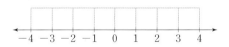

0018 다음 수를 크기가 큰 것부터 차례대로 나열하시오.

$$\dfrac{1}{2},\quad -\sqrt{5},\quad 0,\quad -\sqrt{\dfrac{1}{3}},\quad \sqrt{8},\quad 0.6$$

유형 **1** 제곱근의 뜻   > 개념 1

0019 x가 7의 제곱근일 때, 다음 중 x와 7 사이의 관계식으로 옳은 것은?

① $\sqrt{x}=7$ ② $x^2=7^2$ ③ $x=7^2$

④ $\sqrt{x}=\sqrt{7}$ ⑤ $x^2=7$

0020 x가 양수 a의 제곱근일 때, 다음 중 x와 a 사이의 관계를 식으로 바르게 나타낸 것은?

① $x=\sqrt{a}$ ② $a=\sqrt{x}$ ③ $x=2a$

④ $x^2=a$ ⑤ $a^2=x$

유형 **2** 제곱근의 이해   > 개념 1

0021 다음 중 옳은 것은?

① -36의 제곱근은 ± 6이다.

② $\sqrt{9}$의 제곱근은 ± 3이다.

③ 0.04의 제곱근은 0.02와 -0.02이다.

④ 제곱근 0.16은 0.4이다.

⑤ 제곱하여 0.3이 되는 수는 없다.

0022 다음 **보기** 중 제곱근에 대한 설명으로 옳은 것을 모두 고르시오.

> **보기**
> ㄱ. 제곱근 $\sqrt{16}$은 2이다.
> ㄴ. 음이 아닌 모든 수의 제곱근은 2개이다.
> ㄷ. ± 0.5는 $0.\dot{2}\dot{5}$의 제곱근이다.
> ㄹ. $-\sqrt{3}$은 -3의 음의 제곱근이다.

0023 $x^2=25$일 때, 다음 중 옳지 <u>않은</u> 것은?

① x^2의 제곱근은 5이다.

② $x=\pm 5$

③ x는 25의 제곱근이다.

④ $x=\pm\sqrt{25}$

⑤ 25는 x의 제곱이다.

0024 다음 중 그 값이 나머지 넷과 <u>다른</u> 하나는?

① 9의 제곱근

② 제곱하여 9가 되는 수

③ $x^2=9$를 만족시키는 x의 값

④ $\sqrt{81}$의 제곱근

⑤ 넓이가 9인 정사각형의 한 변의 길이

유형 3 제곱근을 이용한 도형의 활용 > 개념 1

0025 다음 그림과 같은 직각삼각형에서 빗변의 길이를 근호를 사용하여 나타내시오.

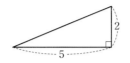

0026 다음 그림과 같은 $\triangle ABC$에서 $\overline{AD} \perp \overline{BC}$이고 $\overline{AB}=10 \text{ cm}$, $\overline{BD}=8 \text{ cm}$, $\overline{DC}=5 \text{ cm}$일 때, $\overline{AC}$의 길이를 구하시오.

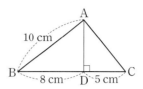

0027 다음 그림과 같이 가로의 길이가 9 cm, 세로의 길이가 7 cm인 직사각형과 한 변의 길이가 x cm인 정사각형의 넓이가 서로 같을 때, x의 값을 구하시오.

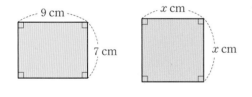

서술형

0028 다음 그림과 같이 네 개의 정사각형 A, B, C, D가 서로 이웃하고 있다. 정사각형 D의 넓이는 정사각형 C의 넓이의 2배, 정사각형 C의 넓이는 정사각형 B의 넓이의 2배, 정사각형 B의 넓이는 정사각형 A의 넓이의 2배이다. 정사각형 D의 넓이가 40 cm²일 때, 정사각형 A의 한 변의 길이를 구하시오.

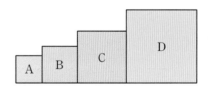

0029 다음 수의 제곱근 중 근호를 사용하지 않고 나타 낼 수 <u>없는</u> 것은?

① $\sqrt{16}$ ② $\dfrac{4}{25}$ ③ $0.\dot{1}$

④ 0.4 ⑤ $\sqrt{\dfrac{1}{81}}$

0030 다음 수의 제곱근 중 근호를 사용하지 않고 나타 낼 수 있는 것의 개수를 구하시오.

$$0.0\dot{9} \qquad 2.25 \qquad \sqrt{\dfrac{1}{49}} \qquad \dfrac{1}{10000} \qquad \dfrac{25}{144}$$

0031 다음 중 옳은 것은?

① $(-\sqrt{11})^2 = -11$ ② $\sqrt{(-4)^2} = -4$

③ $\sqrt{(-3)^2} = 9$ ④ $(\sqrt{0.5})^2 = 0.5$

⑤ $-\sqrt{\left(\dfrac{3}{16}\right)^2} = \dfrac{3}{16}$

0032 다음 중 옳지 <u>않은</u> 것은?

① $\sqrt{2^2}$의 제곱근은 $\pm\sqrt{2}$이다.

② $-(-\sqrt{10})^2 = -10$

③ $\sqrt{0.04} = 0.2$

④ $(-\sqrt{0.1})^2 = 0.1$

⑤ $\sqrt{\left(-\dfrac{4}{9}\right)^2}$의 제곱근은 $\pm\dfrac{4}{9}$이다.

0033 다음 수 중 크기가 가장 작은 것은?

① $\sqrt{\dfrac{1}{4}}$ ② $\left(-\dfrac{1}{2}\right)^2$ ③ $\sqrt{\left(\dfrac{1}{2}\right)^2}$

④ $\sqrt{\left(-\dfrac{1}{3}\right)^2}$ ⑤ $\left(-\sqrt{\dfrac{1}{5}}\right)^2$

0034 다음 수를 크기가 작은 것부터 차례대로 나열할 때, 세 번째에 오는 수를 구하시오.

$$-\sqrt{2^2}, \quad \sqrt{3^2}, \quad -(-\sqrt{4})^2, \quad (\sqrt{6})^2, \quad \sqrt{(-7)^2}$$

유형 6 제곱근의 성질을 이용한 계산 　　　　　　　　　　　　　　　　　　> 개념 2

0035 $\sqrt{400}-\sqrt{(-11)^2}+(-\sqrt{6})^2$을 계산하면?

① 15　　　　② 16　　　　③ 17

④ 18　　　　⑤ 19

0036 $(\sqrt{2})^2\times(-\sqrt{5})^2-\sqrt{441}\times\sqrt{\left(-\dfrac{1}{3}\right)^2}-(-\sqrt{3})^2$ 을 계산하면?

① -6　　　　② -4　　　　③ 0

④ 4　　　　⑤ 6

0037 다음 중 계산한 값이 옳지 <u>않은</u> 것은?

① $-(\sqrt{6})^2+\sqrt{(-7)^2}=1$

② $(-\sqrt{13})^2-(-\sqrt{2^2})=15$

③ $\sqrt{100}\times\sqrt{\left(-\dfrac{1}{5}\right)^2}=2$

④ $\sqrt{(-12)^2}\div\sqrt{\dfrac{9}{4}}=18$

⑤ $-(-\sqrt{10})^2\times\sqrt{0.49}=-7$

0038 다음 중 계산한 값이 가장 큰 것은?

① $\sqrt{(-4)^2}+(-\sqrt{9})^2$

② $-(-\sqrt{3^2})-(\sqrt{15})^2$

③ $(-\sqrt{20})^2\times\sqrt{(-0.5)^2}$

④ $\left(-\sqrt{\dfrac{3}{4}}\right)^2\div\sqrt{\left(-\dfrac{1}{8}\right)^2}$

⑤ $-\sqrt{625}\div\left\{-\sqrt{\left(-\dfrac{5}{3}\right)^2}\right\}$

서술형

0039 두 수 A, B가 다음과 같을 때, $A+B$의 값을 구하시오.

$$A=\sqrt{\left(-\dfrac{4}{5}\right)^2}\div\sqrt{\dfrac{1}{25}}\times\left(-\sqrt{\dfrac{3}{4}}\right)^2$$
$$B=\sqrt{2.56}+\sqrt{(-0.4)^2}+(-\sqrt{0.2})^2\times\sqrt{0.25}$$

0040 $a=\sqrt{5}$, $b=-\sqrt{2}$, $c=\sqrt{6}$일 때, $2a^2-b^2-3c^2$의 값을 구하시오.

유형 7 $\sqrt{a^2}$의 성질 > 개념2

0041 $a>0$일 때, 다음 중 옳지 않은 것은?

① $\sqrt{a^2}=a$
② $-\sqrt{a^2}=-a$
③ $-\sqrt{(-a)^2}=-a$
④ $-\sqrt{9a^2}=-9a$
⑤ $\sqrt{4a^2}=2a$

0042 $a<0$일 때, 다음 중 옳지 않은 것은?

① $\sqrt{a^2}=-a$
② $-\sqrt{a^2}=a$
③ $\sqrt{(-2a)^2}=-2a$
④ $-\sqrt{\frac{a^2}{100}}=-\frac{a}{10}$
⑤ $\sqrt{9a^2}=-3a$

0043 $a>0$일 때, 다음 수 중 가장 큰 수와 가장 작은 수의 곱을 구하시오.

$$-\sqrt{36a^2},\quad \sqrt{(-5a)^2},\quad -\sqrt{\left(-\frac{1}{9}a\right)^2},\quad \sqrt{\frac{49}{4}a^2}$$

0044 $a<0$일 때, 다음 수 중 가장 큰 수와 가장 작은 수의 곱을 구하시오.

$$-\sqrt{9a^2},\quad \sqrt{(-7a)^2},\quad \sqrt{\left(-\frac{1}{5}a\right)^2},\quad \sqrt{\frac{81}{25}a^2}$$

유형 8 $\sqrt{a^2}$ 꼴을 포함한 식 간단히 하기 > 개념 2

0045 $a>0$일 때, $\sqrt{(-6a)^2}-\sqrt{(2a)^2}$을 간단히 하면?

① $-8a$
② $-4a$
③ $4a$
④ $8a$
⑤ $10a$

서술형

0046 $a<0$, $b<0$일 때,
$\sqrt{9a^2}\times\sqrt{(-b)^2}-\sqrt{\frac{9}{4}a^2}\div\sqrt{\left(\frac{3}{2b}\right)^2}$을 간단히 하시오.

0047 두 수 a, b에 대하여 $a-b>0$, $ab<0$일 때, $\sqrt{0.\dot{4}a^2}-\sqrt{4b^2}$을 간단히 하면?

① $-\dfrac{2}{3}a-2b$　　② $-\dfrac{1}{5}a+b$　　③ $\dfrac{2}{3}a-2b$

④ $\dfrac{1}{5}a+2b$　　⑤ $\dfrac{2}{3}a+2b$

→ **0048** $a-b<0$, $ab<0$일 때, $\sqrt{(a-|b|)^2}+||a|+b|$를 간단히 하면?

① $-2a+2b$　　② $-2a+b$　　③ $-a+2b$

④ $-2a-2b$　　⑤ $-2a-b$

유형 9 $\sqrt{(a-b)^2}$ 꼴을 포함한 식 간단히 하기　　> 개념 2

0049 $5<a<9$일 때, $\sqrt{(a-5)^2}+\sqrt{(a-9)^2}$을 간단히 하면?

① 14　　② 4　　③ -4

④ $2a-14$　　⑤ $2a+4$

→ **0050** $-4<x<5$일 때, $\sqrt{(x-5)^2}-\sqrt{(-x-4)^2}$을 간단히 하시오.

0051 $0<a<1$일 때, $\sqrt{\left(a-\dfrac{1}{a}\right)^2}+\sqrt{\left(\dfrac{1}{a}-a\right)^2}$을 간단히 하시오.

→ **0052** $a>1>b>0$일 때,

$\sqrt{\left(a-\dfrac{1}{a}\right)^2}-\sqrt{\left(b-\dfrac{1}{b}\right)^2}-\sqrt{\left(\dfrac{1}{a}-\dfrac{1}{b}\right)^2}$을 간단히 하면?

① $a+b$　　　　② $a+b-\dfrac{2}{a}$

③ $a+b-\dfrac{2}{b}$　　　　④ $a-b+\dfrac{2}{a}+\dfrac{2}{b}$

⑤ $a-b+\dfrac{2}{a}-\dfrac{2}{b}$

유형 10 $\sqrt{Ax}$가 자연수가 되도록 하는 자연수 x의 값 구하기 > 개념 2

★0053 $\sqrt{75x}$가 자연수가 되도록 하는 가장 작은 두 자리 자연수 x의 값은?

① 12 ② 14 ③ 16
④ 18 ⑤ 20

서술형
0054 $10<n\leq100$인 자연수 n에 대하여 $\sqrt{80n}$이 자연수가 되도록 하는 n의 개수를 구하시오.

0055 $\sqrt{54a}=b$를 만족시키는 자연수 a, b에 대하여 $a+b$의 값 중 가장 작은 값을 구하시오.

0056 자연수 a, b에 대하여 $\sqrt{\frac{48a}{7}}=b$일 때, $a+b$의 값 중 가장 작은 값은?

① 19 ② 27 ③ 30
④ 33 ⑤ 39

유형 11 $\sqrt{\frac{A}{x}}$가 자연수가 되도록 하는 자연수 x의 값 구하기 > 개념 2

★0057 $\sqrt{\frac{90}{x}}$이 자연수가 되도록 하는 가장 작은 자연수 x의 값을 구하시오.

0058 x가 두 자리 자연수일 때, $\sqrt{\frac{108}{x}}$이 자연수가 되도록 하는 모든 x의 값의 합은?

① 12 ② 27 ③ 39
④ 46 ⑤ 75

0059 자연수 a, b에 대하여 $\sqrt{\dfrac{126}{a}} = b$라 할 때, 가장 큰 b의 값은?

① 2   ② 3   ③ 5
④ 6   ⑤ 8

0060 자연수 x, y에 대하여 $\sqrt{\dfrac{192}{x}} = y$가 성립하도록 하는 순서쌍 (x, y)를 모두 구하시오.

유형 12 $\sqrt{A+x}$가 자연수가 되도록 하는 자연수 x의 값 구하기   > 개념 2

0061 $\sqrt{28+x}$가 자연수가 되도록 하는 가장 작은 자연수 x의 값을 구하시오.

0062 다음 중 $\sqrt{14+x}$가 자연수가 되도록 하는 자연수 x의 값이 아닌 것은?

① 2   ② 11   ③ 22
④ 35   ⑤ 49

0063 $\sqrt{30+x}$가 한 자리 자연수가 되도록 하는 모든 자연수 x의 값의 합은?

① 34   ② 51   ③ 70
④ 85   ⑤ 110

0064 $\sqrt{76+a} = b$일 때, b가 자연수가 되도록 하는 가장 작은 자연수 a와 그때의 b에 대하여 $a+b$의 값은?

① 8   ② 10   ③ 12
④ 14   ⑤ 16

유형 13 $\sqrt{A-x}$가 자연수가 되도록 하는 자연수 x의 값 구하기 > 개념 2

*0065 $\sqrt{24-x}$가 가장 큰 자연수가 되도록 하는 자연수 x의 값을 구하시오.

0066 $\sqrt{57-x}$가 정수가 되도록 하는 자연수 x의 개수는?

① 5 ② 6 ③ 7
④ 8 ⑤ 9

0067 $\sqrt{20-2n}$이 자연수가 되도록 하는 모든 자연수 n의 값의 합을 구하시오.

0068 서로 다른 두 개의 주사위를 동시에 던져 나온 눈의 수를 각각 x, y라 할 때, $\sqrt{61-xy}$가 자연수가 될 확률을 구하시오.

유형 14 제곱근의 대소 관계 > 개념 3

*0069 다음 중 두 수의 대소 관계가 옳지 않은 것은?

① $\sqrt{63}<8$ ② $-\sqrt{5}<-\sqrt{3}$
③ $0.1>\sqrt{0.1}$ ④ $\sqrt{\frac{1}{10}}<\frac{1}{3}$
⑤ $-\sqrt{24}>-5$

0070 다음 **보기** 중 두 수의 대소 관계가 옳은 것을 모두 고른 것은?

보기
ㄱ. $\sqrt{0.2}>0.2$ ㄴ. $-\sqrt{40}>-6$
ㄷ. $2-\sqrt{\frac{25}{4}}>0$ ㄹ. $\sqrt{\frac{100}{9}}-\sqrt{3.24}>0$

① ㄱ, ㄴ ② ㄱ, ㄷ ③ ㄱ, ㄹ
④ ㄴ, ㄷ ⑤ ㄷ, ㄹ

서술형

0071 다음 중 가장 작은 수를 a, 가장 큰 수를 b라 할 때, a^2+b^2의 값을 구하시오.

$$\sqrt{10}, \quad \sqrt{\frac{42}{5}}, \quad \sqrt{(-3)^2}, \quad 0.3, \quad \sqrt{0.9}$$

→ **0072** 다음 수를 크기가 큰 것부터 차례대로 나열할 때, 네 번째에 오는 수를 구하시오.

$$\frac{2}{3} \qquad -\sqrt{\frac{1}{2}} \qquad 0 \qquad -\sqrt{2} \qquad \sqrt{3}$$

유형 15 제곱근의 성질을 이용한 대소 관계 　　　　　　**> 개념 3**

0073 $\sqrt{(\sqrt{11}-4)^2}+\sqrt{(\sqrt{11}-3)^2}$을 간단히 하면?

① -7 ② $-2\sqrt{11}$ ③ 1

④ $2\sqrt{11}$ ⑤ 7

→ **0074** $\sqrt{(\pi-3)^2}+\sqrt{\left(\frac{\pi}{2}-2\right)^2}+\sqrt{(\pi-5)^2}$을 간단히 하면? (단, $3<\pi<4$)

① $\frac{\pi}{2}-4$ ② $4-\frac{\pi}{2}$ ③ $\frac{\pi}{2}-2$

④ $6-\frac{\pi}{2}$ ⑤ π

0075 다음 식을 간단히 하면?

$$\sqrt{(\sqrt{5}-2)^2}-\sqrt{(2-\sqrt{5})^2}+\sqrt{(-2)^2}-(-\sqrt{5})^2$$

① -5 ② -3 ③ 1

④ 3 ⑤ 5

→ **0076** $\sqrt{\left(-\frac{3}{4}\right)^2}+\left(-\sqrt{\frac{1}{4}}\right)^2+\sqrt{(3-\sqrt{8})^2}-\sqrt{(\sqrt{8}-3)^2}$ 을 간단히 하시오.

유형 16 제곱근을 포함한 부등식 > 개념 3

0077 $6\le\sqrt{3n}<7$을 만족시키는 자연수 n의 개수는?

① 2 ② 3 ③ 4 ④ 5 ⑤ 6

0078 $3<\sqrt{x+1}<4$를 만족시키는 모든 자연수 x의 값의 합은?

① 55 ② 60 ③ 69 ④ 77 ⑤ 84

서술형

0079 $-\sqrt{19}<-\sqrt{4x-1}<-2$를 만족시키는 자연수 x의 값 중에서 가장 큰 수를 a, 가장 작은 수를 b라 할 때, a^2-b^2의 값을 구하시오.

0080 다음 두 부등식을 동시에 만족시키는 모든 자연수 x의 값의 합은?

$$3<\sqrt{2x}<4,\quad \sqrt{30}<x<\sqrt{85}$$

① 12 ② 13 ③ 14 ④ 15 ⑤ 16

유형 17 $\sqrt{x}$ 이하의 자연수 구하기 > 개념 3

0081 자연수 x에 대하여 $\sqrt{x}$ 이하의 자연수의 개수를 $f(x)$라 할 때, $f(110)-f(35)$의 값은?

① 9 ② 8 ③ 7 ④ 6 ⑤ 5

0082 자연수 x에 대하여 $\sqrt{x}$보다 작은 자연수의 개수를 $f(x)$라 할 때, $f(11)+f(12)+f(13)+\cdots+f(51)$의 값은?

① 167 ② 183 ③ 198 ④ 201 ⑤ 210

0083 자연수 x에 대하여 $\sqrt{x}$ 이하의 자연수 중 가장 큰 수를 $N(x)$라 할 때, $N(165)-N(45)+N(74)$의 값은?

① 8   ② 12   ③ 14

④ 18   ⑤ 20

0084 두 자리 자연수 x에 대하여 $\sqrt{x}$보다 크거나 같고 $\sqrt{3x}$보다 작거나 같은 자연수의 개수를 $f(x)$라 하고, $\sqrt{x}$보다 크고 $\sqrt{3x}$보다 작은 자연수의 개수를 $g(x)$라 할 때, $f(x)\neq g(x)$를 만족시키는 자연수 x의 개수는?

① 6   ② 7   ③ 8

④ 9   ⑤ 10

유형 18   유리수와 무리수의 구분   **> 개념 4**

0085 다음 중 무리수는 모두 몇 개인지 구하시오.

| $\sqrt{0.\dot{1}}$ | $4-\sqrt{2}$ | π |
| $\sqrt{(-2)^2}$ | $\sqrt{0.04}$ | $0.123123\cdots$ |

0086 다음 **보기**의 정사각형 중 한 변의 길이가 유리수인 것을 모두 고르시오.

보기

ㄱ. 넓이가 3인 정사각형
ㄴ. 넓이가 9인 정사각형
ㄷ. 넓이가 20인 정사각형
ㄹ. 넓이가 25인 정사각형
ㅁ. 둘레의 길이가 $\sqrt{13}$인 정사각형

0087 다음 조건을 모두 만족시키는 x의 개수를 구하시오.

㈎ x는 5 이상 50 이하인 자연수이다.
㈏ $\sqrt{x}$는 무리수이다.

0088 자연수 n에 대하여 $f(n)=\sqrt{\dfrac{n}{72}}$이라 할 때, $f(2)$, $f(4)$, $f(6)$, $f(8)$, $f(10)$ 중에서 무리수는 모두 몇 개인지 구하시오.

0089 다음 중 ㉠에 해당하는 수는?

$$실수 \begin{cases} 유리수 \begin{cases} 정수 \\ 정수가 \ 아닌 \ 유리수 \end{cases} \\ \boxed{㉠} \end{cases}$$

① 3.14   ② 0   ③ $\sqrt{1.25}$

④ $\sqrt{0.\dot{4}}$ ⑤ $\sqrt{(-3)^2}$

0090 다음 중 옳지 <u>않은</u> 것은?

① 유한소수는 모두 유리수이다.

② 무한소수는 모두 무리수이다.

③ 무리수는 $\dfrac{(정수)}{(0이 \ 아닌 \ 정수)}$ 꼴로 나타낼 수 없다.

④ 실수는 유리수와 무리수로 이루어져 있다.

⑤ 실수에서 무리수가 아닌 수는 모두 유리수이다.

0091 다음 중 옳은 것을 모두 고르면? (정답 2개)

① 순환소수는 모두 유리수이다.

② 유리수는 모두 무한소수로 나타낼 수 있다.

③ 순환소수가 아닌 무한소수는 모두 실수이다.

④ a가 유리수이면 $\sqrt{a}$는 항상 무리수이다.

⑤ $\sqrt{a}$, $\sqrt{b}$가 무리수이면 $\sqrt{ab}$도 무리수이다.

0092 다음 **보기**에서 옳은 것을 모두 고르시오.

보기
ㄱ. 근호를 사용하여 나타낸 수는 모두 무리수이다.

ㄴ. 유리수는 모두 유한소수로 나타낼 수 있다.

ㄷ. 순환소수가 아닌 무한소수는 모두 무리수이다.

ㄹ. 무리수가 아닌 실수는 유리수이다.

ㅁ. 어떤 유리수의 제곱근은 유리수일 수도 있다.

ㅂ. 유리수가 되는 무리수가 존재한다.

0093 다음 제곱근표에서 $\sqrt{3.13}$의 값을 a, $\sqrt{3.32}$의 값을 b라 할 때, $a+b$의 값을 구하시오.

수	0	1	2	3	4
3.1	1.761	1.764	1.766	1.769	1.772
3.2	1.789	1.792	1.794	1.797	1.800
3.3	1.817	1.819	1.822	1.825	1.828

0094 다음 제곱근표에서 $\sqrt{a}=8.373$, $\sqrt{b}=8.503$, $\sqrt{c}=8.438$을 만족시키는 a, b, c에 대하여 $\sqrt{\dfrac{a+b+c}{3}}$의 값을 구하시오.

수	0	1	2	3	4
70	8.367	8.373	8.379	8.385	8.390
71	8.426	8.432	8.438	8.444	8.450
72	8.485	8.491	8.497	8.503	8.509

유형 **21** 무리수를 수직선 위에 나타내기 > 개념 **5**

0095 다음 그림과 같이 한 눈금의 길이가 1인 모눈종이 위에 수직선과 직각삼각형 ABC를 그리고 점 A를 중심으로 하고 $\overline{AC}$를 반지름으로 하는 원을 그렸다. 원과 수직선이 만나는 두 점을 각각 P, Q라 할 때, 다음 중 옳지 <u>않은</u> 것은?

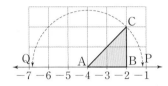

① $\overline{AP}=\sqrt{8}$ ② $\overline{AQ}=\sqrt{8}$ ③ $P(-4+\sqrt{8})$
④ $Q(-4-\sqrt{8})$ ⑤ $\overline{BP}=\sqrt{8}+2$

0096 아래 그림은 넓이가 7인 정사각형 ABCD와 넓이가 18인 정사각형 EFGH를 수직선 위에 그린 것이다. 다음 중 옳지 <u>않은</u> 것은?

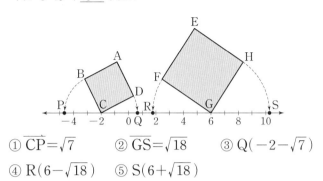

① $\overline{CP}=\sqrt{7}$ ② $\overline{GS}=\sqrt{18}$ ③ $Q(-2-\sqrt{7})$
④ $R(6-\sqrt{18})$ ⑤ $S(6+\sqrt{18})$

0097 다음 그림과 같이 한 눈금의 길이가 1인 모눈종이 위에 수직선과 두 직각삼각형 ABC, DEF를 그리고 $\overline{AC}=\overline{AP}$, $\overline{DF}=\overline{DQ}$가 되도록 수직선 위에 점 P, Q를 정했다. 점 P에 대응하는 수가 $a-\sqrt{b}$, 점 Q에 대응하는 수가 $c+\sqrt{d}$일 때, 유리수 a, b, c, d에 대하여 $a+b+c+d$의 값을 구하시오..

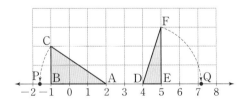

서술형

0098 오른쪽 그림과 같이 수직선 위에서 직사각형 ABCD와 반원 O가 두 점 C, D에서 접하고 $\overline{BC}=2$일 때, 두 점 P, Q의 좌표를 각각 구하시오.

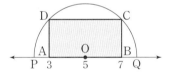

유형 22 실수와 수직선

> 개념 5

*0099 다음 중 옳지 않은 것을 모두 고르면? (정답 2개)

① -3과 -2 사이에는 무수히 많은 무리수가 있다.
② 0과 1 사이에는 무수히 많은 정수가 있다.
③ $\sqrt{5}$와 $\sqrt{6}$ 사이에는 무수히 많은 유리수가 있다.
④ 1에 가장 가까운 무리수는 $\sqrt{2}$이다.
⑤ 수직선은 무리수에 대응하는 점들로 완전히 메울 수 없다.

0100 다음은 학생들이 실수에 대하여 나눈 대화의 일부이다. 옳은 설명을 한 학생을 모두 고르시오.

다은: 0에 가장 가까운 유리수는 $\frac{1}{10}$이야.
예림: 2와 $\sqrt{5}$ 사이에는 정수가 없어.
선아: 서로 다른 두 무리수 사이에는 무수히 많은 유리수가 있어.
청화: 서로 다른 두 유리수 사이에는 무수히 많은 정수가 있어.

유형 23 수직선에서 무리수에 대응하는 점 찾기

> 개념 6

*0101 다음 수직선 위의 점 중 $\sqrt{8}-2$에 대응하는 점은?

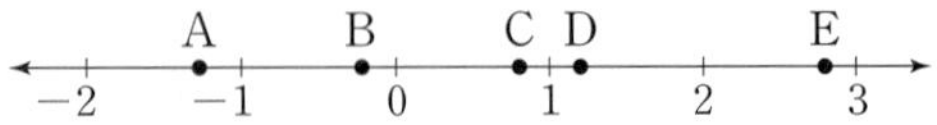

① 점 A ② 점 B ③ 점 C
④ 점 D ⑤ 점 E

0102 다음 수직선에서 $2-\sqrt{11}$에 대응하는 점이 있는 구간은?

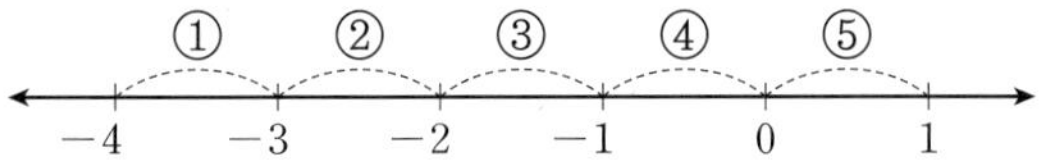

0103 다음 수직선 위의 네 점 A, B, C, D는 각각 네 수 $\sqrt{13}$, $-\sqrt{7}$, $1+\sqrt{2}$, $3-\sqrt{8}$ 중 하나에 대응한다. 두 점 A, D에 대응하는 수를 각각 구하시오.

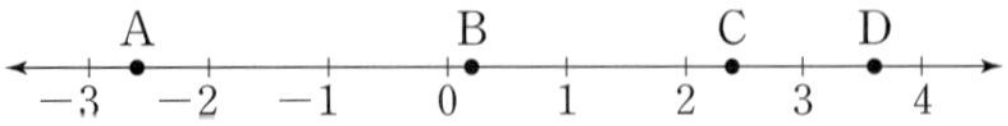

서술형

0104 다음 수직선에서 세 수 $3-\sqrt{5}$, $\sqrt{24}$, $-1+\sqrt{7}$에 대응하는 점이 있는 구간을 차례대로 구하시오.

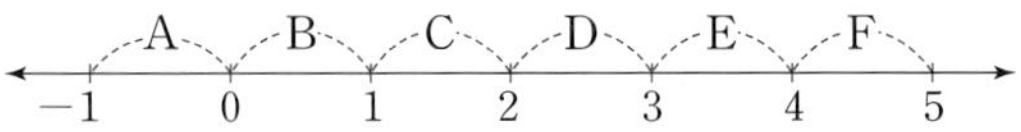

유형 **24** 두 실수 사이의 수 > 개념 **6**

0105 다음 중 두 수 $\sqrt{3}$과 $\sqrt{5}$ 사이에 있는 수가 아닌 것은? (단, $\sqrt{3}=1.732$, $\sqrt{5}=2.236$)

① $\sqrt{3}+0.01$　　② $\sqrt{5}-0.1$　　③ $\dfrac{\sqrt{3}+\sqrt{5}}{2}$

④ 2　　　　　　⑤ $\sqrt{5}-2$

0106 다음 중 두 수 $\sqrt{22}$와 6 사이에 있는 수가 아닌 것은?

① $\sqrt{22}+1$　　② 5　　　　③ $3+\sqrt{7}$

④ $\dfrac{\sqrt{22}+6}{2}$　　⑤ $2+\sqrt{17}$

서술형

0107 $\sqrt{a}$의 값이 11과 12 사이에 있도록 하는 자연수 a의 개수를 구하시오.

0108 $\sqrt{3}-3$과 $3+\sqrt{3}$ 사이에 있는 모든 정수의 합은?

① 5　　　　② 6　　　　③ 7

④ 8　　　　⑤ 9

유형 **25** 실수의 대소 관계 > 개념 **6**

0109 다음 수직선 위의 네 점 A, B, C, D는 각각 아래의 네 수 중 하나에 대응한다. 네 점 A, B, C, D에 대응하는 수를 각각 구하고, 네 수의 대소를 비교하시오.

$$3-\sqrt{3}, \quad 4-\sqrt{2}, \quad 1-\sqrt{5}, \quad 2-\sqrt{7}$$

0110 다음 수직선 위의 네 점 A, B, C, D는 각각 아래의 네 수 중 하나에 대응한다. 네 점 A, B, C, D에 대응하는 수를 이용하여 가장 큰 수와 가장 작은 수를 각각 구하시오.

$$-\sqrt{10}, \quad 2-\sqrt{2}, \quad \sqrt{6}-5, \quad -3+\sqrt{8}$$

0111 다음 중 제곱근에 대하여 <u>잘못</u> 말한 학생은?

> 현우: $\dfrac{25}{4}$의 제곱근은 2개이고, 두 제곱근의 합은 0
> 이야.
>
> 진아: 9^2의 제곱근은 ± 9야.
>
> 사랑: 제곱근 0.81은 0.9야.
>
> 승유: $\sqrt{256}$의 양의 제곱근은 16이야.
>
> 하은: $\left(-\dfrac{1}{6}\right)^2$의 음의 제곱근은 $-\dfrac{1}{6}$이야.

① 현우   ② 진아   ③ 사랑
④ 승유   ⑤ 하은

0112 닮음비가 1 : 3인 두 정사각형의 넓이의 합이 60
일 때, 작은 정사각형의 한 변의 길이는?

① $\sqrt{2}$ ② $\sqrt{3}$ ③ 2
④ $\sqrt{5}$ ⑤ $\sqrt{6}$

0113 다음 중 옳지 <u>않은</u> 것은?

① $(-\sqrt{2})^2 = 2$ ② $\sqrt{5^2} = 5$
③ $-\sqrt{3^2} = -3$ ④ $\sqrt{(-6)^2} = 6$
⑤ $-\sqrt{(-7)^2} = 7$

0114 $-\sqrt{\dfrac{16}{25}} \times \sqrt{225} + \sqrt{(-8)^2}$ 을 계산하면?

① -1 ② -2 ③ -3
④ -4 ⑤ -5

0115 $b < 0 < a$일 때,
$(\sqrt{3a})^2 + \sqrt{(-b)^2} + \sqrt{(b-a)^2}$을 간단히 하면?

① $2a$ ② $2a+2b$ ③ $4a-2b$
④ $3a$ ⑤ $2a-2b$

0116 두 수 $\sqrt{180x}$, $\sqrt{\dfrac{320}{x}}$ 이 모두 자연수가 되도록 하
는 가장 작은 두 자리 자연수 x의 값은?

① 10   ② 15   ③ 20
④ 25   ⑤ 45

0117 $\sqrt{\dfrac{70-n}{2}}$ 이 정수가 되도록 하는 모든 자연수 n의 개수를 구하시오.

0118 다음 중 두 수의 대소 관계가 옳지 <u>않은</u> 것은?

① $\sqrt{6}<5$ ② $-\sqrt{5}<-2$ ③ $\sqrt{10}>4$

④ $-\sqrt{16}=-4$ ⑤ $\sqrt{5}<\sqrt{6}$

0119 $0<a<1$일 때, 다음 중 그 값이 가장 작은 것은?

① $\dfrac{1}{a^2}$ ② $\dfrac{1}{a}$ ③ $\sqrt{\dfrac{1}{a}}$

④ $\sqrt{a}$ ⑤ a^2

0120 자연수 x에 대하여 $\sqrt{x}$보다 작은 자연수의 개수를 $f(x)$라 할 때, $f(9)+f(15)+f(24)+f(37)$의 값은?

① 13   ② 15   ③ 17

④ 19   ⑤ 21

0121 다음 중 무리수는 모두 몇 개인지 구하시오.

$$-\sqrt{13}, \quad \sqrt{0.64}, \quad \sqrt{\dfrac{1}{4}}, \quad 1-\sqrt{9}, \quad 5+\sqrt{2}, \quad 0.0\dot{6}$$

0122 다음 중 옳은 것을 모두 고르면? (정답 2개)

① 원주율 π는 무리수이다.

② a가 무리수일 때, $a-\sqrt{3}$은 항상 무리수이다.

③ 서로 다른 두 무리수 사이에는 유리수도 있다.

④ 서로 다른 두 정수 사이에는 무수히 많은 정수가 있다.

⑤ 수직선은 유리수에 대응하는 점들로 완전히 메울 수 있다.

0123 다음 제곱근표에서 $\sqrt{5.46}=a$, $\sqrt{b}=2.298$일 때, $1000a-100b$의 값을 구하시오.

수	5	6	7	8	9
5.2	2.291	2.293	2.296	2.298	2.300
5.3	2.313	2.315	3.317	2.319	2.322
5.4	2.335	2.337	2.339	2.341	2.343

0124 다음 그림과 같이 수직선 위에 한 변의 길이가 1인 세 정사각형이 있을 때, 각 점에 대응하는 수로 옳지 않은 것은?

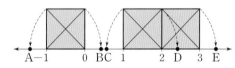

① A$(-1+\sqrt{2}\,)$ ② B$(-1+\sqrt{2}\,)$
③ C$(2-\sqrt{2}\,)$ ④ D$(1+\sqrt{2}\,)$
⑤ E$(2+\sqrt{2}\,)$

0125 다음 그림과 같이 한 눈금의 길이가 1인 모눈종이 위에 수직선과 직각삼각형 ABC를 그렸다. $\overline{AC}=\overline{AP}$가 되도록 수직선 위에 점 P를 정할 때, 점 P에 대응하는 수를 a라 하자.

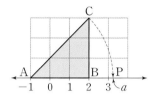

다음 수 중 a와 5 사이에 있지 <u>않은</u> 것을 모두 고르면?

(정답 2개)

① $\sqrt{5}$ ② $\dfrac{9}{2}$ ③ $\dfrac{a}{2}+3$

④ $a+1$ ⑤ $-a+9$

0126 다음 수를 크기가 작은 것부터 차례대로 나열할 때, 세 번째에 오는 수는?

$$\sqrt{10}-1,\quad \sqrt{3}-2,\quad \sqrt{9},\quad -1,\quad \sqrt{8}+1$$

① $\sqrt{10}-1$ ② $\sqrt{3}-2$ ③ $\sqrt{9}$
④ -1 ⑤ $\sqrt{8}+1$

0127 자연수 x, y에 대하여 $\sqrt{100+x}-\sqrt{200-y}$ 가 가장 작은 정수가 될 때, $x-y$의 값은?

① -4 ② 2 ③ 5

④ 17 ⑤ 20

서술형

0129 $a<0$일 때,

$$\sqrt{(-3a)^2}\times\sqrt{\frac{9}{16}a^2}-\sqrt{64a^2}\times\sqrt{0.25a^2}$$

을 간단히 하시오.

0128 10 미만의 자연수 n에 대하여 $f(n)=\sqrt{0.\dot{n}}$이라 할 때, $f(1)$, $f(2)$, $f(3)$, $\cdots$, $f(9)$ 중에서 무리수의 개수를 구하시오.

0130 서로 다른 두 정수 m, n에 대하여 $m+\sqrt{18}$과 $n-\sqrt{18}$ 사이에 있는 정수가 3개일 때, $n-m$의 값을 구하시오. (단, $m+\sqrt{18}<n-\sqrt{18}$)

개념 1

제곱근의 곱셈과 나눗셈

> 유형 1~2, 8~10

(1) **제곱근의 곱셈**

$a>0$, $b>0$이고 m, n이 유리수일 때

① $\sqrt{a} \times \sqrt{b} = \sqrt{a}\sqrt{b} = \sqrt{ab}$

② $m\sqrt{a} \times n\sqrt{b} = mn\sqrt{ab}$ ← 근호 안의 수끼리, 근호 밖의 수끼리 곱한다.

(2) **제곱근의 나눗셈**

$a>0$, $b>0$이고 m, n이 유리수일 때

① $\sqrt{a} \div \sqrt{b} = \dfrac{\sqrt{a}}{\sqrt{b}} = \sqrt{\dfrac{a}{b}}$

② $m\sqrt{a} \div n\sqrt{b} = m\sqrt{a} \times \dfrac{1}{n\sqrt{b}} = \dfrac{m}{n}\sqrt{\dfrac{a}{b}}$ (단, $n \neq 0$) ← 근호 안의 수끼리, 근호 밖의 수끼리 나눈다.

참고 나눗셈은 역수의 곱셈으로 바꾸어 계산할 수 있다.

$a>0$, $b>0$, $c>0$, $d>0$일 때, $\dfrac{\sqrt{a}}{\sqrt{b}} \div \dfrac{\sqrt{c}}{\sqrt{d}} = \dfrac{\sqrt{a}}{\sqrt{b}} \times \dfrac{\sqrt{d}}{\sqrt{c}} = \sqrt{\dfrac{a}{b} \times \dfrac{d}{c}} = \sqrt{\dfrac{ad}{bc}}$

개념 2

근호가 있는 식의 변형

> 유형 3~6, 8~10

(1) 근호 안에 제곱인 인수가 있으면 근호 밖으로 꺼낼 수 있다.

$a>0$, $b>0$일 때

① $\sqrt{a^2 b} = a\sqrt{b}$ ② $\sqrt{\dfrac{a}{b^2}} = \dfrac{\sqrt{a}}{b}$

$$\underbrace{\sqrt{a^2 b}}_{\text{근호 안으로}} \overset{\text{근호 밖으로}}{=} a\sqrt{b} \qquad \sqrt{\dfrac{a}{b^2}} \overset{\text{근호 밖으로}}{\underset{\text{근호 안으로}}{=}} \dfrac{\sqrt{a}}{b}$$

참고 $a\sqrt{b}$ 꼴로 나타낼 때는 일반적으로 b가 가장 작은 자연수가 되도록 한다.

(2) 근호 밖의 양수는 제곱하여 근호 안으로 넣을 수 있다.

$a>0$, $b>0$일 때

① $a\sqrt{b} = \sqrt{a^2 b}$ ② $\dfrac{\sqrt{a}}{b} = \sqrt{\dfrac{a}{b^2}}$

주의 근호 밖의 수를 근호 안으로 넣을 때는 반드시 양수만 제곱하여 넣어야 한다.

$-3\sqrt{2} = -\sqrt{3^2 \times 2} = -\sqrt{18}\,(\bigcirc)$, $-3\sqrt{2} = \sqrt{(-3)^2 \times 2} = \sqrt{18}\,(\times)$

개념 3

분모의 유리화

> 유형 7~10

(1) **분모의 유리화**: 분모가 근호를 포함한 무리수일 때, 분자와 분모에 0이 아닌 같은 수를 곱하여 분모를 유리수로 고치는 것

(2) **분모를 유리화하는 방법**

$a>0$이고 m, n이 유리수일 때

① $\dfrac{b}{\sqrt{a}} = \dfrac{b \times \sqrt{a}}{\sqrt{a} \times \sqrt{a}} = \dfrac{b\sqrt{a}}{a}$ ② $\dfrac{\sqrt{b}}{\sqrt{a}} = \dfrac{\sqrt{b} \times \sqrt{a}}{\sqrt{a} \times \sqrt{a}} = \dfrac{\sqrt{ab}}{a}$ (단, $b>0$)

③ $\dfrac{c}{b\sqrt{a}} = \dfrac{c \times \sqrt{a}}{b\sqrt{a} \times \sqrt{a}} = \dfrac{c\sqrt{a}}{ab}$ (단, $b \neq 0$)

개념 1 제곱근의 곱셈과 나눗셈

0131 다음을 간단히 하시오.

(1) $\sqrt{3} \times \sqrt{5}$

(2) $2\sqrt{6} \times \sqrt{5}$

(3) $\sqrt{2} \times \sqrt{3} \times \sqrt{7}$

(4) $5\sqrt{3} \times (-4\sqrt{7})$

(5) $3\sqrt{11} \times 4\sqrt{2}$

(6) $\sqrt{\dfrac{5}{3}} \times \sqrt{\dfrac{18}{5}}$

0132 다음을 간단히 하시오.

(1) $\dfrac{\sqrt{14}}{\sqrt{7}}$

(2) $\dfrac{\sqrt{66}}{\sqrt{11}}$

(3) $\sqrt{56} \div \sqrt{8}$

(4) $\sqrt{3} \div \sqrt{15}$

개념 2 근호가 있는 식의 변형

0133 다음 □ 안에 알맞은 수를 써넣으시오.

(1) $\sqrt{45} = \sqrt{\square^2 \times 5} = \square\sqrt{5}$

(2) $\sqrt{80} = \sqrt{4^2 \times \square} = 4\sqrt{\square}$

(3) $\sqrt{300} = \sqrt{\square^2 \times 3} = \square\sqrt{3}$

0134 다음 수를 $a\sqrt{b}$ 꼴로 나타내시오.

(단, b는 가장 작은 자연수)

(1) $\sqrt{63}$

(2) $\sqrt{50}$

(3) $-\sqrt{98}$

(4) $-\sqrt{162}$

0135 다음 수를 $\sqrt{a}$ 또는 $-\sqrt{a}$ 꼴로 나타내시오.

(1) $6\sqrt{2}$

(2) $5\sqrt{3}$

(3) $-3\sqrt{10}$

(4) $-4\sqrt{7}$

0136 다음 □ 안에 알맞은 수를 써넣으시오.

(1) $\sqrt{\dfrac{3}{25}} = \sqrt{\dfrac{3}{\square^2}} = \dfrac{\sqrt{\square}}{\square}$

(2) $\sqrt{0.18} = \sqrt{\dfrac{\square}{100}} = \sqrt{\dfrac{3^2 \times \square}{10^2}} = \dfrac{3\sqrt{\square}}{\square}$

0137 다음 수를 $\dfrac{\sqrt{b}}{a}$ 꼴로 나타내시오.

(단, b는 가장 작은 자연수)

(1) $\sqrt{\dfrac{7}{36}}$

(2) $\sqrt{\dfrac{6}{98}}$

(3) $\sqrt{0.03}$

(4) $\sqrt{0.24}$

개념 3 분모의 유리화

0138 다음 수의 분모를 유리화하시오.

(1) $\dfrac{1}{\sqrt{6}}$

(2) $\dfrac{5}{\sqrt{5}}$

(3) $\dfrac{\sqrt{2}}{\sqrt{7}}$

(4) $\dfrac{3}{2\sqrt{6}}$

(5) $\dfrac{3}{\sqrt{18}}$

(6) $\dfrac{2}{\sqrt{27}}$

(7) $\dfrac{3\sqrt{2}}{\sqrt{5}}$

(8) $\dfrac{\sqrt{3}}{2\sqrt{11}}$

제곱근의 덧셈과 뺄셈

> 유형 11~13

근호를 포함한 식의 덧셈과 뺄셈은 다항식의 덧셈과 뺄셈에서 동류항끼리 모아서 계산하는 것과 같이 근호 안의 수가 같은 것끼리 모아서 계산한다.

l, m, n은 유리수이고, $\sqrt{a}$는 무리수일 때

(1) $m\sqrt{a}+n\sqrt{a}=(m+n)\sqrt{a}$

(2) $m\sqrt{a}-n\sqrt{a}=(m-n)\sqrt{a}$

(3) $m\sqrt{a}+n\sqrt{a}-l\sqrt{a}=(m+n-l)\sqrt{a}$

주의 • 근호 안의 수가 $\sqrt{a^2b}$ 꼴인 경우는 $a\sqrt{b}$ 꼴로 고쳐서 근호 안을 가장 작은 자연수로 바꾼 후 계산한다.

• 근호 안의 수가 다른 무리수끼리는 더 이상 계산할 수 없다.

근호를 포함한 복잡한 식의 계산

> 유형 14~17, 19

(1) 분배법칙을 이용한 식의 계산

$a>0$, $b>0$, $c>0$일 때

① $\sqrt{a}(\sqrt{b}\pm\sqrt{c})=\sqrt{a}\sqrt{b}\pm\sqrt{a}\sqrt{c}=\sqrt{ab}\pm\sqrt{ac}$ (복부호 동순)

② $(\sqrt{a}\pm\sqrt{b})\sqrt{c}=\sqrt{a}\sqrt{c}\pm\sqrt{b}\sqrt{c}=\sqrt{ac}\pm\sqrt{bc}$ (복부호 동순)

(2) 근호를 포함한 복잡한 식의 계산

① 괄호가 있으면 분배법칙을 이용하여 괄호를 푼다.

② 근호 안에 제곱인 인수가 있으면 근호 밖으로 꺼낸다. ← $\sqrt{a^2b}=a\sqrt{b}$ $(a>0, b>0)$임을 이용

③ 분모에 근호를 포함한 무리수가 있으면 분모를 유리화한다.

④ 곱셈, 나눗셈을 먼저 계산한다.

⑤ 근호 안의 수가 같은 것끼리 모아서 덧셈, 뺄셈을 한다.

뺄셈을 이용한 실수의 대소 관계

> 유형 18

두 실수 a, b의 대소 관계는 $a-b$의 부호로 알 수 있다.

(1) $a-b>0$이면 $a>b$

(2) $a-b=0$이면 $a=b$

(3) $a-b<0$이면 $a<b$

참고 $a>b>0$일 때

① $\sqrt{a}>\sqrt{b}$

② $a^2>b^2$

개념 4 · 제곱근의 덧셈과 뺄셈

0139 다음을 간단히 하시오.

(1) $2\sqrt{3}+5\sqrt{3}$

(2) $3\sqrt{2}+7\sqrt{2}-4\sqrt{2}$

(3) $10\sqrt{5}-3\sqrt{5}-8\sqrt{5}$

(4) $4\sqrt{5}+8\sqrt{3}+4\sqrt{3}-7\sqrt{5}$

(5) $2\sqrt{13}-5\sqrt{7}-\sqrt{7}+8\sqrt{13}$

0140 다음은 $2\sqrt{20}+\sqrt{63}-\sqrt{7}+\sqrt{45}$ 를 간단히 하는 과정이다. (가)~(마)에 알맞은 수를 각각 구하시오.

> $\sqrt{20}=\boxed{(가)}\sqrt{5}$, $\sqrt{63}=\boxed{(나)}\sqrt{7}$, $\sqrt{45}=\boxed{(다)}\sqrt{5}$
> 이므로
> $2\sqrt{20}+\sqrt{63}-\sqrt{7}+\sqrt{45}$
> $=2\times\boxed{(가)}\sqrt{5}+\boxed{(나)}\sqrt{7}-\sqrt{7}+\boxed{(다)}\sqrt{5}$
> $=\boxed{(라)}\sqrt{5}+\boxed{(마)}\sqrt{7}$

0141 다음을 간단히 하시오.

(1) $\sqrt{50}-\sqrt{32}$

(2) $\sqrt{48}+\sqrt{75}-2\sqrt{12}$

(3) $4\sqrt{80}-\sqrt{5}+3\sqrt{45}$

(4) $\sqrt{27}-\sqrt{18}+\sqrt{50}-\sqrt{108}$

(5) $\sqrt{72}-\sqrt{32}-\sqrt{12}+2\sqrt{27}$

개념 5 · 근호를 포함한 복잡한 식의 계산

0142 다음을 간단히 하시오.

(1) $\sqrt{2}(5+2\sqrt{3})$

(2) $\sqrt{7}(3\sqrt{2}-2\sqrt{14})$

(3) $(\sqrt{6}-\sqrt{12})\sqrt{2}+\sqrt{3}$

(4) $(\sqrt{27}+\sqrt{15})\div\sqrt{3}$

(5) $(\sqrt{75}-\sqrt{60})\div\sqrt{5}$

0143 다음은 $\dfrac{\sqrt{3}+\sqrt{6}}{\sqrt{2}}$ 의 분모를 유리화하는 과정이다. (가)~(라)에 알맞은 수를 각각 구하시오.

> $\dfrac{\sqrt{3}+\sqrt{6}}{\sqrt{2}}=\dfrac{(\sqrt{3}+\sqrt{6})\times\boxed{(가)}}{\sqrt{2}\times\boxed{(가)}}$
> $=\dfrac{\sqrt{6}+\sqrt{\boxed{(다)}}}{\boxed{(나)}}$
> $=\dfrac{\sqrt{6}+2\sqrt{\boxed{(라)}}}{\boxed{(나)}}$

개념 6 · 뺄셈을 이용한 실수의 대소 관계

0144 다음 ◯ 안에 알맞은 부등호를 써넣으시오.

(1) $\sqrt{15}-3 \bigcirc \sqrt{11}-3$

(2) $4+\sqrt{2} \bigcirc \sqrt{2}+3$

(3) $2-\sqrt{20} \bigcirc 1-\sqrt{5}$

(4) $2+\sqrt{8} \bigcirc 3+\sqrt{2}$

유형 1 제곱근의 곱셈 > 개념 1

0145 $3\sqrt{6} \times \left(-\sqrt{\dfrac{7}{6}}\right) \times (-4\sqrt{2})$ 를 간단히 하면?

① $-12\sqrt{14}$ ② $-12\sqrt{7}$ ③ $6\sqrt{7}$

④ $6\sqrt{14}$ ⑤ $12\sqrt{14}$

→ **0146** 다음을 만족시키는 유리수 a, b에 대하여 $a+b$의 값은?

$$4\sqrt{\dfrac{6}{5}} \times \sqrt{\dfrac{15}{2}} = a, \quad 3\sqrt{2} \times 2\sqrt{5} \times \sqrt{10} = b$$

① 12 ② 60 ③ 62

④ 70 ⑤ 72

0147 $3 \times \sqrt{7} \times \sqrt{k} = \sqrt{3} \times \sqrt{27}$ 을 만족시키는 양의 유리수 k의 값을 구하시오.

→ **서술형**

0148 $\sqrt{3} \times \sqrt{5} \times \sqrt{a} \times \sqrt{20} \times \sqrt{3a} = 120$ 일 때, 자연수 a의 값을 구하시오.

유형 2 제곱근의 나눗셈 > 개념 1

0149 다음 중 계산 결과가 나머지 넷과 다른 하나는?

① $\sqrt{18} \div 2\sqrt{6}$ ② $2\sqrt{2} \div \sqrt{6}$

③ $\sqrt{24} \div 2\sqrt{8}$ ④ $2\sqrt{\dfrac{6}{7}} \div \dfrac{4\sqrt{2}}{\sqrt{7}}$

⑤ $\dfrac{\sqrt{6}}{\sqrt{5}} \div \dfrac{2\sqrt{2}}{\sqrt{5}}$

→ **0150** 다음 중 옳지 않은 것은?

① $\sqrt{27} \div \sqrt{3} = 3$ ② $2\sqrt{40} \div 4\sqrt{8} = \dfrac{\sqrt{5}}{2}$

③ $6\sqrt{6} \div 3\sqrt{3} = 2\sqrt{2}$ ④ $\dfrac{\sqrt{45}}{\sqrt{15}} \div \dfrac{\sqrt{6}}{2\sqrt{14}} = \dfrac{\sqrt{7}}{2}$

⑤ $\sqrt{24} \div \sqrt{12} \div \dfrac{1}{\sqrt{18}} = 6$

0151 $3\sqrt{2}\div\dfrac{\sqrt{5}}{\sqrt{14}}\div\dfrac{1}{\sqrt{35}}$ 을 간단히 하시오.

→ **서술형**

0152 다음을 만족시키는 유리수 a, b에 대하여 $\sqrt{a}$는 $\sqrt{b}$의 몇 배인지 구하시오.

$$\sqrt{\dfrac{16}{3}}\div\sqrt{\dfrac{5}{12}}\div\sqrt{\dfrac{8}{15}}=\sqrt{a},\quad \sqrt{80}\div\sqrt{8}\div\sqrt{15}=\sqrt{b}$$

유형 3 근호가 있는 식의 변형: $\sqrt{a^2b}$ **> 개념 2**

0153 $\sqrt{75}=a\sqrt{3}$, $4\sqrt{2}=\sqrt{b}$일 때, 유리수 a, b에 대하여 $a+b$의 값은?

① 35 　　　② 37 　　　③ 39
④ 41 　　　⑤ 43

→ **0154** $\sqrt{50}=a\sqrt{2}$, $6\sqrt{5}=\sqrt{b}$일 때, 양의 유리수 a, b에 대하여 $\sqrt{ab}$의 값은?

① $\sqrt{30}$ 　　　② $4\sqrt{5}$ 　　　③ $4\sqrt{10}$
④ $10\sqrt{5}$ 　　　⑤ 30

0155 $\sqrt{48+6x}=6\sqrt{3}$을 만족시키는 x의 값은?

① 8 　　　② 9 　　　③ 10
④ 11 　　　⑤ 12

→ **서술형**

0156 한 자리 자연수 x, y, z에 대하여 $\sqrt{63x}-\sqrt{80y}=z$일 때, x, y, z의 값을 구하시오.

0157 $\sqrt{0.12}=k\sqrt{3}$일 때, 유리수 k의 값은?

① $\dfrac{1}{10}$ ② $\dfrac{1}{5}$ ③ $\dfrac{3}{10}$

④ $\dfrac{2}{5}$ ⑤ $\dfrac{1}{2}$

→ **0158** 다음 **보기** 중 옳은 것을 모두 고른 것은?

보기

ㄱ. $\sqrt{0.48}=\dfrac{3\sqrt{3}}{5}$ ㄴ. $\sqrt{\dfrac{15}{27}}=\dfrac{\sqrt{5}}{9}$

ㄷ. $\sqrt{0.45}=\dfrac{3\sqrt{5}}{10}$ ㄹ. $-\sqrt{\dfrac{35}{112}}=-\dfrac{\sqrt{5}}{4}$

① ㄱ, ㄷ   ② ㄱ, ㄹ   ③ ㄴ, ㄷ

④ ㄴ, ㄹ   ⑤ ㄷ, ㄹ

0159 $\dfrac{5\sqrt{2}}{\sqrt{12}}=\sqrt{a}$, $\dfrac{5\sqrt{3}}{6}=\sqrt{b}$일 때, 유리수 a, b에 대하여 $\dfrac{b}{a}$의 값을 구하시오.

→ **0160** $\sqrt{\dfrac{150}{49}}$은 $\sqrt{6}$의 a배이고, $\sqrt{0.005}$는 $\sqrt{2}$의 b배일 때, ab의 값을 구하시오.

0161 $\sqrt{5.81}=2.410$, $\sqrt{58.1}=7.622$일 때, 다음 중 옳지 않은 것은?

① $\sqrt{581}=24.10$ ② $\sqrt{5810}=76.22$

③ $\sqrt{0.581}=0.7622$ ④ $\sqrt{0.0581}=0.2410$

⑤ $\sqrt{0.00581}=0.02410$

→ **0162** 다음 수 중 주어진 제곱근표를 이용하여 그 값을 구할 수 없는 것을 모두 고르시오.

수	0	1	2	3	4
21	4.583	4.593	4.604	4.615	4.626
22	4.690	4.701	4.712	4.722	4.733
23	4.796	4.806	4.817	4.827	4.837
24	4.899	4.909	4.919	4.930	4.940

$\sqrt{210}$ $\sqrt{2220}$ $\sqrt{241000}$

$\sqrt{0.234}$ $\sqrt{0.00223}$ $\sqrt{0.00023}$

0163 $\sqrt{8.17}=2.86$, $\sqrt{2.86}=1.69$일 때, $\sqrt{a}=286$을 만족시키는 유리수 a의 값을 구하시오.

→ **0164** $\sqrt{2}=1.414$, $\sqrt{20}=4.472$일 때, $\dfrac{1}{\sqrt{500}}$의 값을 구하시오.

유형 6 **문자를 사용한 제곱근의 표현** > 개념 2

0165 $\sqrt{3}=a$, $\sqrt{5}=b$라 할 때, $\sqrt{45}$를 a, b를 사용하여 나타내면?

① ab 　　　② ab^2 　　　③ a^2b
④ a^2b^2 　　　⑤ a^3b^2

→ **0166** $\sqrt{6}=a$일 때, $\sqrt{0.24}$를 a를 사용하여 나타내면?

① $\dfrac{a}{5}$ 　　　② $\dfrac{a}{4}$ 　　　③ $\dfrac{a}{3}$
④ $\dfrac{a}{2}$ 　　　⑤ $\dfrac{3}{4}a$

0167 $\sqrt{2.5}=a$, $\sqrt{25}=b$일 때, $\sqrt{0.025}+\sqrt{250000}$을 a, b를 사용하여 나타내면?

① $\dfrac{a}{100}+100b$ 　② $\dfrac{a}{100}+10b$ 　③ $\dfrac{a}{10}+100b$
④ $\dfrac{b}{10}+100a$ 　⑤ $\dfrac{b}{100}+100a$

→ **서술형**
0168 $\sqrt{30}=a$, $\sqrt{40}=b$일 때, $\sqrt{0.3}+\sqrt{400000}=xa+yb$이다. 이때 유리수 x, y에 대하여 xy의 값을 구하시오.

0169 다음 중 분모를 유리화한 것으로 옳지 <u>않은</u> 것은?

① $\dfrac{1}{\sqrt{7}}=\dfrac{\sqrt{7}}{7}$

② $\dfrac{\sqrt{3}}{\sqrt{7}}=\dfrac{\sqrt{21}}{7}$

③ $\dfrac{\sqrt{5}}{\sqrt{12}}=\dfrac{\sqrt{15}}{6}$

④ $\dfrac{9}{2\sqrt{3}}=\dfrac{3\sqrt{3}}{2}$

⑤ $\dfrac{5\sqrt{3}}{\sqrt{2}\sqrt{5}}=\dfrac{\sqrt{15}}{2}$

→ **0170** $\dfrac{8\sqrt{a}}{3\sqrt{6}}$의 분모를 유리화하였더니 $\dfrac{8\sqrt{3}}{9}$이 되었다. 이때 양수 a의 값은?

① 2 ② 3 ③ 5

④ 8 ⑤ 10

0171 $\sqrt{\dfrac{45}{98}}=\dfrac{b\sqrt{5}}{a\sqrt{2}}=c\sqrt{10}$일 때, a, b, c에 대하여 abc의 값을 구하시오.

(단, a, b는 서로소인 자연수, c는 유리수)

→ **0172** $\dfrac{\sqrt{5}}{2\sqrt{3}}=\dfrac{\sqrt{a}}{6}$, $\dfrac{6\sqrt{2}}{\sqrt{135}}=b\sqrt{30}$일 때, 유리수 a, b에 대하여 ab의 값을 구하시오.

0173 다음을 간단히 하시오.

$$\dfrac{\sqrt{3}}{4}\times\dfrac{2}{\sqrt{14}}\div\dfrac{1}{2\sqrt{2}}$$

→ **0174** 다음 중 옳지 <u>않은</u> 것은?

① $5\sqrt{2}\times\sqrt{6}\div\sqrt{10}=\sqrt{30}$

② $\sqrt{75}\div\sqrt{18}\times\sqrt{6}=5$

③ $\dfrac{3}{\sqrt{2}}\times\dfrac{\sqrt{35}}{\sqrt{3}}\div\dfrac{\sqrt{7}}{\sqrt{10}}=5\sqrt{3}$

④ $\sqrt{0.4}\times\sqrt{\dfrac{5}{8}}\div\dfrac{7}{\sqrt{20}}=\dfrac{\sqrt{2}}{7}$

⑤ $\dfrac{2\sqrt{3}}{3}\times\sqrt{\dfrac{5}{12}}\div\dfrac{\sqrt{5}}{9}=3$

0175 $\sqrt{18} \div \sqrt{72} \times \sqrt{48} = a\sqrt{3}$ 을 만족시키는 유리수 a 의 값을 구하시오.

0176 $\dfrac{\sqrt{98}}{3} \div (-6\sqrt{3}) \times A = -\dfrac{7\sqrt{2}}{2}$ 일 때, A의 값은?

① $3\sqrt{2}$ ② $6\sqrt{2}$ ③ $9\sqrt{2}$

④ $3\sqrt{3}$ ⑤ $9\sqrt{3}$

유형 9 제곱근의 곱셈과 나눗셈의 평면도형에의 활용   > 개념 1-3

0177 오른쪽 그림과 같이 $\angle B = 90°$인 삼각형 ABC에서 $\overline{AB}$, $\overline{BC}$를 각각 한 변으로 하는 두 정사각형을 그렸더니 그 넓이가 각각 24, 50이 되었다. 이때 삼각형 ABC의 넓이를 구하시오.

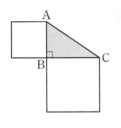

0178 오른쪽 그림과 같이 대각선의 길이가 $3\sqrt{6}$ cm인 정사각형 ABCD의 변 AD를 한 변으로 하는 정삼각형 EAD의 높이는?

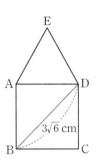

① $\dfrac{9}{2}$ cm   ② $3\sqrt{3}$ cm

③ $\dfrac{11}{2}$ cm   ④ $4\sqrt{3}$ cm

⑤ $\dfrac{15}{2}$ cm

서술형

0179 다음 그림의 삼각형의 넓이와 직사각형의 넓이가 서로 같을 때, 직사각형의 세로의 길이를 구하시오.

0180 오른쪽 그림과 같이 정사각형을 계속 이어 붙일 때, n번째 정사각형의 넓이를 S_n이라 하면 $S_1 = 12$, $S_2 = \dfrac{1}{3}S_1$, $S_3 = \dfrac{1}{3}S_2$, $\cdots$가 성립한다. 이때 다섯 번째 정사각형의 둘레의 길이를 구하시오.

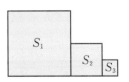

*0181 오른쪽 그림과 같이 밑면의 반지름의 길이가 $4\sqrt{2}$ cm인 원뿔의 부피가 $64\sqrt{5}\pi$ cm³일 때, 이 원뿔의 높이를 구하시오.

4√2 cm

→ 0182 오른쪽 그림과 같이 한 변의 길이가 $2\sqrt{5}$ cm인 정사각형을 밑면으로 하는 사각뿔의 부피가 $40\sqrt{3}$ cm³일 때, 이 사각뿔의 높이를 구하시오.

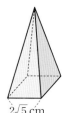

2√5 cm

0183 오른쪽 그림과 같은 원기둥의 전개도에서 직사각형의 가로의 길이가 $4\sqrt{3}\pi$ cm, 세로의 길이가 $4\sqrt{6}$ cm일 때, 이 전개도로 만들어지는 원기둥의 부피는?

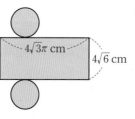

4√3π cm

4√6 cm

① $24\sqrt{3}\pi$ cm³   ② $24\sqrt{6}\pi$ cm³
③ $48\sqrt{3}\pi$ cm³   ④ $48\sqrt{6}\pi$ cm³
⑤ $64\sqrt{6}\pi$ cm³

→ 0184 다음 그림과 같은 직육면체와 원기둥의 부피가 서로 같을 때, x의 값을 구하시오.

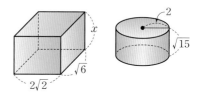

x 2   √15   √6   2√2

*0185 $\dfrac{5\sqrt{2}}{2}+\dfrac{\sqrt{7}}{5}-\dfrac{3\sqrt{2}}{4}+\dfrac{3\sqrt{7}}{10}=a\sqrt{2}+b\sqrt{7}$일 때, 유리수 a, b에 대하여 $a+b$의 값은?

① $\dfrac{7}{4}$ ② 2 ③ $\dfrac{9}{4}$
④ $\dfrac{5}{2}$ ⑤ $\dfrac{11}{4}$

→ 0186 $\sqrt{98}-\sqrt{80}+\sqrt{45}-\sqrt{32}=a\sqrt{2}+b\sqrt{5}$일 때, 유리수 a, b에 대하여 $a+b$의 값을 구하시오.

0187 $\dfrac{\sqrt{75}-9}{\sqrt{3}}-\dfrac{\sqrt{50}-\sqrt{6}}{\sqrt{2}}$ 을 간단히 하시오.

→ **0188** $a=\sqrt{3}$, $b=\sqrt{8}$일 때, $\dfrac{b}{a}+\dfrac{a}{b}$의 값은?

① $\dfrac{\sqrt{6}}{12}$ ② $\dfrac{\sqrt{6}}{6}$ ③ $\dfrac{\sqrt{6}}{4}$

④ $\dfrac{2\sqrt{6}}{3}$ ⑤ $\dfrac{11\sqrt{6}}{12}$

유형 12   **분배법칙을 이용한 제곱근의 덧셈과 뺄셈**   **> 개념 4**

0189 $\sqrt{2}(\sqrt{10}+\sqrt{18})-\sqrt{5}(3-2\sqrt{5})$를 간단히 하면 $a\sqrt{5}+b$가 될 때, 유리수 a, b에 대하여 $a+b$의 값을 구하시오.

→ **0190** $x=\sqrt{5}+\sqrt{2}$, $y=\sqrt{5}-\sqrt{2}$일 때, $\sqrt{5}x-\sqrt{2}y$의 값을 구하시오.

0191 $\sqrt{2}\left(\dfrac{1}{\sqrt{2}}+2\right)-\sqrt{3}\left(\sqrt{6}-\dfrac{6}{\sqrt{3}}\right)$을 간단히 하면?

① $7-3\sqrt{2}$ ② $7-2\sqrt{2}$ ③ $8-2\sqrt{2}$
④ $7-\sqrt{2}$ ⑤ $8-\sqrt{2}$

서술형

→ **0192** 다음 식을 간단히 하시오.

$$\sqrt{3}\left(\dfrac{15}{\sqrt{21}}-\dfrac{10}{\sqrt{15}}\right)-\sqrt{5}\left(\dfrac{1}{\sqrt{35}}-6\right)$$

0193 $\dfrac{10-\sqrt{72}}{\sqrt{20}}$ 의 분모를 유리화하였더니

$a\sqrt{5}+b\sqrt{10}$이 되었다. 유리수 a, b에 대하여 $a+b$의 값을 구하시오.

→ **0194** $\dfrac{\sqrt{12}-\sqrt{5}}{\sqrt{5}}-\dfrac{\sqrt{20}-\sqrt{3}}{\sqrt{3}}$ 을 계산하시오.

0195 $\dfrac{\sqrt{3}-4\sqrt{5}}{\sqrt{45}}+\dfrac{\sqrt{27}-2\sqrt{5}}{\sqrt{3}}=a+b\sqrt{15}$일 때, 유리수 a, b에 대하여 ab의 값을 구하시오.

→ **서술형**
0196 $x=\dfrac{10+\sqrt{10}}{\sqrt{5}}$, $y=\dfrac{10-\sqrt{10}}{\sqrt{5}}$일 때, $\dfrac{x-y}{x+y}$의 값을 구하시오.

0197 $\dfrac{12}{\sqrt{6}}-\dfrac{5}{\sqrt{5}}+\dfrac{1}{\sqrt{2}}(2\sqrt{3}-\sqrt{10})$ 을 간단히 하시오.

→ **0198** 다음 등식을 만족시키는 유리수 a, b에 대하여 $a+2b$의 값을 구하시오.

$$\sqrt{2}\left(\dfrac{7}{\sqrt{14}}-\dfrac{12}{\sqrt{6}}\right)-\sqrt{27}+\sqrt{63}=a\sqrt{3}+b\sqrt{7}$$

0199 $A=\dfrac{1}{\sqrt{2}}+\dfrac{3\sqrt{6}}{2}$, $B=\dfrac{3}{\sqrt{2}}-\dfrac{9}{\sqrt{6}}$일 때, $\sqrt{6}A-\sqrt{2}B$의 값을 구하시오.

→ **0200** 두 실수 a, b에 대하여 $a \bigstar b=ab-\sqrt{2}a+1$이라 할 때, $(\sqrt{3}+\sqrt{2}) \bigstar \dfrac{1}{\sqrt{2}}$의 값은?

① $-\dfrac{\sqrt{6}}{2}$ 　　② $-\dfrac{\sqrt{6}}{2}+1$ 　　③ $\dfrac{\sqrt{6}}{2}$

④ $\dfrac{3\sqrt{6}}{2}$ 　　⑤ $\dfrac{3\sqrt{6}}{2}+2$

유형 15 　제곱근의 계산 결과가 유리수가 될 조건 　　　　> 개념 5

*__0201__ $\sqrt{2}a(\sqrt{8}-2)+\dfrac{2-\sqrt{32}}{\sqrt{2}}$가 유리수가 되도록 하는 유리수 a의 값을 구하시오.

→ **0202** $\sqrt{56}\left(\dfrac{3}{\sqrt{7}}-\dfrac{1}{\sqrt{14}}\right)-\dfrac{4}{\sqrt{8}}(a-\sqrt{18})$이 유리수가 되도록 하는 유리수 a의 값은?

① -6 　　② -3 　　③ -1

④ 3 　　⑤ 6

0203 A가 유리수일 때, 다음을 구하시오.

$$A=5(k-\sqrt{5})-3\sqrt{5}+2k\sqrt{5}-11$$

(1) 유리수 k의 값

(2) A의 값

→ **0204** A, a가 유리수일 때, $A+a$의 값을 구하시오.

$$A=\dfrac{a}{\sqrt{2}}(\sqrt{32}-\sqrt{80})-\sqrt{10}\left(\dfrac{3\sqrt{5}}{\sqrt{2}}+3\right)$$

0205 $\sqrt{20}$의 정수 부분을 a, $3+\sqrt{5}$의 소수 부분을 b라 할 때, $a+\sqrt{5b}$의 값을 구하시오.

0206 $\sqrt{2}$의 소수 부분을 a라 할 때, $\sqrt{98}$의 소수 부분을 a를 사용하여 나타내면?

① $7a$ ② $2-7a$ ③ $7a-1$

④ $7a-2$ ⑤ $7a+7$

0207 자연수 n에 대하여 $\sqrt{n}$의 소수 부분을 $f(n)$이라 할 때, $f(32)-f(18)$의 값을 구하시오.

0208 양의 실수 x에 대하여 x의 정수 부분을 $<x>$, x의 소수 부분을 $\ll x\gg$라 하자. 예를 들어 $<5.2>=5$, $\ll 5.2\gg=0.2$이다.

$<4+\sqrt{2}>+\ll 4-\sqrt{2}\gg=a+b\sqrt{2}$일 때, 두 자연수 a, b에 대하여 $a-b$의 값은?

(단, 소수 부분은 0 이상 1 미만이다.)

① 4   ② 5   ③ 6

④ 7   ⑤ 8

0209 다음 그림은 한 변의 길이가 각각 4, 6인 두 정사각형을 수직선 위에 그린 것이다. $\overline{PA}=\overline{PQ}$, $\overline{RB}=\overline{RS}$가 되도록 수직선 위에 두 점 A, B를 정할 때, $\overline{AB}$의 길이를 구하시오.

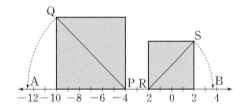

서술형

0210 다음 그림은 넓이가 각각 5, 10인 두 정사각형을 수직선 위에 그린 것이다. $\overline{BP}=\overline{BA}$, $\overline{FQ}=\overline{FG}$이고 두 점 P, Q에 대응하는 수를 각각 a, b라 할 때, $\sqrt{2}a+b$의 값을 구하시오.

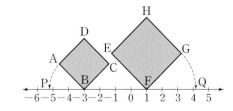

0211 다음 그림과 같이 한 변의 길이가 1인 정사각형 ABCD를 직선 위에서 오른쪽으로 반 바퀴 회전시켰을 때, 점 A가 움직인 거리를 구하시오.

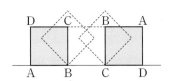

0212 다음 그림은 수직선 위에 정사각형 P, Q, R의 넓이를 2배씩 늘여 차례대로 그린 것이다. 정사각형 P의 넓이가 10이고 세 점 A, B, C에 대응하는 수를 각각 a, b, c라 할 때, $a+b+c$의 값을 구하시오.

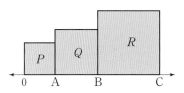

유형 **18** 실수의 대소 관계 > 개념 6

0213 다음 중 두 실수의 대소 관계가 옳지 <u>않은</u> 것은?

① $\sqrt{18} > 5 - \sqrt{2}$

② $3 - \sqrt{3} > 4 - 2\sqrt{3}$

③ $5\sqrt{2} - 2\sqrt{3} > 3\sqrt{2} + \sqrt{3}$

④ $2\sqrt{6} - \sqrt{3} < 3\sqrt{3} + \sqrt{6}$

⑤ $3\sqrt{3} - 4\sqrt{2} > -\sqrt{12} + \sqrt{8}$

0214 다음 중 ◯ 안에 들어갈 부등호가 나머지 넷과 다른 것은?

① $2\sqrt{5} - 1$ ◯ $\sqrt{5} + 1$

② 2 ◯ $\sqrt{8} - 1$

③ $7 - \sqrt{6}$ ◯ $1 + \sqrt{6}$

④ $\sqrt{32} - \sqrt{3}$ ◯ $\sqrt{3} + \sqrt{8}$

⑤ $\sqrt{20} - 6$ ◯ $4 - \sqrt{80}$

0215 세 수 $a = \sqrt{125}$, $b = \sqrt{27} + 3\sqrt{5}$, $c = \sqrt{243} - \sqrt{5}$의 대소 관계를 부등호를 사용하여 나타내면?

① $a < b < c$ 　　② $a < c < b$ 　　③ $b < c < a$

④ $c < a < b$ 　　⑤ $c < b < a$

0216 다음 세 수의 대소 관계를 바르게 나타낸 것은?

$$A = \sqrt{2}(\sqrt{6} + \sqrt{2}),\ B = \frac{\sqrt{15} + 3\sqrt{6}}{\sqrt{3}},\ C = 2 + \sqrt{18}$$

① $A < B < C$ 　　　　② $A < C < B$

③ $B < A < C$ 　　　　④ $C < A < B$

⑤ $C < B < A$

유형 19 제곱근의 덧셈과 뺄셈의 도형에의 활용 > 개념 5

0217 오른쪽 그림과 같이 $\overline{AB}$ 위에 넓이가 각각 32 cm², 50 cm², 18 cm²인 세 정사각형을 한 꼭짓점씩 맞닿도록 그릴 때, $\overline{AB}$의 길이를 구하시오.

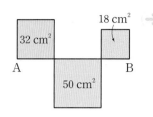

0218 오른쪽 그림과 같이 넓이가 각각 12 cm², 27 cm², 75 cm²인 정사각형 모양의 타일을 이어 붙일 때, 타일로 이루어진 도형의 둘레의 길이는 $p\sqrt{q}$ cm이다. $p+q$의 값을 구하시오.

(단, p는 유리수, q는 가장 작은 자연수)

0219 오른쪽 그림과 같이 가로의 길이가 $\sqrt{216}$ cm, 세로의 길이가 $\sqrt{150}$ cm인 직사각형 모양의 종이의 네 귀퉁이에서 각각 한 변의 길이가 $\sqrt{6}$ cm인 정사각형을 잘라 내어 만든 뚜껑이 없는 직육면체 모양의 상자의 부피를 구하시오.

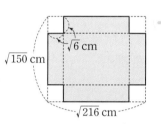

서술형

0220 윗변의 길이가 $\sqrt{18}$, 아랫변의 길이가 $\sqrt{50}$, 높이가 x인 사다리꼴의 넓이가 한 변의 길이가 $4\sqrt{5}$인 정사각형의 넓이와 서로 같을 때, 사다리꼴의 높이를 구하시오.

0221 가로와 세로의 간격이 $\sqrt{2}$로 일정하게 찍힌 점을 이용하여 오른쪽 그림과 같이 삼각형 ABC를 그렸다. 삼각형 ABC의 넓이를 구하시오.

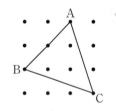

0222 가로의 간격은 $\sqrt{3}$, 세로의 간격은 $\sqrt{7}$로 일정하게 찍힌 점을 이용하여 오른쪽 그림과 같이 오각형 ABCDE를 그렸다. 이 오각형의 넓이를 구하시오.

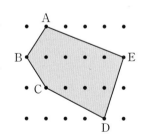

C step **실력 완성!**

0223 $2\sqrt{6} : \sqrt{200} = x : 1$일 때, x의 값은?

① $\dfrac{\sqrt{6}}{5}$ ② $\dfrac{\sqrt{3}}{5}$ ③ $\dfrac{\sqrt{2}}{5}$

④ $\dfrac{\sqrt{3}}{10}$ ⑤ $\dfrac{\sqrt{2}}{10}$

0224 $\sqrt{12} \times \sqrt{15} = a\sqrt{5}$, $\sqrt{45} \times \sqrt{35} = b\sqrt{7}$일 때, 유리수 a, b에 대하여 $a+b$의 값은?

① 90 ② 57 ③ 30

④ 21 ⑤ 9

0225 다음 수 중 주어진 제곱근표를 이용하여 그 값을 구할 수 있는 것은?

수	0	1	2	3
1.0	1.000	1.005	1.010	1.015
1.1	1.049	1.054	1.058	1.063
1.2	1.095	1.100	1.105	1.109
1.3	1.140	1.145	1.149	1.153
1.4	1.183	1.187	1.192	1.196

① $\sqrt{1220}$ ② $\sqrt{99.9}$ ③ $\sqrt{1330}$

④ $\sqrt{0.103}$ ⑤ $\sqrt{4.88}$

0226 $\sqrt{2}=a$, $\sqrt{3}=b$라 할 때, $\sqrt{450}$을 a, b를 사용하여 나타내면?

① $\sqrt{5}ab$ ② $\sqrt{5}a^2b$ ③ $5a^2b$

④ $5ab^2$ ⑤ $5a^2b^2$

0227 $\dfrac{\sqrt{2}-\sqrt{3}}{\sqrt{6}} - \dfrac{2}{4\sqrt{3}}$를 간단히 한 것은?

① $\dfrac{\sqrt{3}}{6} + \dfrac{\sqrt{2}}{2}$ ② $\dfrac{\sqrt{3}}{6} - \dfrac{\sqrt{2}}{2}$ ③ $\dfrac{\sqrt{3}}{3} - \dfrac{\sqrt{2}}{4}$

④ $\dfrac{\sqrt{3}}{3} + \dfrac{\sqrt{2}}{4}$ ⑤ $\dfrac{\sqrt{3}}{3} - \dfrac{\sqrt{2}}{2}$

0228 함수 $f(x)$에 대하여 $f(x) = \dfrac{1}{\sqrt{x+2}} - \dfrac{1}{\sqrt{x}}$일 때, $f(1)+f(3)+f(5)+f(7)+f(9)+f(11)$의 값은?

① $\dfrac{\sqrt{11}}{11} - 1$ ② $\dfrac{\sqrt{11}}{11} + 1$ ③ $\dfrac{\sqrt{13}}{13} - 1$

④ $\dfrac{\sqrt{13}}{13}$ ⑤ $1 + \dfrac{\sqrt{11}}{11} - \dfrac{\sqrt{13}}{13}$

0229 다음 그림의 삼각형의 넓이와 직사각형의 넓이가 서로 같을 때, x의 값을 구하시오.

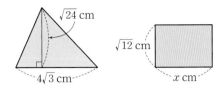

$\sqrt{24}$ cm

$4\sqrt{3}$ cm

$\sqrt{12}$ cm

x cm

0230 $A=\sqrt{2}+\sqrt{3}$, $B=\sqrt{6}-\sqrt{3}$일 때, $\sqrt{2}A-\sqrt{3}B$의 값은?

① $\sqrt{6}-3\sqrt{2}+5$　　　② $\sqrt{6}+3\sqrt{2}-5$

③ $\sqrt{6}-3\sqrt{2}-5$　　　④ $-\sqrt{6}-3\sqrt{2}+5$

⑤ $-\sqrt{6}+3\sqrt{2}-5$

0231 $\sqrt{2}\left(\dfrac{3}{\sqrt{6}}+\dfrac{4}{\sqrt{12}}\right)-\dfrac{3}{4\sqrt{3}}-\sqrt{6}\div\dfrac{4\sqrt{2}}{3}$ 를 간단히 하면?

① $\dfrac{2\sqrt{6}}{3}$　　　② $\dfrac{\sqrt{6}}{3}$　　　③ $\dfrac{\sqrt{6}}{2}$

④ $\sqrt{6}$　　　⑤ $2\sqrt{6}$

0232 $\dfrac{a(1-\sqrt{3})}{2\sqrt{3}}-3\sqrt{3}(\sqrt{12}-2)$가 유리수가 되도록 하는 유리수 a의 값은?

① -36　　　② -12　　　③ 0

④ 12　　　⑤ 36

0233 $5-2\sqrt{3}$의 정수 부분을 a, 소수 부분을 b라 할 때, $a-b$의 값은?

① $-2+\sqrt{3}$　　　② $-3+2\sqrt{3}$　　　③ $2\sqrt{3}$

④ $-1-\sqrt{3}$　　　⑤ $-2+2\sqrt{3}$

0234 다음 중 두 실수의 대소 관계가 옳은 것은?

① $1-\sqrt{11}>-2$

② $6-\sqrt{5}>2+\sqrt{5}$

③ $3\sqrt{5}+\sqrt{6}<2\sqrt{11}+\sqrt{6}$

④ $2\sqrt{5}+1<8-\sqrt{5}$

⑤ $3\sqrt{3}-4\sqrt{2}<-\sqrt{12}+\sqrt{8}$

0235 밑면이 가로의 길이가 $\sqrt{12}$, 세로의 길이가 $\sqrt{8}$인 직사각형이고, 높이가 $\sqrt{18}$인 사각뿔이 있다. 다음 그림과 같이 높이가 이 사각뿔의 높이의 $\dfrac{1}{4}$인 사각뿔을 잘라내고 남은 입체도형의 부피는?

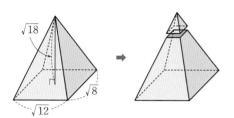

① $\dfrac{8\sqrt{3}}{27}$ ② $\dfrac{52\sqrt{3}}{9}$ ③ $\dfrac{50\sqrt{6}}{9}$

④ $2\sqrt{3}$ ⑤ $\dfrac{63\sqrt{3}}{8}$

0236 다음 그림과 같이 가로의 길이가 $(\sqrt{3}+2\sqrt{6})$ m, 세로의 길이가 $2\sqrt{6}$ m인 직사각형 모양의 화단에 가로의 길이가 $\sqrt{2}$ m인 직사각형 모양의 사진 촬영지를 만들고, 촬영지의 둘레를 따라 폭이 x m인 길을 만들었더니 촬영지와 길을 향한 부분이 한 변의 길이가 2 m인 정사각형이 되었다. 길을 제외한 화단과 촬영지의 넓이의 합을 구하시오.

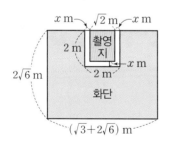

서술형

0237 $a>0$, $b>0$이고 $ab=3$일 때, $\sqrt{4ab}-a\sqrt{\dfrac{b}{a}}+\dfrac{\sqrt{9b}}{b\sqrt{a}}$의 값을 구하시오.

0238 $a*b=ab-\sqrt{3}a$라 할 때, $\dfrac{\sqrt{12}-\sqrt{8}}{\sqrt{2}}*\dfrac{1}{\sqrt{3}}$의 값을 구하시오.

다항식의 곱셈과 인수분해

step 1 개념 익히고,

03 다항식의 곱셈

개념 1

(다항식) × (다항식)의 계산

> 유형 1

(다항식)×(다항식)은 다음과 같은 순서로 계산한다.

❶ 분배법칙을 이용하여 전개한다.

❷ 동류항이 있으면 동류항끼리 모아서 간단히 한다.

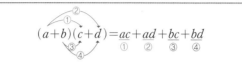

$\leftarrow$ $c+d$를 M으로 놓으면
$$(a+b)(c+d)=(a+b)M$$
$$=aM+bM$$
$$=a(c+d)+b(c+d)$$
$$=ac+ad+bc+bd$$

예 $(2x+3y)(3x-5y)=6x^2-10xy+9xy-15y^2$
$$=6x^2-xy-15y^2$$

참고 도형의 넓이로 살펴보는 (다항식)×(다항식)의 계산

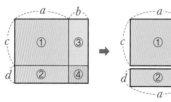

$(a+b)(c+d)=$(큰 직사각형의 넓이)
$$=①+②+③+④$$
$$=ac+ad+bc+bd$$

개념 2

곱셈 공식

> 유형 2~6

(1) **합의 제곱**: $(a+b)^2=a^2+2ab+b^2$ $\leftarrow (-a-b)^2=\{-(a+b)\}^2=(a+b)^2$

(2) **차의 제곱**: $(a-b)^2=a^2-2ab+b^2$ $\leftarrow (-a+b)^2=\{-(a-b)\}^2=(a-b)^2$

(3) **합과 차의 곱**: $(a+b)(a-b)=a^2-b^2$ $\leftarrow (-a-b)(-a+b)=(a+b)(a-b)$
$(-a+b)(a+b)=-(a+b)(a-b)$

(4) **x의 계수가 1인 두 일차식의 곱**: $(x+a)(x+b)=x^2+(a+b)x+ab$

(5) **x의 계수가 1이 아닌 두 일차식의 곱**: $(ax+b)(cx+d)=acx^2+(ad+bc)x+bd$

참고 도형의 넓이로 살펴보는 곱셈 공식

(1)
$(a+b)^2$
$=$(큰 정사각형의 넓이)
$=①+②+③+④$
$=a^2+ab+ab+b^2$
$=a^2+2ab+b^2$

(2)
$(a-b)^2$
$=$(색칠한 정사각형의 넓이)
$=$(큰 정사각형의 넓이)
$-①-②-③$
$=a^2-b(a-b)-b(a-b)-b^2$
$=a^2-2ab+b^2$

(3)
$(a+b)(a-b)=$(색칠한 직사각형의 넓이)
$=①+②=①+④$
$=a^2-③=a^2-b^2$

(4)
$(x+a)(x+b)$
$=$(큰 직사각형의 넓이)
$=①+②+③+④$
$=x^2+bx+ax+ab$
$=x^2+(a+b)x+ab$

(5)
$(ax+b)(cx+d)$
$=$(큰 직사각형의 넓이)
$=①+②+③+④$
$=acx^2+adx+bcx+bd$
$=acx^2+(ad+bc)x+bd$

개념 **1** (다항식)×(다항식)의 계산

0239 다음 식을 전개하시오.

(1) $(3x+2)(y-5)$

(2) $(a+2b)(-3c+d)$

(3) $(3x-y)(x+2y+1)$

개념 **2** 곱셈 공식

0240 다음 식을 전개하시오.

(1) $(x+3)^2$　　　　　(2) $(4x+1)^2$

(3) $(2a+5b)^2$　　　　(4) $\left(\dfrac{1}{3}a+1\right)^2$

(5) $(a-6b)^2$　　　　　(6) $(-3x-y)^2$

(7) $(5x-2y)^2$　　　　(8) $\left(-x+\dfrac{1}{7}\right)^2$

0241 다음 □ 안에 알맞은 자연수를 써넣으시오.

(1) $(\square x+1)^2=\square x^2+6x+1$

(2) $(x-\square y)^2=x^2-20xy+\square y^2$

0242 다음 식을 전개하시오.

(1) $(x+4)(x-4)$

(2) $(-5x+3y)(-5x-3y)$

(3) $(4x+3)(3-4x)$

(4) $\left(\dfrac{1}{3}x+\dfrac{1}{2}\right)\left(\dfrac{1}{3}x-\dfrac{1}{2}\right)$

0243 다음 식을 전개하시오.

(1) $(a+2)(a+9)$

(2) $(x-1)(x+7)$

(3) $(a-5)(a-3)$

(4) $\left(x+\dfrac{1}{3}\right)\left(x-\dfrac{1}{2}\right)$

(5) $(x-2y)(x+5y)$

0244 다음 □ 안에 알맞은 자연수를 써넣으시오.

(1) $(x-\square)(x+7)=x^2+\square x-21$

(2) $(x+\square y)(x-7y)=x^2-\square xy-35y^2$

0245 다음 식을 전개하시오.

(1) $(2x+1)(x+4)$

(2) $(3a+4)(2a-3)$

(3) $(2x-7)(3x-1)$

(4) $(6x-5y)(x+3y)$

(5) $\left(2x-\dfrac{1}{3}y\right)\left(5x+\dfrac{3}{2}y\right)$

0246 다음 □ 안에 알맞은 자연수를 써넣으시오.

(1) $(2x-\square)(x+4)=2x^2+\square x-12$

(2) $(3x+y)(\square x-3y)=6x^2-\square xy-3y^2$

복잡한 식의 전개

> 유형 7

(1) **공통부분이 있는 식의 전개**

❶ 공통부분을 한 문자로 놓은 후, 곱셈 공식을 이용하여 전개한다.

❷ 전개한 식의 문자에 원래의 식을 대입하여 정리한다.

예
$$(a+b+c)(a+b-c)$$
$$=(A+c)(A-c)=A^2-c^2 \quad \rangle a+b=A로 \ 치환하여 \ 전개하기$$
$$=(a+b)^2-c^2 \quad \rangle A=a+b를 \ 대입하기$$
$$=a^2+2ab+b^2-c^2 \quad \rangle 전개하기$$

(2) **( )( )( )( ) 꼴의 전개**

❶ 일차식의 상수항의 합이 같아지도록 두 개씩 짝 지어 전개한다.

❷ 공통부분을 치환하여 식을 전개한다.

예
$$(x+1)(x-2)(x+3)(x-4)$$
$$=(x^2-x-2)(x^2-x-12) \quad \rangle 상수항의 \ 합이 \ 같은 \ 두 \ 식을 \ 짝 \ 지어 \ 전개하기$$
$$=(A-2)(A-12)=A^2-14A+24 \quad \rangle x^2-x=A로 \ 치환하여 \ 전개하기$$
$$=(x^2-x)^2-14(x^2-x)+24 \quad \rangle A=x^2-x를 \ 대입하기$$
$$=x^4-2x^3-13x^2+14x+24 \quad \rangle 전개하여 \ 정리하기$$

곱셈 공식을 이용한 식의 계산

> 유형 8~10, 13~14

(1) **곱셈 공식을 이용한 수의 계산**

① 수의 제곱의 계산: 곱셈 공식 $(a+b)^2=a^2+2ab+b^2$, $(a-b)^2=a^2-2ab+b^2$을 이용한다.

② 두 수의 곱의 계산: 곱셈 공식 $(a+b)(a-b)=a^2-b^2$, $(x+a)(x+b)=x^2+(a+b)x+ab$를 이용한다.

③ 제곱근을 포함한 수의 계산: 제곱근을 문자로 생각하고 곱셈 공식을 이용하여 계산한다.

참고 $(\sqrt{a}\pm\sqrt{b})^2=a\pm2\sqrt{ab}+b$ (복부호 동순), $(\sqrt{a}+\sqrt{b})(\sqrt{a}-\sqrt{b})=a-b$

(2) **곱셈 공식을 이용한 분모의 유리화**

분모가 $a\pm\sqrt{b}$ 또는 $\sqrt{a}\pm\sqrt{b}$ 꼴인 분수는 곱셈 공식 $(a+b)(a-b)=a^2-b^2$을 이용하여 분모를 유리화한다.

$$\frac{c}{\sqrt{a}+\sqrt{b}}=\frac{c(\sqrt{a}-\sqrt{b})}{(\sqrt{a}+\sqrt{b})(\sqrt{a}-\sqrt{b})}=\frac{c(\sqrt{a}-\sqrt{b})}{(\sqrt{a})^2-(\sqrt{b})^2}=\frac{c(\sqrt{a}-\sqrt{b})}{a-b}$$

곱셈 공식 $(a+b)(a-b)=a^2-b^2$ 이용 (단, $a>0$, $b>0$, $a\neq b$)

분모	곱하는 수
$a+\sqrt{b}$	$a-\sqrt{b}$
$a-\sqrt{b}$	$a+\sqrt{b}$
$\sqrt{a}+\sqrt{b}$	$\sqrt{a}-\sqrt{b}$
$\sqrt{a}-\sqrt{b}$	$\sqrt{a}+\sqrt{b}$

부호 반대

곱셈 공식의 변형

> 유형 11~13

(1) **곱셈 공식의 변형**

① $a^2+b^2=(a+b)^2-2ab=(a-b)^2+2ab$

② $(a+b)^2=(a-b)^2+4ab$, $(a-b)^2=(a+b)^2-4ab$

(2) **두 수의 곱이 1인 식의 변형**

① $a^2+\dfrac{1}{a^2}=\left(a+\dfrac{1}{a}\right)^2-2=\left(a-\dfrac{1}{a}\right)^2+2$

② $\left(a+\dfrac{1}{a}\right)^2=\left(a-\dfrac{1}{a}\right)^2+4$, $\left(a-\dfrac{1}{a}\right)^2=\left(a+\dfrac{1}{a}\right)^2-4$

개념 3 복잡한 식의 전개

0247 다음 □ 안에 알맞은 것을 써넣으시오.

(1) $(x+y-5)^2 = (A-5)^2$
$$= A^2 - \boxed{}A + 25$$
$$= (x+y)^2 - 10(x+y) + 25$$
$$= \boxed{} - 10x - 10y + 25$$

(2) $(x+y+1)(x+y+3) = (A+1)(A+3)$
$$= A^2 + \boxed{}A + 3$$
$$= (x+y)^2 + 4(x+y) + \boxed{}$$
$$= x^2 + 2xy + y^2 + 4x + 4y + 3$$

개념 4 곱셈 공식을 이용한 식의 계산

0248 다음 □ 안에 알맞은 것을 써넣으시오.

(1) $103^2 = (100 + \boxed{})^2$
$$= 10000 + 600 + \boxed{} = \boxed{}$$

(2) $98^2 = (100 - \boxed{})^2$
$$= 10000 - \boxed{} + 4 = \boxed{}$$

(3) $58 \times 62 = (\boxed{} - 2)(\boxed{} + 2)$
$$= \boxed{} - 4 = \boxed{}$$

(4) $5.1 \times 4.9 = (\boxed{} + 0.1)(\boxed{} - 0.1)$
$$= \boxed{} - 0.01 = \boxed{}$$

(5) $81 \times 83 = (\boxed{} + 1)(\boxed{} + 3)$
$$= 6400 + \boxed{} + 3 = \boxed{}$$

(6) $199 \times 198 = (\boxed{} - 1)(\boxed{} - 2)$
$$= \boxed{} - 600 + 2 = \boxed{}$$

0249 다음 수의 분모를 유리화하시오.

(1) $\dfrac{1}{\sqrt{5}-2}$ (2) $\dfrac{1}{\sqrt{3}+1}$

(3) $\dfrac{\sqrt{3}}{2-\sqrt{3}}$ (4) $\dfrac{3-\sqrt{5}}{3+\sqrt{5}}$

(5) $\dfrac{1}{\sqrt{10}+3}$ (6) $\dfrac{\sqrt{6}+\sqrt{3}}{\sqrt{6}-\sqrt{3}}$

(7) $\dfrac{\sqrt{2}}{3-2\sqrt{2}}$ (8) $\dfrac{5}{\sqrt{7}+2\sqrt{3}}$

개념 5 곱셈 공식의 변형

0250 $x+y=4$, $xy=2$일 때, 다음 □ 안에 알맞은 것을 써넣으시오.

(1) $x^2 + y^2 = (x+y)^2 - \boxed{} = 16 - \boxed{} = \boxed{}$

(2) $(x-y)^2 = (x+y)^2 - \boxed{} = 16 - \boxed{} = \boxed{}$

0251 $x+y=3\sqrt{2}$, $xy=\dfrac{1}{2}$일 때, 다음 □ 안에 알맞은 것을 써넣으시오.

(1) $x^2 + y^2 = (x+y)^2 - \boxed{} = 18 - \boxed{} = \boxed{}$

(2) $(x-y)^2 = (x+y)^2 - \boxed{} = 18 - \boxed{} = \boxed{}$

0252 $x-y=2\sqrt{5}$, $xy=-1$일 때, 다음 □ 안에 알맞은 것을 써넣으시오.

(1) $x^2 + y^2 = (x-y)^2 + \boxed{} = 20 + (\boxed{}) = \boxed{}$

(2) $(x+y)^2 = (x-y)^2 + \boxed{} = 20 + (\boxed{}) = \boxed{}$

03 다항식의 곱셈

B step 기출 & 변형하면...

유형 1 (다항식)×(다항식)의 계산   > 개념 1

0253 $(4a+2b+3)(2a-5b)$를 전개하였을 때, ab의 계수는?

① -20 ② -16 ③ -10

④ -6 ⑤ -2

→ **0254** $(x-5y-4)(x+ay-1)$을 전개한 식에서 y의 계수와 xy의 계수가 같을 때, 상수 a의 값은?

① 2 ② 4 ③ 6

④ 8 ⑤ 10

0255 $(5x+7y)(-x+3y)=Ax^2+Bxy+Cy^2$일 때, 상수 A, B, C에 대하여 $A-B+C$의 값은?

① 6 ② 7 ③ 8

④ 9 ⑤ 10

→ **0256** $(x+3y)(Ax+5y)$를 전개한 식이 $2x^2+Bxy+15y^2$일 때, 상수 A, B에 대하여 AB의 값을 구하시오.

유형 2 곱셈 공식 [1]: 합의 제곱, 차의 제곱   > 개념 2

0257 $(3x+A)^2=9x^2+Bx+25$일 때, 양수 A, B에 대하여 $A+B$의 값은?

① 15 ② 20 ③ 25

④ 30 ⑤ 35

→ **0258** $(Ax-3)^2=49x^2+Bx+C$일 때, 상수 A, B, C에 대하여 $A-B+C$의 값을 구하시오. (단, $A>0$)

0259 다음 중 $(2a+b)^2$과 전개식이 같은 것은?

① $(2a-b)^2$ ② $(-2a+b)^2$

③ $(-2a-b)^2$ ④ $-(2a+b)^2$

⑤ $-(2a-b)^2$

→ **0260** $(4x+3y)^2+(x-5y)^2$을 계산하시오.

유형 3 **곱셈 공식 [2]: 합과 차의 곱**   **> 개념 2**

★
0261 $(4x+3y)(4x-3y)$의 전개식에서 x^2의 계수를 a, y^2의 계수를 b라 할 때, $a+b$의 값을 구하시오.

→ **0262** $\left(-\dfrac{1}{2}a+3b\right)\left(-\dfrac{1}{2}a-3b\right)$를 전개하면?

① $-\dfrac{1}{4}a^2+6b^2$ ② $\dfrac{1}{4}a^2-6b^2$

③ $-\dfrac{1}{4}a^2-9b^2$ ④ $\dfrac{1}{4}a^2-9b^2$

⑤ $-\dfrac{1}{4}a^2+9b^2$

서술형
0263 $(-y-4x)(4x-y)=Ax^2+Bxy+Cy^2$일 때, 상수 A, B, C에 대하여 $A+B-C$의 값을 구하시오.

→ **0264** 다음 중 옳지 <u>않은</u> 것은?

① $(x-6)(x+6)=x^2-36$

② $(-2+x)(-2-x)=4-x^2$

③ $(-3a+5)(3a+5)=9a^2-25$

④ $(-2x+y)(-2x-y)=4x^2-y^2$

⑤ $\left(\dfrac{1}{5}x+\dfrac{1}{4}y\right)\left(\dfrac{1}{5}x-\dfrac{1}{4}y\right)=\dfrac{1}{25}x^2-\dfrac{1}{16}y^2$

유형 4 곱셈 공식 (3): $(x+a)(x+b)$ > 개념 2

*0265 $(x-4)(x+7)=x^2+Ax+B$일 때, 상수 A, B에 대하여 $A-B$의 값을 구하시오.

→ 0266 $\left(x-\frac{2}{5}y\right)\left(x-\frac{1}{3}y\right)=x^2+axy+by^2$일 때, 상수 a, b에 대하여 $\frac{b}{a}$의 값을 구하시오.

0267 $(x+a)(x-8)=x^2+bx-32$일 때, 상수 a, b에 대하여 $a-b$의 값은?

① -2 ② 2 ③ 4
④ 6 ⑤ 8

→ 서술형 0268 $(x-5)(x+a)+(7-x)(3-x)$의 전개식에서 x의 계수와 상수항이 같을 때, 상수 a의 값을 구하시오.

유형 5 곱셈 공식 (4): $(ax+b)(cx+d)$ > 개념 2

*0269 $(3x+2)(5x-7)=ax^2+bx+c$일 때, 상수 a, b, c에 대하여 $a-b+c$의 값은?

① 10 ② 11 ③ 12
④ 13 ⑤ 14

→ 0270 $\left(4x+\frac{3}{2}y\right)(8x-5y)$의 전개식에서 xy의 계수와 y^2의 계수의 곱은?

① 30 ② 40 ③ 50
④ 60 ⑤ 70

0271 $(2x+a)(bx-5)=10x^2+cx-15$일 때, 상수 a, b, c에 대하여 $a-b+c$의 값은?

① 3   ② 7   ③ 9

④ 11   ⑤ 13

0272 $3x+a$에 $5x-1$을 곱해야 할 것을 잘못하여 $x-5$를 곱하였더니 $3x^2-10x-25$가 되었다. 바르게 계산한 답을 구하시오. (단, a는 상수)

유형 **6** 곱셈 공식과 도형의 넓이   > 개념 **2**

0273 오른쪽 그림과 같이 가로의 길이가 $5a$, 세로의 길이가 $4a$인 직사각형 모양의 화단에 폭이 1로 일정한 길을 만들었다. 길을 제외한 화단의 넓이를 구하시오.

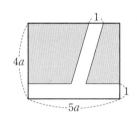

0274 오른쪽 그림은 가로, 세로의 길이가 각각 $4x$, $6x$인 직사각형을 네 개의 직사각형으로 나눈 것이다. 색칠한 부분의 넓이의 합은?

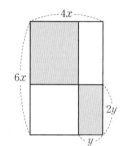

① $24x^2+2y^2$

② $24x^2-2xy+2y^2$

③ $24x^2-2xy+4y^2$

④ $24x^2-14xy+4y^2$

⑤ $24x^2+14xy+4y^2$

0275 오른쪽 그림의 직사각형 ABCD에서 사각형 ABFE와 사각형 GFCH는 정사각형이다. $\overline{AB}=3a-2$, $\overline{BC}=4a+3$일 때, 직사각형 EGHD의 넓이를 구하시오.

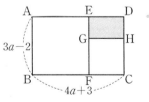

0276 오른쪽 그림과 같이 세 반원의 중심이 한 직선 위에 있고, 두 반원 O, O′의 반지름의 길이가 각각 $2x$, $3y$일 때, 색칠한 부분의 넓이를 구하시오.

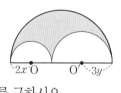

0277 $(3x+4y-2)(3x-4y-2)$를 전개한 식에서 상수항을 포함한 모든 항의 계수의 합은?

① -19 ② -15 ③ -11

④ 4 ⑤ 5

0278 $(2x-3y+4)(2x+3y+4)$를 전개하면?

① $4x^2-16x-9y^2+16$

② $4x^2-16x+9y^2-16$

③ $4x^2+16x-9y^2-16$

④ $4x^2+16x-9y^2+16$

⑤ $4x^2+16x+9y^2+16$

0279 $(3x+y-5)^2$의 전개식에서 x^2의 계수를 a, xy의 계수를 b라 할 때, $a+b$의 값은?

① 14 ② 15 ③ 16

④ 18 ⑤ 20

0280 $(4x-ay+3)^2$의 전개식에서 xy의 계수가 16, y의 계수가 b일 때, $a-b$의 값은? (단, a는 상수)

① -14 ② -8 ③ -2

④ 8 ⑤ 14

0281 $(x+1)(x+4)(x-2)(x-5)$를 전개하시오.

서술형

0282 $x^2+5x-2=0$일 때, $(x-1)(x-2)(x+6)(x+7)$의 값을 구하시오.

유형 8 곱셈 공식을 이용한 수의 계산 [1]: 수의 제곱 또는 두 수의 곱의 계산 > 개념 4

03

다항식의 곱셈

0283 다음 중 주어진 수의 계산을 편리하게 하기 위해 이용하는 곱셈 공식의 연결이 옳지 <u>않은</u> 것은?

① $502^2 \Rightarrow (a+b)^2=a^2+2ab+b^2$

② $998^2 \Rightarrow (a-b)^2=a^2-2ab+b^2$

③ $1003 \times 993 \Rightarrow (a+b)(a-b)=a^2-b^2$

④ $5.03 \times 4.97 \Rightarrow (a+b)(a-b)=a^2-b^2$

⑤ $102 \times 105 \Rightarrow (x+a)(x+b)=x^2+(a+b)x+ab$

0284 다음 중 곱셈 공식 $(a+b)^2=a^2+2ab+b^2$을 이용하여 계산하면 가장 편리한 것은? (단, $a>0$, $b>0$)

① 201^2　　② 999^2　　③ 102×107

④ 5.7×6.3　　⑤ 98^2

0285 $(3-1)(3+1)(3^2+1)(3^4+1)=3^a-1$일 때, 자연수 a의 값은?

① 6　　② 7　　③ 8

④ 9　　⑤ 10

0286 자연수 a, b에 대하여

$4(5+1)(5^2+1)(5^4+1)(5^8+1)(5^{16}+1)=5^a-b$

일 때, $a-b$의 값은? (단, b는 한 자리 자연수)

① 9　　② 17　　③ 24

④ 31　　⑤ 45

0287 $97 \times 103 \times (10^4+9)+81=10^a$일 때, 자연수 a의 값을 구하시오.

0288 $7 \times 9 \times 11 \times 101 = a(10^b-1)$일 때, 한 자리 자연수 a, b에 대하여 $a+b$의 값을 구하시오.

유형 9 곱셈 공식을 이용한 수의 계산 (2): 제곱근을 포함한 식의 계산 > 개념 4

*0289 $(\sqrt{5}-3\sqrt{2})(\sqrt{5}-4\sqrt{2})=a+b\sqrt{10}$일 때, 유리수 a, b에 대하여 $\sqrt{a-b}$의 값은?

① 5 ② $3\sqrt{3}$ ③ $\sqrt{29}$
④ $4\sqrt{2}$ ⑤ 6

➔ 0290 다음 식을 계산하면?

$$(\sqrt{5}+2)^2-(2\sqrt{5}+3)(2\sqrt{5}-3)$$

① $-2+\sqrt{5}$ ② $2\sqrt{5}$
③ $-2+4\sqrt{5}$ ④ $2+4\sqrt{5}$
⑤ $-4+4\sqrt{5}$

유형 10 곱셈 공식을 이용한 분모의 유리화 > 개념 4

*0291 $\dfrac{\sqrt{5}+2}{\sqrt{5}-2}=a+b\sqrt{5}$일 때, 유리수 a, b에 대하여 $a+b$의 값은?

① 9 ② 11 ③ 13
④ 15 ⑤ 17

➔ 서술형 0292 $\dfrac{3+2\sqrt{2}}{3-2\sqrt{2}}-\dfrac{4+2\sqrt{2}}{3+2\sqrt{2}}=a+b\sqrt{2}$일 때, 유리수 a, b에 대하여 $b-a$의 값을 구하시오.

0293 $x=7+4\sqrt{3}$일 때, $x+\dfrac{1}{x}$의 값을 구하시오.

➔ 0294 $x=\dfrac{5-2\sqrt{6}}{5+2\sqrt{6}}$일 때, $x+\dfrac{1}{x}$의 값은?

① -98 ② $-40\sqrt{6}$ ③ $40\sqrt{6}$
④ 98 ⑤ $98+40\sqrt{6}$

> 개념 5

유형 11 식의 값 구하기 [1]: 두 수의 합 또는 차, 곱이 주어진 경우

0295 $x-y=4$, $x^2+y^2=26$일 때, xy의 값은?

① 1   ② 2   ③ 3

④ 4   ⑤ 5

0296 $x-y=2$, $x^2+y^2=8$일 때, $(x+y)^2$의 값을 구하시오.

0297 $x+y=5\sqrt{2}$, $xy=6$일 때, $\dfrac{y}{x}+\dfrac{x}{y}$의 값은?

① $\dfrac{19}{3}$ ② $\dfrac{20}{3}$ ③ 7

④ $\dfrac{22}{3}$ ⑤ $\dfrac{23}{3}$

0298 $x-y=2\sqrt{5}$, $xy=-4$일 때, $x^2+y^2+(x+y)^2$의 값을 구하시오.

0299 $x-y=-1$, $x^2+y^2=5$일 때, x^4+y^4의 값을 구하시오.

0300 $x+y=3$, $xy=1$일 때, x^4+y^4의 값을 구하시오.

03

다항식의 곱셈

유형 12 식의 값 구하기 (2): 역수의 합 또는 차가 주어진 경우 > 개념 5

0301 $x-\frac{1}{x}=6$일 때, $x^2+\frac{1}{x^2}$의 값은?

① 34 ② 35 ③ 36
④ 37 ⑤ 38

➜ 0302 $a+\frac{1}{a}=-2$, $b-\frac{1}{b}=3$일 때, $a^2+b^2+\frac{1}{a^2}+\frac{1}{b^2}$의 값을 구하시오.

0303 $x-\frac{1}{x}=2\sqrt{6}$일 때, $\left(x+\frac{1}{x}\right)^2$의 값은?

① 24 ② 26 ③ 28
④ 30 ⑤ 32

➜ 0304 $x+\frac{1}{x}=1+\sqrt{3}$일 때, $\left(x-\frac{1}{x}\right)^2$의 값은?

① $-1+\sqrt{3}$ ② $\sqrt{3}$ ③ $2\sqrt{3}$
④ $1+\sqrt{3}$ ⑤ $2+2\sqrt{3}$

0305 $x^2-6x+1=0$일 때, $x-\frac{1}{x}$의 값은?

① $\pm\sqrt{2}$ ② $\pm\sqrt{3}$ ③ $\pm2\sqrt{6}$
④ $\pm4\sqrt{2}$ ⑤ $\pm4\sqrt{3}$

서술형
➜ 0306 $x^2+4x+1=0$일 때, $x^2+x+\frac{1}{x}+\frac{1}{x^2}-5$의 값을 구하시오.

유형 13 식의 값 구하기 [3]: 두 수가 주어진 경우 > 개념 4, 5

0307 $x = 5 + \sqrt{10}$, $y = \sqrt{2} + \sqrt{5}$일 때, $(x+2y)(x-2y)$의 값은?

① $2\sqrt{10}$ ② $5 + 2\sqrt{10}$ ③ $7 + 2\sqrt{10}$

④ $9 + 2\sqrt{10}$ ⑤ $10 + 2\sqrt{10}$

→ **0308** $x = \dfrac{3-\sqrt{7}}{3+\sqrt{7}}$, $y = \dfrac{3+\sqrt{7}}{3-\sqrt{7}}$일 때, $\dfrac{1}{x^2} + \dfrac{1}{y^2}$의 값을 구하시오.

유형 14 식의 값 구하기 [4]: $x = a + \sqrt{b}$ 꼴이 주어진 경우 > 개념 4

0309 $x = \sqrt{3} + 5$일 때, $x^2 - 10x + 15$의 값은?

① -22 ② -15 ③ -10

④ -7 ⑤ -5

→ **서술형**
0310 $x = (\sqrt{2}-4)(2\sqrt{2}+3)$일 때, $x^2 + 16x + 10$의 값을 구하시오.

0311 $x = \dfrac{3+\sqrt{6}}{3-\sqrt{6}}$일 때, $x^2 - 10x + 9$의 값은?

① 7 ② 8 ③ 9

④ 10 ⑤ 11

→ **0312** $\dfrac{1}{\sqrt{5}-2}$의 소수 부분을 x라 할 때, $x^2 + 4x + 3$의 값을 구하시오.

실력 완성!

0313 다음 중 옳지 <u>않은</u> 것은?

① $(x-2)(x+5)=x^2+3x-10$

② $(-2a+3b)^2=4a^2-12ab+9b^2$

③ $\left(2x+\dfrac{1}{2}\right)\left(2x-\dfrac{1}{2}\right)=2x^2-\dfrac{1}{4}$

④ $(3x+4)(2x-3)=6x^2-x-12$

⑤ $(2x-4y)(3x+y)=6x^2-10xy-4y^2$

0314 $(x-3)^2=x^2-ax+9$일 때, 상수 a의 값은?

① 6　　　　② 7　　　　③ 8

④ 9　　　　⑤ 10

0315 $(-2x+3)(-3-2x)$를 전개했을 때, x의 계수는?

① -13　　　② -12　　　③ 0

④ 12　　　　⑤ 13

0316 $(-5x-3y)^2+(-2x-y)(2x-y)$를 계산하면?

① $6x^2-34xy+8y^2$　　② $6x^2+30xy+10y^2$

③ $14x^2+30xy-7y^2$　　④ $21x^2-34xy+8y^2$

⑤ $21x^2+30xy+10y^2$

0317 $(t+7)(t-4)$의 전개식에서 t의 계수를 m, 상수항을 n라 할 때, mn의 값은?

① -84　　　② -28　　　③ 28

④ 84　　　　⑤ 308

0318 $(2x-y)(x-3y)$의 전개식에서 xy의 계수와 y^2의 계수의 합은?

① -4　　　② -2　　　③ 0

④ 2　　　　⑤ 4

0319 오른쪽 그림의 직사각형 ABCD에서 사각형 AEHG와 사각형 GFCD는 정사각형이다. $\overline{AD}=a$, $\overline{DC}=b$일 때, 직사각형 EBFH의 넓이는? (단, $b<a<2b$)

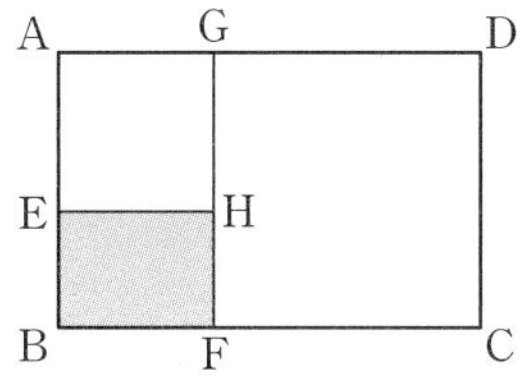

① a^2-b^2
② $a^2-2ab+b^2$
③ $-a^2+2ab-2b^2$
④ $-a^2+3ab-b^2$
⑤ $-a^2+3ab-2b^2$

0320 $(x-2)^2=50$일 때, $(x+3)(x+5)(x-7)(x-9)$의 값은?

① 0
② 5
③ 11
④ 18
⑤ 25

0321 $\dfrac{8195\times8197+1}{8196}$ 을 곱셈 공식을 이용하여 계산하시오.

0322 $\dfrac{a\sqrt{3}+b}{\sqrt{3}-2}$가 유리수가 되도록 하는 0이 아닌 두 유리수 a, b에 대하여 $\dfrac{b}{a}$의 값은?

① -3
② -2
③ $-\dfrac{1}{2}$
④ $-\dfrac{1}{3}$
⑤ $-\dfrac{1}{4}$

0323 다음 식을 계산하시오.

$$\frac{1}{\sqrt{2}+1}+\frac{1}{\sqrt{3}+\sqrt{2}}+\frac{1}{2+\sqrt{3}}+\cdots+\frac{1}{5+2\sqrt{6}}$$

0324 $a-b=-6$, $ab=8$일 때, $\dfrac{1}{4}a^2+\dfrac{1}{4}b^2$의 값은?

① 12
② 13
③ 14
④ 15
⑤ 16

0325 $xy=2$, $(3x+1)(3y+1)=28$일 때, x^2-xy+y^2의 값은?

① 2 ② 3 ③ 9

④ 15 ⑤ 18

0327 $x=\dfrac{\sqrt{3}-1}{\sqrt{3}+1}$, $y=\dfrac{\sqrt{3}+1}{\sqrt{3}-1}$일 때, x^2+xy+y^2의 값을 구하시오.

0326 $x^2+2x-1=0$일 때, $x^2-5x+\dfrac{5}{x}+\dfrac{1}{x^2}$의 값은?

① 12 ② 16 ③ 18

④ 20 ⑤ 22

0328 $t=\sqrt{7}-3$일 때, $t^2+8t+16$의 값은?

① $7-2\sqrt{7}$ ② $7+3\sqrt{7}$ ③ $8-3\sqrt{7}$

④ $8+2\sqrt{7}$ ⑤ $9-\sqrt{7}$

0329 $(ax-1)(2x+3)-3(x+b)^2$을 전개하여 간단히 하였더니 x의 계수가 13, 상수항이 -15가 되었다. 이때 상수 a, b에 대하여 $a-b$의 값은? (단, $b<0$)

① -3 ② -1 ③ 1
④ 3 ⑤ 5

0330 $x=\dfrac{1}{2\sqrt{6}-5}$일 때, $4x^2+38x-3$의 값을 구하시오.

서술형

0331 서원이는 $(x+5)(x-8)$을 전개하는데 -8을 A로 잘못 보아서 x^2+2x-B로 전개하였고, 혜수는 $(4x-3)(6x-5)$를 전개하는데 x의 계수 6을 C로 잘못 보아서 $Dx^2-29x+15$로 전개하였다. 이때 상수 A, B, C, D에 대하여 $A+B+C+D$의 값을 구하시오.

0332 $x+\dfrac{1}{x}=3$일 때, $x^4+x^2+x+\dfrac{1}{x}+\dfrac{1}{x^2}+\dfrac{1}{x^4}$의 값을 구하시오.

개념 1

인수분해

> 유형 1~2

(1) **인수분해의 뜻**

① 인수: 하나의 다항식을 두 개 이상의 다항식의 곱으로 나타낼 때, 각각의 다항식을
처음 다항식의 인수라 한다.

② 인수분해: 하나의 다항식을 두 개 이상의
인수의 곱으로 나타내는 것을 다항식을
인수분해 한다고 한다.

$$x^2+5x+6 \underset{\text{전개}}{\overset{\text{인수분해}}{\rightleftarrows}} \underbrace{(x+2)(x+3)}_{\text{인수}}$$

(2) **공통인수를 이용한 인수분해**

① 공통인수: 다항식의 각 항에 공통으로 들어 있는 인수

② 공통인수를 이용한 인수분해: 분배법칙을 이용하여
공통인수를 묶어 내어 인수분해 한다.

$$\underbrace{ma+mb}=m(a+b)$$
공통인수로 묶기

개념 2

인수분해 공식

> 유형 3~13

(1) **완전제곱식** ← 다항식의 제곱으로 된 식 또는 이 식에 상수를 곱한 식

① $a^2+2ab+b^2=(a+b)^2$ ② $a^2-2ab+b^2=(a-b)^2$

③ 완전제곱식이 될 조건

(ⅰ) x^2+ax+b가 완전제곱식이 되기 위한 조건

$b=\left(\dfrac{a}{2}\right)^2$ 또는 $a=\pm 2\sqrt{b}\ (b>0)$ ← $(x$의 계수 반의 제곱$)=($상수항$)$

(ⅱ) ax^2+bx+c가 완전제곱식이 되기 위한 조건

$b^2=4ac$ 또는 $\left(\dfrac{b}{2}\right)^2=ac$

(2) **합차 공식**: $\underset{\text{제곱의 차}}{a^2-b^2}=\underset{\text{합}}{(a+b)}\underset{\text{차}}{(a-b)}$

(3) $\boldsymbol{x^2+(a+b)x+ab}$**의 인수분해**: $x^2+(a+b)x+ab=(x+a)(x+b)$

❶ 곱하여 상수항이 되는 두 수를 모두 찾는다.

❷ ❶의 두 수 중 합이 x의 계수가 되는 두 수
a, b를 찾는다.

❸ $(x+a)(x+b)$ 꼴로 나타낸다.

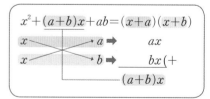

(4) $\boldsymbol{acx^2+(ad+bc)x+bd}$**의 인수분해**: $acx^2+(ad+bc)x+bd=(ax+b)(cx+d)$

❶ 곱하여 x^2의 계수가 되는 두 수 a,
c를 세로로 나열한다.

❷ 곱하여 상수항이 되는 두 수 b, d
를 세로로 나열한다.

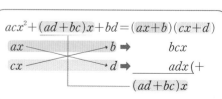

❸ ❶, ❷의 수를 대각선으로 곱하여
합한 것이 x의 계수가 되는 것을 찾는다.

❹ $(ax+b)(cx+d)$ 꼴로 나타낸다.

개념 **1** 인수분해

0333 다음 식을 인수분해 하시오.

(1) $x^2 + 3x$

(2) $a^2b + 4ab$

(3) $x^3 - x^2y + x^2z$

(4) $2x^2y - 6y$

(5) $ax + 2bx - 7x$

(6) $-5xy^2 + 10x^2y^3$

개념 **2** 인수분해 공식

0334 다음 식을 인수분해 하시오.

(1) $x^2 + 16x + 64$

(2) $a^2 - 12ab + 36b^2$

(3) $16x^2 - 24x + 9$

(4) $x^2 - \dfrac{2}{5}x + \dfrac{1}{25}$

0335 다음 식이 완전제곱식이 되도록 □ 안에 알맞은 수를 써넣으시오.

(1) $x^2 + 18x + \square$

(2) $a^2 - a + \square$

(3) $x^2 + (\square)x + 16$

(4) $a^2 + (\square)ab + 49b^2$

(5) $4x^2 - 12x + \square$

(6) $9x^2 + (\square)xy + 16y^2$

0336 다음 식을 인수분해 하시오.

(1) $x^2 - 9$

(2) $16x^2 - 1$

(3) $4a^2 - 9b^2$

(4) $25a^2 - b^2$

(5) $36 - x^2$

(6) $3a^2 - 27$

(7) $6x^2 - 24y^2$

(8) $\dfrac{1}{9}x^2 - \dfrac{1}{4}y^2$

0337 다음은 $x^2 - 9x + 18$을 인수분해 하는 과정이다. ㈎~㈑에 알맞은 것을 각각 써넣으시오.

$$x^2 - 9x + 18 = (x - \boxed{㈑})(x - 6)$$

x ⟋ $\boxed{㈎}$ ⟹ $\boxed{㈏}$
x ⟍ -6 ⟹ $\boxed{㈐}$ $(+$
$\underline{\qquad -9x \qquad}$

0338 다음 식을 인수분해 하시오.

(1) $x^2 - 4x + 3$

(2) $x^2 + 2x - 15$

(3) $x^2 - 5x - 24$

(4) $x^2 - 11xy + 30y^2$

0339 다음은 $6x^2 + 5x - 4$를 인수분해하는 과정이다. ㈎~㈒에 알맞은 것을 각각 써넣으시오.

$$6x^2 + 5x - 4 = (2x - \boxed{㈒})(\boxed{㈓} + 4)$$

$2x$ ⟋ $\boxed{㈏}$ ⟹ $\boxed{㈑}$
$\boxed{㈎}$ ⟍ $\boxed{㈐}$ ⟹ $\underline{\quad 8x \quad}$ $(+$
$\underline{\qquad 5x \qquad}$

0340 다음 식을 인수분해 하시오.

(1) $2x^2 + 7x - 15$

(2) $3x^2 - 5x - 2$

(3) $9x^2 - 9x + 2$

(4) $5x^2 - 11x - 36$

(5) $2x^2 + xy - 6y^2$

(6) $10x^2 - 9xy + 2y^2$

개념 3

여러 가지 식의 인수분해

> 유형 14~19, 22

(1) 공통부분이 있는 경우

공통부분을 한 문자로 치환한 후 인수분해 공식을 이용한다.

(2) 항이 4개인 경우

① 공통인수가 생기도록 두 항씩 묶어 인수분해 한다.

② 두 항씩 묶어 공통부분이 생기지 않으면

➡ 완전제곱식으로 인수분해 되는 3개의 항과 나머지 1개의 항을 A^2-B^2 꼴로 변형하여 인수분해 한다.

(3) ( )( )( )( )$+k$ 꼴과 같이 공통부분이 나타나지 않는 경우

공통부분이 생기도록 ( )( )( )( )를 2개씩 묶어(상수항의 합이 같아지도록) 전개한 후 공통부분을 치환하여 인수분해 한다.

(4) 항이 5개 이상이거나 문자가 여러 개인 경우

① 각 문자의 최고 차수가 다르면

➡ 차수가 가장 낮은 문자에 대하여 내림차순으로 정리한 후 인수분해 한다.

② 각 문자의 최고 차수가 같으면

➡ 한 문자에 대하여 내림차순으로 정리한 후 인수분해 한다.

개념 4

인수분해 공식을 이용한 수의 계산

> 유형 20, 22

복잡한 수의 계산에서 인수분해 공식을 이용하면 수의 계산을 간단히 할 수 있다.

(1) 공통인수를 묶어 내기

$ma+mb=m(a+b)$

(2) 완전제곱식 이용하기

$a^2+2ab+b^2=(a+b)^2$, $a^2-2ab+b^2=(a-b)^2$을 이용

(3) 합차 공식 이용하기

$a^2-b^2=(a+b)(a-b)$를 이용

예 $55^2-45^2=(55+45)\times(55-45)=100\times10=1000$

개념 5

인수분해 공식을 이용하여 식의 값 구하기

> 유형 21~22

(1) 문자의 값이 주어진 경우

주어진 문자의 값을 대입했을 때 계산이 간단해지도록 식을 변형하거나 인수분해 한 후 문자의 값을 대입한다.

(2) 식의 값이 주어진 경우

값이 주어진 식의 형태가 나오도록 문제에서 주어진 식을 변형하거나 인수분해 한 후 식의 값을 대입한다.

예 $x+y=3$, $xy=2$일 때

$x^3y+2x^2y^2+xy^3=xy(x^2+2xy+y^2)=xy(x+y)^2=2\times3^2=18$

개념 **3** 여러 가지 식의 인수분해

0341 다음 식을 인수분해 하시오.

(1) $x^2y - 12xy + 36y$

(2) $x^3 - x$

(3) $4a^3b - ab$

(4) $3xy^2 - 3xy - 36x$

0342 다음 식을 인수분해 하시오.

(1) $(a+b)^2 - 6(a+b) + 9$

(2) $(a+2)^2 - 4(a+2) - 5$

(3) $(x+3)^2 - 25$

(4) $(2x-y)(2x-y-4) + 3$

0343 다음은 공통인수를 이용하여 인수분해 하는 과정이다. □ 안에 공통으로 들어갈 식을 구하시오.

(1) $x^2 + xy - 3x - 3y = x(\boxed{}) - 3(\boxed{})$
$ = (\boxed{})(x-3)$

(2) $ab + a + b + 1 = a(\boxed{}) + (b+1)$
$ = (\boxed{})(a+1)$

0344 다음은 $A^2 - B^2 = (A+B)(A-B)$임을 이용하여 인수분해 하는 과정이다. □ 안에 공통으로 들어갈 식을 구하시오.

(1) $x^2 + 6x + 9 - y^2 = (x^2 + 6x + 9) - y^2$
$ = (\boxed{})^2 - y^2$
$ = (\boxed{} + y)(\boxed{} - y)$

(2) $x^2 - 10x + 25 - 4y^2 = (x^2 - 10x + 25) - 4y^2$
$ = (\boxed{})^2 - (2y)^2$
$ = (\boxed{} + 2y)(\boxed{} - 2y)$

개념 **4** 인수분해 공식을 이용한 수의 계산

0345 인수분해 공식을 이용하여 다음을 계산하시오.

(1) $16 \times 25 - 16 \times 23$

(2) $95^2 + 10 \times 95 + 25$

(3) $103^2 - 6 \times 103 + 9$

(4) $(\sqrt{2} - 1)^2 - (\sqrt{2} + 1)^2$

(5) $12 \times 35^2 - 12 \times 15^2$

개념 **5** 인수분해 공식을 이용하여 식의 값 구하기

0346 인수분해 공식을 이용하여 다음 식의 값을 구하시오.

(1) $x = 46$일 때, $x^2 + 8x + 16$

(2) $x = 36$, $y = 15$일 때, $xy^2 - 10xy + 25x$

(3) $x = 16.5$, $y = 8.5$일 때, $x^2 - y^2$

(4) $x = 35$일 때, $x^2 + 2x - 15$

(5) $x = 3 + \sqrt{5}$일 때, $x^2 - 6x + 9$

유형 1 인수 > 개념 1

0347 다음 중 $x(x+2y)$의 인수가 <u>아닌</u> 것은?

① 1   ② x ③ $2y$

④ $x+2y$ ⑤ $x(x+2y)$

→ **0348** 다음 중 $x(x+1)(x-1)$의 인수가 <u>아닌</u> 것은?

① x ② $x-1$ ③ x^2+1

④ x^2+x ⑤ $x(x+1)(x-1)$

0349 다음 중 $2(x+1)(x-3)$의 인수가 <u>아닌</u> 것은?

① 2   ② $2x+2$ ③ $x-3$

④ x ⑤ x^2-2x-3

→ **0350** 다음 **보기** 중 다항식 $2ab(c+3)$의 인수를 모두 고르시오.

보기

ㄱ. ab ㄴ. abc ㄷ. $2c+6$

ㄹ. $bc+3a$ ㅁ. $2a(c+3)$ ㅂ. $b(2c+3)$

유형 2 공통인수를 이용한 인수분해 > 개념 1

0351 다음 중 $3x^3-15x^2y$의 인수가 <u>아닌</u> 것은?

① x ② x^2 ③ $x-5y$

④ $3x(x-5y)$ ⑤ $x^2(x+5y)$

→ **0352** 다음 중 $-x+3x^2$, $12x^2y-4xy$의 공통인 인수는?

① xy ② $3x+1$ ③ $x(3x-1)$

④ $3x(x-5y)$ ⑤ $xy(3x-1)$

0353 다음 중 인수분해가 바르게 된 것은?

① $2xy + y^2 = 2y(x+y)$

② $4xy^2 - 2xy = 2xy(y-1)$

③ $7a^2b^2 + 14a^2b^3 = 7a^2b(b+2b^2)$

④ $ax + ay - a = a(x+y-a)$

⑤ $x^2y + 2xy^2 - 5xy = xy(x+2y-5)$

서술형

➡ **0354** $(x-2)(x-5) - 4(5-x)$는 x의 계수가 1인 두 일차식의 곱으로 인수분해 된다. 이때 두 일차식의 합을 구하시오.

유형 3 인수분해 공식 [1]: $a^2 \pm 2ab + b^2$　　　　> 개념 2

0355 다음 **보기** 중 완전제곱식으로 인수분해 할 수 있는 것을 모두 고른 것은?

> **보기**
> ㄱ. $x^2 - 8x + 16$　　ㄴ. $4a^2 + 4ab + b^2$
> ㄷ. $3x^2 + 6x + 1$　　ㄹ. $2a^2 - 4ab + 4b^2$

① ㄱ, ㄴ　　　② ㄱ, ㄷ　　　③ ㄱ, ㄹ

④ ㄴ, ㄹ　　　⑤ ㄱ, ㄴ, ㄹ

➡ **0356** 다음 중 완전제곱식으로 인수분해 할 수 없는 것은?

① $x^2 - 16xy + 64y^2$　　② $4x^2 - 12x + 9$

③ $2x^2 + 4x + 2$　　④ $\frac{1}{25}x^2 + \frac{1}{20}x + \frac{1}{4}$

⑤ $x^2 + 5xy + \frac{25}{4}y^2$

0357 $9x^2 + Axy + \frac{1}{16}y^2 = (3x + By)^2$일 때, 음수 A, B에 대하여 $A+B$의 값을 구하시오.

➡ **0358** $ax^2 + bx + 81 = (5x + c)^2$일 때, 양수 a, b, c에 대하여 $a+b+c$의 값을 구하시오.

0359 다음 두 다항식이 모두 완전제곱식이 되도록 하는 양수 a, b에 대하여 ab의 값을 구하시오.

$$x^2 - 8x + a + 10, \quad \frac{1}{16}x^2 - bx + \frac{1}{9}$$

0360 다음 이차식이 모두 완전제곱식이 될 때, 양수 A의 값이 가장 큰 것은?

① $x^2 + Ax + 9$ ② $x^2 + \frac{1}{2}x + A$

③ $Ax^2 - 12x + 9$ ④ $25x^2 + 20x + A$

⑤ $\frac{1}{9}x^2 - Ax + \frac{1}{16}$

0361 $25x^2 + ax + 1$이 완전제곱식일 때, 양수 a의 값을 구하시오.

0362 $4x^2 + (3k-2)x + 25$가 완전제곱식이 되도록 하는 모든 상수 k의 값의 곱은?

① -44 ② -22 ③ $-\frac{44}{3}$

④ 22 ⑤ 44

0363 $3x^2 - 10x + A$가 완전제곱식이 되도록 하는 상수 A의 값을 구하시오.

0364 $(2x-1)(2x+5) + k$가 완전제곱식이 되도록 하는 상수 k의 값은?

① -9 ② -1 ③ 1

④ 9 ⑤ 21

유형 5 　근호 안이 완전제곱식으로 인수분해 되는 식 　> 개념 2

0365　$-4<a<3$일 때,

$\sqrt{(a+3)^2-12a}+\sqrt{(a-4)^2+16a}$ 를 간단히 하면?

① $-2a-7$　　② $-2a-1$　　③ 7

④ $2a+1$　　⑤ $2a+7$

→ **0366**　0<a<b일 때, 다음 식을 간단히 하시오.

서술형

$$\sqrt{a^2}+\sqrt{a^2+2ab+b^2}-\sqrt{a^2-2ab+b^2}$$

04

다항식의 인수분해

유형 6 　인수분해 공식 [2]: a^2-b^2 　> 개념 2

0367　다음 중 옳은 것은?

① $49x^2-4=(7x+4)(7x-4)$

② $25x^2-y^2=(5x-y)^2$

③ $-4x^2+y^2=(2x+y)(2x-y)$

④ $\dfrac{1}{16}x^2-y^2=\dfrac{1}{16}(x+4y)(x-4y)$

⑤ $a^2-\dfrac{1}{9}b^2=\left(a+\dfrac{1}{3}\right)\left(a-\dfrac{1}{3}\right)$

→ **0368**　$\dfrac{1}{4}x^2-\dfrac{4}{9}y^2=(Ax+By)(Ax-By)$일 때, 양

수 A, B에 대하여 AB의 값은?

① $\dfrac{1}{3}$　　② $\dfrac{1}{2}$　　③ $\dfrac{2}{3}$

④ 1　　⑤ 2

0369　다음 중 x^3-9x의 인수를 모두 고르면?

(정답 2개)

① $9x^2$　　② $x-1$　　③ $x+3$

④ x^2+9　　⑤ $x(x-3)$

→ **0370**　다음 중 x^8-256의 인수가 <u>아닌</u> 것은?

① $x-2$　　② $x+2$　　③ x^2-4

④ x^2+16　　⑤ x^4+16

유형 7 인수분해 공식 (3): $x^2+(a+b)x+ab$ > 개념2

★ **0371** 다음 중 $x+3$을 인수로 갖지 않는 것은?

① $x^2-6x-27$ ② x^2+2x-3
③ $x^2-2x-15$ ④ $x^2+10x+21$
⑤ $x^2+5x-24$

→ **0372** $x^2+xy-42y^2$을 인수분해 하면?

① $(x-6y)(x+7y)$ ② $(x+6y)(x-7y)$
③ $(x-2y)(x+21y)$ ④ $(x+2y)(x-21y)$
⑤ $(x-y)(x+42y)$

0373 $(x-6)(x+2)-20$이 x의 계수가 1인 두 일차식의 곱으로 인수분해 될 때, 이 두 일차식의 합은?

① $2x-12$ ② $2x-4$ ③ $2x+4$
④ $2x+8$ ⑤ $2x+12$

→ **0374** x에 대한 이차식 $x^2+Ax-12$가 $(x+a)(x+b)$로 인수분해 될 때, 상수 A가 될 수 있는 가장 큰 값을 M, 가장 작은 값을 m이라 하자. 이때 $M-m$의 값을 구하시오. (단, a, b는 정수)

유형 8 인수분해 공식 (4): $acx^2+(ad+bc)x+bd$ > 개념 2

★ **0375** $2x^2-5x+2$를 인수분해 하면?

① $(2x-1)(x-1)$ ② $(2x-3)(x-1)$
③ $(2x-1)(x-2)$ ④ $(2x+1)(x-2)$
⑤ $(2x+1)(x+2)$

→ **0376** $6x^2-xy-35y^2$을 인수분해 하면 $(2x-Ay)(3x+By)$일 때, 상수 A, B에 대하여 $A+B$의 값은?

① 6 ② 8 ③ 10
④ 12 ⑤ 14

0377 $6x^2+ax-10$이 $(2x+b)(cx+5)$로 인수분해 될 때, 상수 a, b, c에 대하여 $a+b+c$의 값을 구하시오.

0378 $(4x+3)(x-5)+30$을 인수분해 하면 x의 계수가 자연수이고 상수항이 정수인 두 일차식의 곱으로 인수분해 된다. 이때 두 일차식의 합은?

① $4x-8$ ② $4x-6$ ③ $5x-8$

④ $5x-2$ ⑤ $5x+2$

유형 9   **인수분해 공식 (5): 종합**   **> 개념 2**

0379 다음 중 옳지 <u>않은</u> 것은?

① $x^2-8x+16=(x-4)^2$

② $5x^2-20y^2=5(x+2y)(x-2y)$

③ $x^2+2x-15=(x+5)(x-3)$

④ $2x^2+x-1=(2x+1)(x-1)$

⑤ $9x^2+22x-15=(x+3)(9x-5)$

0380 다음은 네 학생이 다항식의 인수분해에 대하여 이야기한 것이다. 바르게 말한 학생은?

> 다은: $2x^2+5x-3$은 $2x-1$을 인수로 가져.
> 현지: $25x^2-20xy+4y^2$은 완전제곱식이 되네.
> 지혜: $3x^2-6xy-9y^2$의 각 항들의 공통인수는 $3x$야.
> 민정: $-25x^2+16$을 인수분해 하면 $(5x+4)(5x-4)$야.

① 다은, 현지   ② 다은, 지혜   ③ 현지, 지혜

④ 현지, 민정   ⑤ 지혜, 민정

0381 다음 ☐ 안에 알맞은 수가 나머지 넷과 <u>다른</u> 하나는?

① $4x^2-100y^2=4(x+\boxed{}y)(x-5y)$

② $25x^2-10x+1=(\boxed{}x-1)^2$

③ $x^2-xy-20y^2=(x+4y)(x-\boxed{}y)$

④ $4x^2-5x+1=(\boxed{}x-1)(x-1)$

⑤ $5x^2-10x-15=\boxed{}(x-3)(x+1)$

서술형

0382 다음 등식을 만족시키는 상수 a, b, c, d에 대하여 $a+b+c+d$의 값을 구하시오.

> • $25x^2+10x+1=(5x+a)^2$
> • $x^2-144=(x+b)(x-12)$
> • $x^2-4x-12=(x+c)(x-6)$
> • $8x^2-10x+3=(2x-1)(dx-3)$

유형 10 공통인 인수 구하기 > 개념 2

0383 다음 중 두 다항식 $x^2+4x-12$, $3x^2-2x-8$의 공통인 인수는?

① $x-4$ ② $x-2$ ③ $x+2$
④ $x+4$ ⑤ $x+6$

0384 다음 두 다항식의 공통인 인수가 $ax+b$일 때, 상수 a, b에 대하여 $a+b$의 값을 구하시오. (단, $a>0$)

$6x^2+x-1$, $6x^2+7x-3$

0385 다음 중 $24x^2+22x-7$과 공통인 인수를 갖지 않는 것은?

① $4x^2+3x-1$ ② $8x^2-6x+1$
③ $12x^2+5x-2$ ④ $(4x-3)(x-1)-5$
⑤ $16x^2(a-b)-(a-b)$

0386 다음 **보기**에서 $x+2$를 인수로 갖는 다항식을 모두 고르시오.

보기
ㄱ. x^2-4x+4 ㄴ. $2x^2-8$
ㄷ. $x^2-3x-10$ ㄹ. $2x^2-3x-2$

유형 11 인수가 주어진 이차식에서 미지수의 값 구하기 > 개념 2

0387 $7x^2+kx-35$가 $x-7$을 인수로 가질 때, 상수 k의 값은?

① -54 ② -44 ③ -28
④ 44 ⑤ 54

0388 $12x^2-axy-2y^2$이 $3x-2y$를 인수로 가질 때, 다음 중 이 다항식의 인수인 것은? (단, a는 상수)

① $4x-3y$ ② $4x-2y$ ③ $4x-y$
④ $4x+y$ ⑤ $4x+3y$

0389 두 다항식 x^2+2x+a, $4x^2+bx-25$의 공통인 인수가 $x-5$일 때, 상수 a, b에 대하여 $a-b$의 값은?

① -25 ② -20 ③ -15
④ 15 ⑤ 20

0390 다음 세 다항식이 x의 계수가 1인 일차식을 공통인 인수로 가질 때, 상수 a의 값을 구하시오.

$$3x^2-12, \quad 4x^2+ax+10, \quad 5x^2+7x-6$$

유형 12 계수 또는 상수항을 잘못 보고 인수분해 한 경우 > 개념 2

0391 x^2의 계수가 1인 어떤 이차식을 인수분해 하는데 현민이는 x의 계수를 잘못 보고 $(x-2)(x-9)$로 인수분해 하였고, 현아는 상수항을 잘못 보고 $(x-2)(x-7)$로 인수분해 하였다. 처음 이차식을 바르게 인수분해 한 것은?

① $(x-4)(x-5)$ ② $(x-3)(x+6)$
③ $(x-7)(x+3)$ ④ $(x-3)(x-6)$
⑤ $(x-2)(x+7)$

0392 x^2의 계수가 1인 어떤 이차식을 인수분해 하는데 나래는 x의 계수를 잘못 보아 $(x-3)(x-4)$로 인수분해 하였고, 현수는 상수항을 잘못 보아 $(x+1)(x-9)$로 인수분해 하였다. 처음 이차식을 바르게 인수분해 하시오.

서술형
0393 x^2의 계수가 5인 어떤 이차식을 인수분해 하는데 유리는 x의 계수를 잘못 보아 $(x+1)(5x-6)$으로 인수분해 하였고, 지석이는 상수항을 잘못 보아 $(x-1)(5x+18)$로 인수분해 하였다. 처음 이차식을 바르게 인수분해 하시오.

0394 x^2의 계수가 2인 어떤 이차식을 인수분해 하는데 재민이는 x의 계수를 잘못 보고 $(2x-1)(x+5)$로 인수분해하였고, 수연이는 상수항을 잘못 보고 $(2x+3)(x-6)$으로 인수분해하였다. 처음 이차식을 바르게 인수분해하면 $(2x+a)(x-b)$라 할 때, 자연수 a, b에 대하여 $b-a$의 값을 구하시오.

0395 아래 그림과 같이 한 변의 길이가 a인 정사각형 모양의 종이에서 한 변의 길이가 b인 정사각형을 잘라 낸 후 이 도형을 반으로 잘라 붙여서 직사각형을 새로 만들었다. 다음 중 아래 그림의 두 도형의 넓이가 서로 같음을 이용하여 설명할 수 있는 인수분해 공식은?

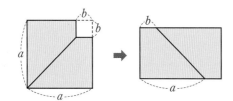

① $a^2+2ab+b^2=(a+b)^2$

② $a^2-2ab+b^2=(a-b)^2$

③ $a^2-b^2=(a+b)(a-b)$

④ $x^2+(a+b)x+ab=(x+a)(x+b)$

⑤ $acx^2+(ad+bc)x+bd=(ax+b)(cx+d)$

0396 다음 그림과 같이 A는 한 변의 길이가 $3x$인 정사각형에서 한 변의 길이가 2인 정사각형을 오려 낸 도형이고, B는 세로의 길이가 $3x-2$인 직사각형이다. A와 B의 넓이가 같을 때, 직사각형 B의 가로의 길이를 구하시오.

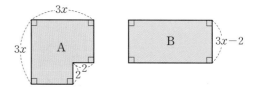

0397 다음은 넓이가 $(6x^2+23x+20)$ cm²인 직사각형 모양의 그림이다. 이 그림의 가로의 길이가 $(2x+5)$cm일 때, 세로의 길이는?

① $(3x+4)$ cm

② $(3x+18)$ cm

③ $(4x+15)$ cm

④ $(5x+9)$ cm

⑤ $(6x+5)$ cm

0398 오른쪽 그림과 같은 사다리꼴의 넓이가 $3a^2+2a-1$일 때, 이 사다리꼴의 높이를 구하시오.

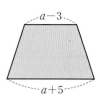

0399 넓이가 $25x^2+20x+4$인 정사 각형 모양의 타일이 있다. 이 타일의 둘레 의 길이는? (단, $x>0$)

① $5x+2$ ② $10x+4$

③ $20x+4$ ④ $20x+8$

⑤ $20x+16$

서술형

0400 다음 그림의 모든 정사각형과 직사각형을 빈틈없 이 겹치지 않게 붙여서 하나의 큰 직사각형을 만들었다. 새로 만든 큰 직사각형의 둘레의 길이를 구하시오.
(단, 새로 만든 직사각형의 가로와 세로의 길이는 x의 계 수가 자연수인 일차식이다.)

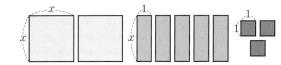

유형 14   **공통부분이 있을 때의 인수분해**   **> 개념 3**

0401 $(a-7b)x-(7b-a)y$를 인수분해 하시오.

0402 $(x-3y)(x-1)-y(3y-x)$를 인수분해 하면?

① $(x-3y)(x+y-1)$ ② $(x-3y)(x-y+1)$

③ $(x+3y)(x-y-1)$ ④ $(3y-x)(x+y-1)$

⑤ $(3y-x)(x-y-1)$

0403 다음 중 두 다항식 A, B의 공통인 인수는?

$$A=(a-1)b^2+2(1-a)b+a-1$$
$$B=b^2(a+2)-(a+2)$$

① $a-1$ ② $a-2$ ③ $a+2$

④ $b-1$ ⑤ $b+1$

0404 다음 중 $5xy(x-2y)-4xy(x+y)$의 인수가 아닌 것은?

① x ② y ③ xy

④ $-14y$ ⑤ $x(x-14y)$

0405 $(x+3)^2-4(x+3)+4$를 인수분해 하면 $(x+a)^2$일 때, 상수 a의 값은?

① -2 　② -1 　③ 1

④ 2 　⑤ 3

→ **0406** $(x-2y)^2+2(x-2y-3)-9$를 인수분해 하면?

① $(x-2y-3)(x-2y-5)$

② $(x-2y-3)(x-2y+5)$

③ $(x-2y+3)(x-2y-5)$

④ $(x-2y+3)(x-2y-6)$

⑤ $(x-2y-3)(x-2y+6)$

0407 $(x^2+2x-2)(x^2+2x-4)+1$은 두 개의 완전제곱식의 곱으로 인수분해 된다. 이 두 완전제곱식의 합을 구하시오.

→ **0408** $6(x+4)^2+11(x+4)(x-1)-10(x-1)^2$을 인수분해 하였더니 $(x+a)(bx+c)$가 되었다. 이때 상수 a, b, c에 대하여 $a-b-c$의 값을 구하시오.

유형 **16** ( )( )( )( )$+k$ 꼴의 인수분해 > 개념 3

0409 다음 중 $(x-1)(x-3)(x-5)(x-7)+15$의 인수가 아닌 것을 모두 고르면? (정답 2개)

① $x-6$ 　② $x-2$ 　③ $x+6$

④ $x^2-8x+10$ 　⑤ $x^2+8x+10$

서술형

→ **0410** $x(x-2)(x-3)(x-5)+9=(x^2+ax+b)^2$ 일 때, 상수 a, b에 대하여 ab의 값을 구하시오.

0411 $(x+1)(x+4)(x+7)(x+10)+a$가 완전제곱식이 되도록 하는 상수 a의 값을 구하시오.

→ **0412** 다음 식을 인수분해 하시오.

$$(x+1)(x+2)(x+3)(x+6)-8x^2$$

유형 17 항이 4개인 다항식의 인수분해 [1]: 두 항씩 묶기   **> 개념 3**

0413 다음 식을 인수분해 하시오.

$$x^2y+3x^2-9y-27$$

→ **0414** $x^3+4x^2-9x-36$이 x의 계수가 1인 세 일차식의 곱으로 인수분해 될 때, 이 세 일차식의 합은?

① $3x-4$ ② $3x-2$ ③ $3x$

④ $3x+3$ ⑤ $3x+4$

0415 다음 중 x^3-x^2-x+1의 인수가 <u>아닌</u> 것은?

① $x-1$ ② $x+1$

③ x^2-1 ④ x^2-2x+1

⑤ x^2+2x+1

→ **0416** 다음 중 두 다항식의 공통인 인수는?

$$x^3+y-x-x^2y, \quad xy+1-x-y$$

① $x-1$ ② $x+1$ ③ $y-1$

④ $y+1$ ⑤ $x-y$

유형 18 항이 4개인 다항식의 인수분해 (2): $(\quad)^2-(\quad)^2$ 꼴 > 개념 3

0417 $16x^2-8xy+y^2-121$을 인수분해 하였더니 $(4x+ay+b)(4x+ay-11)$이 되었다. 상수 a, b에 대하여 $a+b$의 값을 구하시오.

0418 $36x^2-12x+1-y^2$이 x의 계수가 6인 두 일차식의 곱으로 인수분해 될 때, 두 일차식의 합은?

① $12x-2y-2$ ② $12x+2y-2$ ③ $12x-2$
④ $12x+2$ ⑤ $12x+4$

0419 $25x^2-16y^2+8y-1$을 인수분해 하면?

① $(5x+4y-1)(5x-4y+1)$
② $(5x+4y-1)(5x+4y+1)$
③ $(5x+4y+1)(5x-4y-1)$
④ $(5x+8y-1)(5x+8y+1)$
⑤ $(5x+8y-1)(5x-8y+1)$

0420 다음 중 두 다항식

$$a^2-b^2-a-b,\ a^2-b^2-2a+1$$

의 공통인 인수는?

① $a+b-1$ ② $a+b$ ③ $a-b-1$
④ $a-b$ ⑤ $a-b+1$

유형 19 내림차순으로 정리하여 인수분해 하기 > 개념 3

0421 $x^2+xy-8x-3y+15$를 인수분해 하면?

① $(x-3)(x-y-5)$ ② $(x-3)(x-y+5)$
③ $(x-3)(x+y-5)$ ④ $(x+3)(x-y-5)$
⑤ $(x+3)(x+y-5)$

0422 $2x^2+xy-y^2+9x+9=A(x+y+3)$이 성립할 때, 다항식 A를 구하시오.

0423 $x^2+6xy+9y^2-4x-12y-32$는 x의 계수가 1인 두 일차식의 곱으로 인수분해 된다. 이때 두 일차식의 합은?

① $2x-4$ ② $2x+4$ ③ $2x+6y-12$

④ $2x+6y-4$ ⑤ $2x+6y+12$

→

서술형

0424 $x^2-y^2-7x+5y+6$을 인수분해 하면 $(x+ay-1)(x+by+c)$일 때, 상수 a, b, c에 대하여 $a-b-c$의 값을 구하시오.

유형 20 인수분해 공식을 이용한 수의 계산   > 개념 4

0425 $1002\times1006+4=A^2$을 만족시키는 자연수 A의 값은?

① 1002   ② 1003   ③ 1004

④ 1005   ⑤ 1006

→

0426 인수분해 공식을 이용하여 다음 두 수 A, B의 합을 구하시오.

$$A=5\times101^2-5\times202+5$$
$$B=6.5^2\times1.5-3.5^2\times1.5$$

0427 $1^2-2^2+3^2-4^2+\cdots+9^2-10^2$을 계산하면?

① -75 ② -65 ③ -55

④ -45 ⑤ -35

→

0428 자연수 $2^{40}-1$이 30과 40 사이에 있는 두 자연수에 의하여 나누어떨어진다. 이 두 자연수의 합을 구하시오.

유형 21 인수분해 공식을 이용하여 식의 값 구하기 > 개념 5

0429 $x=\sqrt{7}+\sqrt{3}$, $y=\sqrt{7}-\sqrt{3}$일 때, $2x^2-4xy+2y^2$의 값은?

① $4\sqrt{3}$ ② $4\sqrt{7}$ ③ 12
④ 24 ⑤ 48

0430 $x=\sqrt{5}+\sqrt{7}$, $y=\sqrt{5}-\sqrt{7}$일 때, 다음 식의 값을 구하시오.

$$(x^2+y^2)^2-(x^2-y^2)^2$$

0431 $x=\dfrac{2}{3-\sqrt{7}}$, $y=\dfrac{2}{3+\sqrt{7}}$일 때, x^3y-xy^3의 값을 구하시오.

서술형
0432 $\sqrt{15}$의 소수 부분을 x라 할 때, $(x-2)^2+10(x-2)+25$의 값을 구하시오.

0433 $xy=5$, $x^2y+xy^2-3x-3y=14$일 때, x^2+y^2의 값을 구하시오.

0434 $a+b=6$, $a^2+b^2=4$일 때, $\dfrac{4a^2b+4ab^2-2a-2b}{a^2+2ab+b^2}$의 값을 구하시오.

유형 22 **인수분해의 도형에의 활용** > 개념 3~5

0435 다음 그림에서 두 도형 A, B의 넓이가 같을 때, 도형 B의 가로의 길이를 구하시오.

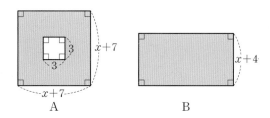

A B

→ **0436** 부피가 $a^3+2a^2-9a-18$인 직육면체의 밑면의 가로의 길이와 세로의 길이가 각각 $a+3$, $a+2$일 때, 이 직육면체의 모든 모서리의 길이의 합을 구하시오.

0437 오른쪽 그림에서 두 원의 중심과 점 B는 $\overline{AC}$ 위에 놓여 있고 $\overline{AB}:\overline{BC}=3:4$, $\overline{AC}=70$ cm일 때, 색칠한 부분의 넓이는?

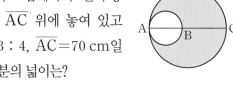

① 800π cm^2 ② 1000π cm^2 ③ 1200π cm^2
④ 1250π cm^2 ⑤ 1400π cm^2

→ **0438** 오른쪽 그림과 같이 가로의 길이가 6 cm, 세로의 길이가 10 cm 인 직사각형을 직선 l을 회전축으로 하여 1회전 시킬 때 생기는 회전체의 부피를 V cm^{3}라 하자. 인수분해를 이용하여 V의 값을 구하시오.

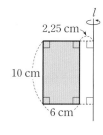

0439 오른쪽 그림과 같이 한 변의 길이가 각각 x, y인 두 정사각형이 있다. 두 정사각형의 둘레의 길이의 합이 100이고 넓이의 차가 375일 때, 두 정사각형의 한 변의 길이의 차를 구하시오. (단, $x>y$)

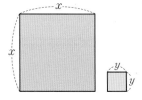

→ **0440** 오른쪽 그림과 같이 원 모양의 잔디밭 둘레에 폭이 3 m 인 산책로가 있다. 이 산책로의 한가운데를 지나는 원의 둘레의 길이가 20π m일 때, 이 산책로의 넓이를 구하시오.

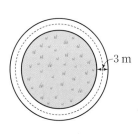

0441 다음 중 $4x^2y-3xy$의 인수가 <u>아닌</u> 것은?

① x ② y ③ xy

④ $4x-y$ ⑤ $y(4x-3)$

0442 다음 중 완전제곱식으로 인수분해 할 수 없는 것은?

① a^2+6a+9 ② a^2+2a+1

③ $x^2-12xy+36y^2$ ④ $16x^2-8x-1$

⑤ $4x^2-24xy+36y^2$

0443 $x^2+(a-1)x+25$가 완전제곱식이 되도록 하는 모든 상수 a의 값의 합을 구하시오.

0444 $-3<x<2$일 때,

$\sqrt{(x+2)^2-8x}+\sqrt{x^2+6x+9}$를 간단히 하면?

① $-2x-1$ ② $2x+1$ ③ $2x+5$

④ 1 ⑤ 5

0445 $54x^2-24y^2$을 인수분해 하면?

① $9(3x+2y)(3x-2y)$

② $6(3x+2y)(3x-2y)$

③ $3(3x+2y)(3x-2y)$

④ $3(6x+y)(6x-y)$

⑤ $2(6x+y)(6x-y)$

0446 다음 중 $(x-1)^2-2(x+3)$의 인수인 것은?

① $x-5$ ② $x-3$ ③ $x-1$

④ $x+3$ ⑤ $x+5$

0447 $2x^2-7x+a=(x-6)(bx+c)$일 때, 상수 a, b, c에 대하여 $a+b-c$의 값을 구하시오.

0448 다음 중 옳은 것은?

① $6a^2-12a+6=(6a-1)^2$

② $a^2-ab-12b^2=(a-3b)(a+4b)$

③ $x^2-4x-12=(x-2)(x+6)$

④ $25ax^2-9ay^2=a(5x+3y)(5x-3y)$

⑤ $5a^2-14ab+8b^2=(5a-2b)(a-4b)$

0449 세 다항식 $3x^2-5x-2$, $x^2+3x-10$, $2x^2-kx-2$가 x에 대한 일차식을 공통인 인수로 가질 때, 상수 k의 값을 구하시오.

0450 x^2의 계수가 1인 어떤 이차식을 인수분해 하는데 혜수는 x의 계수를 잘못 보고 $(x+3)(x-8)$로 인수분해 하였고, 민호는 상수항을 잘못 보고 $(x+4)(x-2)$로 인수분해 하였다. 처음 이차식을 바르게 인수분해 하면?

① $(x-4)(x-6)$ ② $(x-4)(x+6)$

③ $(x-3)(x+8)$ ④ $(x+4)(x-6)$

⑤ $(x+4)(x+6)$

0451 삼각형 ABC의 둘레의 길이는 $16x-2$이고, 넓이는 $8x^2+23x+p$이다. 이 삼각형 ABC의 내접원의 반지름의 길이를 $x+q$라 할 때, pq의 값을 구하시오. (단, p, q는 상수)

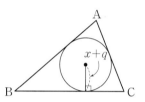

0452 다음 중 $2ab(2x+y)-2a(-2x-y)$의 인수가 아닌 것은?

① $2a$ ② $2x+y$ ③ $2ab+2a$

④ $4ax+2a$ ⑤ $b+1$

0453 $2(2x-1)^2-5(2x-1)-3$을 인수분해 하면?

① $(4x-1)(2x-1)$ ② $(4x-1)(2x-3)$

③ $2(4x-1)(x-2)$ ④ $2(2x+1)(x-3)$

⑤ $(2x+1)(2x-3)$

0454 $(x+2)(x+4)(x+6)(x+8)+k$를 인수분해 하였더니 $(ax^2+bx+c)^2$이 되었다. 이때 양수 a, b, c, k에 대하여 $a+b+c+k$의 값을 구하시오.

0455 다음 중 $ab-3b-a+3$의 인수인 것은?

① $a-1$ ② $a+3$ ③ $b-3$

④ $b-1$ ⑤ $b+3$

0456 다음 식을 인수분해 하시오.

$$9x^2+y^2-6xy-16$$

0457 $x^2-xy-6y^2-x+8y-2$를 인수분해 하면 $(x+ay-2)(x+by+1)$일 때, 상수 a, b에 대하여 $a+b$의 값은?

① -5 ② -1 ③ 1

④ 5 ⑤ 6

0458 다음 그림의 두 도형 A, B의 넓이가 같을 때, 도형 B의 높이 h를 구하시오.

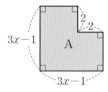
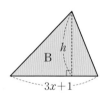

0459 $3x^2+ax+8$을 인수분해 하면 $(x+b)(3x+c)$이다. $a<0$일 때, 가능한 모든 a의 값의 합은?

(단, a, b, c는 정수)

① -40 ② -50 ③ -60
④ -70 ⑤ -80

0460 $xy=-2$, $(x+3)(y+3)=10$일 때, $x^3+y^3+x^2y+xy^2$의 값은?

① 5 ② 10 ③ 15
④ 20 ⑤ 25

서술형

0461 $x^2-7ax+2b$에 $-ax+2b$를 더하면 완전제곱식이 된다고 할 때, 100 이하의 자연수 a, b의 순서쌍 (a, b)의 개수를 구하시오.

0462 $$\left(\frac{3^2}{2}+\frac{5^2}{4}+\frac{7^2}{6}+\cdots+\frac{21^2}{20}\right)$$
$$-\left(\frac{1^2}{2}+\frac{3^2}{4}+\frac{5^2}{6}+\cdots+\frac{19^2}{20}\right)$$

의 값을 구하시오.

이차 방정식

05 이차방정식 (1)

06 이차방정식 (2)

개념 1

이차방정식의 뜻과 해

> 유형 1~2

(1) x에 대한 **이차방정식**

등식의 우변에 있는 모든 항을 좌변으로 이항하여 정리했을 때,

(x에 대한 이차식)$=0$ 꼴로 나타나는 방정식

(2) 일반적으로 x에 대한 이차방정식은 $ax^2+bx+c=0$ (a, b, c는 상수, $\underset{\text{(이차항의 계수)}\neq 0}{a\neq 0}$)으로 나타낼 수 있다.

(3) **이차방정식의 해(근)**

x에 대한 이차방정식 $ax^2+bx+c=0$을 참이 되게 하는 x의 값

참고 $x=p$가 이차방정식 $ax^2+bx+c=0$의 해이다.

➡ $x=p$를 $ax^2+bx+c=0$에 대입하면 등식이 성립한다.

➡ $ap^2+bp+c=0$

개념 2

인수분해를 이용한 이차방정식의 풀이

> 유형 3~6

(1) $AB=0$의 성질

두 수 또는 두 식 A, B에 대하여 다음이 성립한다.

$AB=0$이면 $A=0$ 또는 $B=0$

참고 $AB\neq 0$이면 $A\neq 0$, $B\neq 0$

(2) **인수분해를 이용한 이차방정식의 풀이**

이차방정식의 해를 인수분해를 이용하여 구할 때는 다음과 같은 순서로 구한다.

❶ 주어진 이차방정식을 정리한다. ➡ $ax^2+bx+c=0$

❷ 좌변을 인수분해 한다. ➡ $(px-q)(rx-s)=0$

❸ $AB=0$의 성질을 이용한다. ➡ $px-q=0$ 또는 $rx-s=0$

❹ 해를 구한다. ➡ $x=\dfrac{q}{p}$ 또는 $x=\dfrac{s}{r}$

개념 3

이차방정식의 중근

> 유형 7~8

(1) **이차방정식의 중근**

이차방정식의 두 해(근)가 중복되어 서로 같을 때, 이 해(근)를 중근이라 한다.

(2) **이차방정식이 중근을 가질 조건**

① 이차방정식이 (완전제곱식)$=0$ 꼴로 나타내어지면 이 이차방정식은 중근을 가진다.

② 이차방정식 $x^2+px+q=0$이 중근을 가지려면 $q=\left(\dfrac{p}{2}\right)^2$이어야 한다.

참고 이차방정식 $ax^2+bx+c=0$이 중근을 가지려면 $b^2=4ac$이어야 한다.

개념 1 이차방정식의 뜻과 해

0463 다음 중 이차방정식인 것은 ○표, 이차방정식이 아닌 것은 ×표를 하시오.

(1) $x^2 = 3x + 5$ (　　)

(2) $x^2 = (x+1)(x-1)$ (　　)

(3) $3x^2 - x + 3$ (　　)

(4) $\dfrac{1}{x^2} + x = 0$ (　　)

(5) $x^3 + x^2 = x^3 - 6x + 1$ (　　)

0464 방정식 $ax^2 + bx + c = 0$이 x에 대한 이차방정식이 되기 위한 조건을 구하시오. (단, a, b, c는 상수)

0465 다음 [ ] 안의 수가 주어진 이차방정식의 해인 것은 ○표, 해가 아닌 것은 ×표를 하시오.

(1) $x^2 + 2 = 8$ [2]   (　　)

(2) $x^2 + 4x - 6 = 0$ [−2]   (　　)

(3) $x^2 + 1 = 2x + 4$ [3]   (　　)

(4) $2x^2 - 3x - 5 = 0$ [−1]   (　　)

0466 x의 값이 −1, 0, 1일 때, 다음 이차방정식을 푸시오.

(1) $5x(x+1) = 0$

(2) $x^2 + 9x - 10 = 0$

(3) $4x^2 + 7x + 3 = 0$

개념 2 인수분해를 이용한 이차방정식의 풀이

0467 다음 이차방정식을 푸시오.

(1) $2x(x+1) = 0$

(2) $\dfrac{1}{2}(x+5)(x-3) = 0$

(3) $-(x+2)(x-1) = 0$

(4) $(2x+7)(3x+1) = 0$

0468 다음 이차방정식을 인수분해를 이용하여 푸시오.

(1) $x^2 - 36 = 0$

(2) $9x^2 = 4$

(3) $3x^2 - 15x = 0$

(4) $x^2 - 6x + 8 = 0$

(5) $3x^2 - x - 2 = 0$

(6) $2x^2 + 5x = 3$

개념 3 이차방정식의 중근

0469 다음 이차방정식을 푸시오.

(1) $(x+3)^2 = 0$

(2) $2(x+1)^2 = 0$

(3) $4x^2 - 20x = -25$

개념 4

제곱근을 이용한 이차방정식의 풀이

> 유형 9~10

(1) 이차방정식 $x^2 = k$ $(k \geq 0)$의 해

➡ $x = \pm\sqrt{k}$

(2) 이차방정식 $(x+p)^2 = q$ $(q \geq 0)$의 해

➡ $x = -p \pm \sqrt{q}$

예 (1) $x^2 = 10$에서 $x = \pm\sqrt{10}$

(2) $(x+1)^2 = 3$에서 $x+1 = \pm\sqrt{3}$

∴ $x = -1 \pm \sqrt{3}$

참고 (1) 이차방정식 $x^2 = k$의 해

① $k > 0$이면 $x = \pm\sqrt{k}$

② $k = 0$이면 $x = 0$

③ $k < 0$이면 해는 없다.

(2) 이차방정식 $(x+p)^2 = q$의 해

① $q > 0$이면 $x = -p \pm \sqrt{q}$

② $q = 0$이면 $x = -p$

③ $q < 0$이면 해는 없다.

(3) 이차방정식 $(x+p)^2 = q$가

① 서로 다른 두 근을 가질 조건: $q > 0$ ⎤ 해를 가질 조건: $q \geq 0$

② 중근을 가질 조건: $q = 0$ ⎦

③ 해를 갖지 않을 조건: $q < 0$

개념 5

완전제곱식을 이용한 이차방정식의 풀이

> 유형 11

이차방정식 $ax^2 + bx + c = 0$의 해를 완전제곱식을 이용하여 구할 때는 다음과 같은 순서로 구한다.

❶ x^2의 계수 a로 양변을 나누어 x^2의 계수를 1로 만든다.

❷ 상수항을 우변으로 이항한다.

❸ 양변에 $\left\{\dfrac{(x의\ 계수)}{2}\right\}^2$을 더하여 좌변을 완전제곱식으로 고친다.

❹ 제곱근의 정의를 이용하여 해를 구한다.

참고 이차방정식 $ax^2 + bx + c = 0$에서 좌변이 인수분해 되지 않을 때, 완전제곱식을 이용하여 이차 방정식을 푼다.

예 이차방정식 $2x^2 - 7x + 4 = 0$에서

$x^2 - \dfrac{7}{2}x + 2 = 0$ ← x^2의 계수로 양변을 나눈다.

$x^2 - \dfrac{7}{2}x = -2$ ← 상수항을 우변으로 이항한다.

$x^2 - \dfrac{7}{2}x + \left(-\dfrac{7}{4}\right)^2 = -2 + \left(-\dfrac{7}{4}\right)^2$ ← 양변에 $\left\{\dfrac{(x의\ 계수)}{2}\right\}^2$을 더한다.

$\left(x - \dfrac{7}{4}\right)^2 = \dfrac{17}{16}$ ← $(x+p)^2 = q$ 꼴로 고친다.

$x - \dfrac{7}{4} = \pm\dfrac{\sqrt{17}}{4}$ ∴ $x = \dfrac{7 \pm \sqrt{17}}{4}$ ← 제곱근의 정의를 이용하여 해를 구한다.

개념 4. 제곱근을 이용한 이차방정식의 풀이

0470 다음 이차방정식을 제곱근을 이용하여 푸시오.

(1) $2x^2 = 30$

(2) $x^2 - 8 = 0$

(3) $4x^2 - 25 = 0$

0471 다음 이차방정식을 제곱근을 이용하여 푸시오.

(1) $(x-2)^2 = 49$

(2) $3(x-4)^2 = 15$

(3) $(x+1)^2 - 6 = 0$

(4) $4(x-5)^2 = 48$

개념 5. 완전제곱식을 이용한 이차방정식의 풀이

0472 다음은 이차방정식 $x^2 + 12x + 8 = 0$을 $(x+p)^2 = q$ 꼴로 나타내는 과정이다. ☐ 안에 알맞은 수를 써넣으시오.

$x^2 + 12x + 8 = 0$에서
$x^2 + 12x + \boxed{} = -8 + \boxed{}$
$\therefore (x + \boxed{})^2 = \boxed{}$

0473 다음 이차방정식을 $(x+p)^2 = q$ 꼴로 나타내시오. (단, p, q는 상수)

(1) $x^2 - 2x - 2 = 0$

(2) $x^2 - 6x + 2 = 0$

(3) $-x^2 - 8x + 1 = 0$

(4) $2x^2 + 12x + 5 = 0$

0474 다음은 완전제곱식을 이용하여 이차방정식 $x^2 + 4x - 1 = 0$의 해를 구하는 과정이다. ☐ 안에 알맞은 수를 써넣으시오.

$x^2 + 4x - 1 = 0$에서
$x^2 + 4x = 1$
$x^2 + 4x + \boxed{} = 1 + \boxed{}$
$(x + \boxed{})^2 = \boxed{}$
$x + \boxed{} = \boxed{}$
$\therefore x = \boxed{}$

0475 다음 이차방정식을 완전제곱식을 이용하여 푸시오.

(1) $x^2 - 10x - 10 = 0$

(2) $x^2 + 18x + 41 = 0$

(3) $-3x^2 - 12x - 6 = 0$

(4) $\frac{1}{2}x^2 + 3x - 9 = 0$

B step 기출 & 변형하면···

0476 다음 중 x에 대한 이차방정식인 것을 모두 고르면? (정답 2개)

① x^2-2x+3 ② $x^2=5x-x^2$

③ $\dfrac{1}{x^2}+x+1=0$ ④ $x^2-x=3x(x+1)$

⑤ $2x^2+3x=(x+3)(2x-1)$

0477 다음 중 x에 대한 이차방정식이 <u>아닌</u> 것을 모두 고르면? (정답 2개)

① $x^2=1$

② $3x^2-2x=0$

③ $2(x^2-2)=2x^2-x-1$

④ $x^3+x^2=x(x^2-1)$

⑤ $(x+1)^2=x^2-2x+1$

0478 다음 이차방정식 중 $x=-1$을 해로 갖는 것은?

① $(x-2)^2=1$ ② $(x-1)(x+5)=0$

③ $(x+2)(x-3)=6$ ④ $x^2-7x-8=0$

⑤ $2x^2-6x+4=0$

0479 다음 중 [ ] 안의 수가 주어진 이차방정식의 해인 것은?

① $x^2-3=0$ $[-3]$

② $x^2-x-2=0$ $[-2]$

③ $x^2+5x+4=0$ $[-1]$

④ $2x^2-3x-1=0$ $[2]$

⑤ $3x^2-7x+6=0$ $[3]$

0480 방정식 $(a-1)x^2+4x-6=0$이 x에 대한 이차방정식이 되도록 하는 a의 값이 <u>아닌</u> 것은?

① -2 ② -1 ③ 0

④ 1 ⑤ 2

0481 방정식 $-4x(ax+2)=2x^2-1$이 x에 대한 이차방정식이 되도록 하는 상수 a의 값이 <u>아닌</u> 것은?

① -1 ② $-\dfrac{1}{2}$ ③ 0

④ $\dfrac{1}{2}$ ⑤ 1

유형 2 이차방정식의 근의 성질 > 개념 1

0482 이차방정식 $x^2+2ax+a+2=0$의 한 근이 $x=4$일 때, 상수 a의 값은?

① -3 ② -2 ③ -1

④ 1 ⑤ 2

→ **0483** 이차방정식 $2x^2+(a-1)x+3=0$의 한 근이 $x=-1$이고 이차방정식 $x^2-5x+b=0$의 한 근이 $x=3$일 때, 상수 a, b에 대하여 $a-b$의 값을 구하시오.

0484 이차방정식 $3x^2-6x-5=0$의 한 근을 $x=k$라 할 때, $2k-k^2$의 값은?

① $-\dfrac{5}{3}$ ② $-\dfrac{3}{5}$ ③ $-\dfrac{1}{3}$

④ $\dfrac{3}{5}$ ⑤ $\dfrac{5}{3}$

서술형

→ **0485** 이차방정식 $3x^2-x-1=0$의 한 근을 $x=a$, 이차방정식 $x^2+2x-6=0$의 한 근을 $x=b$라 할 때, $3a^2+b^2-a+2b+1$의 값을 구하시오.

0486 이차방정식 $x^2-9x+1=0$의 한 근이 k일 때, $k+\dfrac{1}{k}$의 값을 구하시오.

→ **0487** 이차방정식 $x^2+3x-1=0$의 한 근이 k일 때, $k^2+\dfrac{1}{k^2}$의 값을 구하시오.

유형 3 $AB=0$의 성질을 이용한 이차방정식의 풀이 〉 개념 2

0488 다음 이차방정식 중 해가 $x=-\dfrac{1}{3}$ 또는 $x=3$인 것은?

① $(3x-1)(x-3)=0$
② $(3x+1)(x-3)=0$
③ $(3x-1)(x+3)=0$
④ $3(x-1)(x+3)=0$
⑤ $3(x+1)(x-3)=0$

0489 다음 이차방정식 중 해가 나머지 넷과 <u>다른</u> 하나는?

① $(2x+1)(3x-2)=0$
② $(1+2x)(2-3x)=0$
③ $(2+4x)\left(1-\dfrac{3}{2}x\right)=0$
④ $\left(x-\dfrac{1}{2}\right)(3x+2)=0$
⑤ $\left(x+\dfrac{1}{2}\right)\left(x-\dfrac{2}{3}\right)=0$

0490 다음 이차방정식 중 두 근의 곱이 -2인 것은?

① $x(x+2)=0$
② $(x-1)(x-2)=0$
③ $(x+3)(x-1)=0$
④ $(3x+2)(x-3)=0$
⑤ $\left(x+\dfrac{1}{2}\right)(x+4)=0$

0491 다음 **보기**의 이차방정식 중 두 근의 합이 3인 것을 모두 고르시오.

> **보기**
> ㄱ. $(x+4)(x+1)=0$
> ㄴ. $(x+2)(x-5)=0$
> ㄷ. $(2x+1)(2x-3)=0$
> ㄹ. $(3x-5)(6x-8)=0$

유형 4 인수분해를 이용한 이차방정식의 풀이 〉 개념 2

0492 이차방정식 $2x^2+x-10=0$의 두 근을 α, β라 할 때, $\alpha-\beta$의 값을 구하시오. (단, $\alpha>\beta$)

0493 이차방정식 $3(x+1)(x-3)=2x^2-x-3$을 풀면?

① $x=-1$ 또는 $x=-6$
② $x=1$ 또는 $x=-6$
③ $x=-1$ 또는 $x=6$
④ $x=1$ 또는 $x=6$
⑤ $x=-2$ 또는 $x=-3$

0494 이차방정식 $2x^2+10x=0$의 두 근 사이에 있는 정수의 개수를 구하시오.

0495 이차방정식 $x^2=7x+8$의 두 근을 a, b라 할 때, 이차방정식 $x^2+ax+9b=0$을 푸시오. (단, $a>b$)

유형 5 한 근이 주어질 때, 다른 한 근 구하기   **> 개념 2**

0496 이차방정식 $x^2+2kx+k+3=0$의 한 근이 $x=-1$이고, 다른 한 근은 $x=a$일 때, 상수 k에 대하여 $a+k$의 값을 구하시오.

서술형

0497 이차방정식 $x^2+(a+3)x+3a=0$의 x의 계수와 상수항을 바꾸어 놓고 이차방정식을 풀었더니 한 근이 $x=2$이었다. 처음 이차방정식의 해를 구하시오.

(단, a는 상수)

0498 x에 대한 이차방정식 $(a+2)x^2+a(1-a)x+5a+4=0$의 한 근이 $x=-1$일 때, 상수 a의 값과 다른 한 근의 합을 구하시오.

0499 x에 대한 이차방정식 $(m-1)x^2-(m^2+2m-2)x+2=0$의 한 근이 $x=2$일 때, 다른 한 근은 $x=n$이다. 이때 $m+n$의 값을 구하시오. (단, m은 상수)

유형 6 두 이차방정식의 공통인 근 > 개념 2

*0500 다음 두 이차방정식의 공통인 근을 구하시오.

$2x^2-9x-5=0,\ x^2-9x+20=0$

0501 두 이차방정식 $x^2+7x-18=0$, $7x^2-13x-2=0$의 공통인 근이 $x^2-3x+a=0$의 한 근일 때, 상수 a의 값은?

① 2 ② 4 ③ 6
④ 8 ⑤ 10

0502 이차방정식 $3x^2+8x-3=0$의 두 근 중 작은 근이 이차방정식 $x^2+2ax+3a=0$의 근일 때, 상수 a의 값을 구하시오.

0503 이차방정식 $x^2+ax-8=0$의 한 근이 $x=2$이고, 다른 한 근이 이차방정식 $3x^2+bx-8=0$의 근일 때, $a+b$의 값을 구하시오. (단, a, b는 상수)

유형 7 이차방정식의 중근 > 개념 3

*0504 다음 중 중근을 가지는 이차방정식을 모두 고르면? (정답 2개)

① $x^2-9=0$ ② $x^2=4(x-1)$
③ $2(x+1)^2=8$ ④ $-3(x+2)^2=0$
⑤ $-1-3x=2(x+1)^2$

0505 다음 **보기** 중 중근을 가지는 이차방정식을 모두 고른 것은?

보기
ㄱ. $x^2+4x+4=0$ ㄴ. $x^2=16$
ㄷ. $x^2=4x+32$ ㄹ. $x^2-12x=-36$
ㅁ. $25x^2+10x+1=0$

① ㄱ, ㄴ ② ㄴ, ㄷ ③ ㄹ, ㅁ
④ ㄱ, ㄴ, ㄹ ⑤ ㄱ, ㄹ, ㅁ

0506 이차방정식 $x^2-16x+64=0$이 $x=a$를 중근으로 가지고 이차방정식 $4x^2-20x+25=0$이 $x=b$를 중근으로 가질 때, ab의 값을 구하시오.

0507 이차방정식 $9x^2+24x+16=0$이 $x=a$를 중근으로 가지고 이차방정식 $(2x+1)^2=-5x^2-2x$가 $x=b$를 중근으로 가질 때, $a-b$의 값을 구하시오.

유형 8 이차방정식이 중근을 가질 조건 > 개념 3

0508 이차방정식 $2x^2-12x+4k+10=0$이 중근을 가질 때, 상수 k의 값은?

① 1　　　　② 2　　　　③ 3
④ 4　　　　⑤ 5

0509 이차방정식 $x^2+2x-k=-4x-10$이 중근을 가질 때, 그 근을 구하시오. (단, k는 상수)

0510 이차방정식 $x^2-10x+a=0$이 중근 $x=p$를 가지고, 이차방정식 $4x^2-12x+b=0$이 중근 $x=q$를 가질 때, $a+b+p+q$의 값을 구하시오. (단, a, b는 상수)

서술형

0511 이차방정식 $x^2+2=a(1-2x)$가 중근을 가질 때, 음수 a의 값과 그 중근을 각각 구하시오.

유형 9 제곱근을 이용한 이차방정식의 풀이 > 개념 4

★ **0512** 이차방정식 $2(x-5)^2=14$의 해가 $x=a\pm\sqrt{b}$일 때, 유리수 a, b에 대하여 ab의 값은?

① -35 ② -32 ③ -30
④ 32 ⑤ 35

0513 다음 이차방정식 중 해가 $x=-2\pm3\sqrt{2}$인 것은?

① $(x-2)^2=12$ ② $(x-2)^2=18$
③ $(x-1)^2=18$ ④ $(x+2)^2=12$
⑤ $(x+2)^2=18$

★ **0514** 이차방정식 $7(x+a)^2=b$의 해가 $x=5\pm\sqrt{3}$일 때, 유리수 a, b에 대하여 $a+b$의 값은?

① -26 ② -16 ③ 6
④ 16 ⑤ 26

0515 이차방정식 $(x+3)^2=k$의 한 근이 $x=-3+\sqrt{7}$일 때, 다른 한 근을 구하시오. (단, k는 상수)

0516 이차방정식 $2(x+5)^2=k$의 두 근의 차가 4가 되도록 하는 양수 k의 값은?

① 6 ② 7 ③ 8
④ 9 ⑤ 10

서술형
0517 이차방정식 $(x-3)^2=\frac{k+2}{5}$의 해가 모두 정수가 되도록 하는 가장 작은 자연수 k의 값을 구하시오.

유형 10 이차방정식 $(x+p)^2=q$가 해를 가질 조건 > 개념 4

0518 이차방정식 $(x+7)^2=3k+4$가 해를 가질 때, 가장 작은 정수 k의 값을 구하시오.

0519 x에 대한 이차방정식 $(x-a)^2=b$가 해를 가질 조건은? (단, a, b는 상수)

① $a>0$ ② $a<0$ ③ $a=0$

④ $b\geq0$ ⑤ $b<0$

0520 다음 중 이차방정식 $(x-2)^2=5-k$의 근에 대한 설명으로 옳지 <u>않은</u> 것은? (단, k는 상수)

① $k=-4$이면 정수인 근을 갖는다.
② $k=-3$이면 서로 다른 근이 2개이다.
③ $k=0$이면 무리수인 근을 갖는다.
④ $k=4$이면 근이 1개이다.
⑤ $k=6$이면 근이 존재하지 않는다.

0521 이차방정식 $(x+p)^2=q$에 대한 설명으로 옳은 것만을 **보기**에서 모두 고른 것은? (단, p, q는 상수)

보기

ㄱ. $q<0$이면 해가 존재하지 않는다.
ㄴ. $q=0$이면 중근을 갖는다.
ㄷ. $q>0$이면 절댓값이 같고 부호가 반대인 두 근을 갖는다.

① ㄱ ② ㄴ ③ ㄱ, ㄴ
④ ㄴ, ㄷ ⑤ ㄱ, ㄴ, ㄷ

유형 11 완전제곱식을 이용한 이차방정식의 풀이 > 개념 5

0522 이차방정식 $x^2+8x-3=0$을 $(x+p)^2=q$ 꼴로 나타낼 때, 상수 p, q에 대하여 $p+q$의 값은?

① -20　　② -7　　③ 15

④ 20　　⑤ 23

0523 이차방정식 $\frac{1}{2}x^2-4x-1=0$을 $(x+p)^2=q$ 꼴로 나타낼 때, 상수 p, q에 대하여 $p-q$의 값을 구하시오.

0524 아래는 완전제곱식을 이용하여 이차방정식 $3x^2-12x-3=0$의 해를 구하는 과정이다. 다음 중 상수 $A\sim E$의 값으로 옳지 않은 것은?

> $3x^2-12x-3=0$의 양변을 A로 나누면
> $x^2-4x-1=0$, $x^2-4x=B$
> $x^2-4x+C=B+C$, $(x+D)^2=B+C$
> $\therefore x=E$

① $A=3$　　② $B=-1$　　③ $C=4$

④ $D=-2$　　⑤ $E=2\pm\sqrt{5}$

0525 이차방정식 $x^2-3x-2=0$의 해가 $x=\dfrac{A\pm\sqrt{B}}{2}$일 때, 유리수 A, B에 대하여 $A+B$의 값을 구하시오.

0526 이차방정식 $x^2-10x=k$를 완전제곱식을 이용하여 풀었더니 해가 $x=5\pm\sqrt{7}$이었다. 이때 유리수 k의 값을 구하시오.

0527 이차방정식 $x^2+ax+b=0$을 완전제곱식을 이용하여 풀었더니 해가 $x=2\pm\sqrt{2}$가 되었다. 이때 $b-a$의 값을 구하시오. (단, a, b는 상수)

0528 다음 중 x에 대한 이차방정식이 <u>아닌</u> 것은?

① $x(2x-6)=3$
② $x^2+3x=x(x-5)+7$
③ $x^2=0$
④ $-5x=2x^2+1$
⑤ $(x-1)^2=-2x$

0529 방정식 $ax^2-3x+2=5x(x-1)$이 x에 대한 이차방정식이 되기 위한 상수 a의 조건은?

① $a\neq5$ ② $a\neq6$ ③ $a\neq7$
④ $a\neq8$ ⑤ $a\neq9$

0530 이차방정식 $ax^2-5x+3=0$의 한 근이 $x=1$일 때, 상수 a의 값을 구하시오.

0531 이차방정식 $(3x-2)(2x+1)=0$을 풀면?

① $x=-\dfrac{2}{3}$ 또는 $x=\dfrac{1}{2}$ ② $x=-\dfrac{1}{3}$ 또는 $x=1$

③ $x=\dfrac{1}{3}$ 또는 $x=-1$ ④ $x=\dfrac{2}{3}$ 또는 $x=-\dfrac{1}{2}$

⑤ $x=\dfrac{3}{2}$ 또는 $x=2$

0532 이차방정식 $3x^2-2x-1=0$의 두 근의 차는?

① $\dfrac{1}{3}$ ② $\dfrac{2}{3}$ ③ 1
④ $\dfrac{4}{3}$ ⑤ $\dfrac{5}{3}$

0533 두 이차방정식 $2x^2+3x+1=0$, $x^2-3x-4=0$의 공통인 근은?

① $x=-4$ ② $x=-1$ ③ $x=-\dfrac{1}{2}$
④ $x=1$ ⑤ $x=4$

0534 두 이차방정식 $x^2+ax-4=0$, $x^2+5x-b=0$의 공통인 근이 $x=2$일 때, 상수 a, b에 대하여 $a-b$의 값을 구하시오.

0535 이차방정식 $x^2+12x+36=0$이 $x=a$를 중근으로 갖고, 이차방정식 $x^2-\dfrac{2}{3}x+\dfrac{1}{9}=0$이 $x=b$를 중근으로 가질 때, ab의 값을 구하시오.

0536 이차방정식 $3x^2-18x+A=0$이 중근을 가질 때, 상수 A의 값은?

① 12 ② 15 ③ 18
④ 27 ⑤ 36

0537 이차방정식 $2(x-8)^2=10$의 해는?

① $x=\pm\sqrt{5}$ ② $x=\pm\sqrt{10}$
③ $x=4\pm\sqrt{5}$ ④ $x=8\pm\sqrt{5}$
⑤ $x=8\pm\sqrt{10}$

0538 이차방정식 $(x+6)^2=4k-3$이 해를 가질 때, 가장 작은 정수 k의 값을 구하시오.

0539 이차방정식 $x^2-12x+20=0$을 $(x-a)^2=b$ 꼴로 나타낼 때, $a+b$의 값을 구하시오. (단, a, b는 상수)

0540 x에 대한 이차방정식 $x^2-a^2x-(4a+6)=0$의 한 근이 $x=-1$이다. 이를 만족시키는 상수 a에 대하여 다른 한 근은 $x=m$ 또는 $x=n$일 때, $m+n$의 값을 구하시오.

0541 이차방정식 $3x^2+2ax+b=0$을 완전제곱식을 이용하여 풀었더니 해가 $x=-2\pm3\sqrt{2}$가 되었다. 이때 상수 a, b에 대하여 $a-b$의 값을 구하시오.

서술형

0542 이차방정식 $x^2+2(a+1)x+16=0$이 중근을 가질 때, 상수 a의 값과 이때의 중근을 모두 구하시오.

0543 이차방정식 $x^2-6x+4=0$의 두 근을 각각 a, b $(a<b)$라 할 때, $a<n<b$를 만족시키는 정수 n의 개수를 구하시오.

step 1 개념 익히고,

개념 1

이차방정식의 근의 공식

> 유형 1~2

(1) 근의 공식

이차방정식 $ax^2+bx+c=0$의 해는 $x=\dfrac{-b\pm\sqrt{b^2-4ac}}{2a}$ (단, $b^2-4ac\geq0$)

(2) **일차항의 계수가 짝수일 때의 근의 공식**

이차방정식 $ax^2+2b'x+c=0$의 해는 $x=\dfrac{-b'\pm\sqrt{b'^2-ac}}{a}$ (단, $b'^2-ac\geq0$)

개념 2

복잡한 이차방정식의 풀이

> 유형 1, 3~4

복잡한 이차방정식을 풀 때는 다음을 이용하여 주어진 이차방정식을 $ax^2+bx+c=0$ 꼴로 정리한 후 인수분해 또는 근의 공식을 이용하여 해를 구한다.

(1) **계수 중에 소수 또는 분수가 있는 이차방정식**

양변에 적당한 수를 곱하여 모든 계수를 정수로 바꾼다.

① 계수가 소수일 때 ➡ 10의 거듭제곱을 곱한다.

② 계수가 분수일 때 ➡ 분모의 최소공배수를 곱한다.

(2) **괄호가 있는 이차방정식**

분배법칙 또는 곱셈 공식을 이용하여 괄호를 푼다.

(3) **공통부분이 있는 이차방정식**

공통부분을 한 문자로 치환한 후 이차방정식을 푼다.

개념 3

이차방정식의 근의 개수

> 유형 5~7

이차방정식 $ax^2+bx+c=0$의 근의 개수는 b^2-4ac의 부호에 의하여 결정된다.

(1) $b^2-4ac>0$ ➡ 서로 다른 두 근을 갖는다. ➡ 근이 2개 ⎫
(2) $b^2-4ac=0$ ➡ 한 근(중근)을 갖는다. ➡ 근이 1개 ⎬ $b^2-4ac\geq0$이면 근이 존재
(3) $b^2-4ac<0$ ➡ 근을 갖지 않는다. ➡ 근이 0개 ⎭

개념 4

이차방정식 구하기

> 유형 8~10

(1) **두 근이 α, β이고 x^2의 계수가 a인 이차방정식**

$a(x-\alpha)(x-\beta)=0$, 즉 $a\{x^2-(\alpha+\beta)x+\alpha\beta\}=0$

(2) **중근이 α이고 x^2의 계수가 a인 이차방정식**

$a(x-\alpha)^2=0$

개념 5

이차방정식의 활용

> 유형 11~18

이차방정식의 활용 문제는 다음과 같은 순서로 푼다.

❶ 미지수 정하기 ➡ 문제의 뜻을 파악하고 구하려는 것을 미지수 x로 놓는다.

❷ 방정식 세우기 ➡ 문제의 뜻에 맞게 x에 대한 이차방정식을 세운다.

❸ 방정식 풀기 ➡ 이차방정식을 풀어 해를 구한다.

❹ 답 구하기 ➡ 구한 해 중에서 문제의 뜻에 맞는 것을 답으로 택한다.

개념 1 이차방정식의 근의 공식

0544 다음은 이차방정식 $ax^2+bx+c=0$의 근을 구하는 과정이다. ☐ 안에 알맞은 것을 써넣으시오.

양변을 a로 나누면 $x^2+\dfrac{b}{a}x+\dfrac{c}{a}=0$

상수항을 우변으로 이항하면 $x^2+\dfrac{b}{a}x=$ ☐

좌변을 완전제곱식으로 만들면

$x^2+\dfrac{b}{a}x+\left(\boxed{}\right)^2=\boxed{}+\left(\boxed{}\right)^2$

$\left(x+\boxed{}\right)^2=\dfrac{\boxed{}}{4a^2},\ x+\boxed{}=\pm\sqrt{\dfrac{\boxed{}}{2a}}$

$\therefore x=\dfrac{\boxed{}\pm\sqrt{\boxed{}}}{2a}$

0545 다음 이차방정식을 근의 공식을 이용하여 푸시오.

(1) $x^2+3x+1=0$ (2) $2x^2-6x+3=0$

(3) $x^2-4x-1=0$ (4) $x^2+2=5x$

개념 2 복잡한 이차방정식의 풀이

0546 다음 이차방정식을 푸시오.

(1) $(x+1)(x-3)=21$

(2) $\dfrac{1}{3}x^2-\dfrac{3}{2}x+\dfrac{1}{4}=0$

0547 이차방정식 $(x+1)^2+5(x+1)-14=0$에 대하여 다음 물음에 답하시오.

(1) $x+1=A$로 놓고 주어진 이차방정식을 A에 대한 이차방정식으로 나타내시오.

(2) (1)의 이차방정식을 풀어 A의 값을 구하시오.

(3) x의 값을 구하시오.

개념 3 이차방정식의 근의 개수

0548 다음은 주어진 이차방정식을 $ax^2+bx+c=0$이라 할 때, 근의 개수를 나타낸 표이다. 빈칸에 알맞은 수를 써넣으시오.

$ax^2+bx+c=0$	b^2-4ac의 값	근의 개수
$2x^2-x+1=0$		
$9x^2-6x+1=0$		
$3x^2+5x-2=0$		

0549 다음 이차방정식의 근의 개수를 구하시오.

(1) $x^2-3x+5=0$ (2) $x^2-4x+4=0$

개념 4 이차방정식 구하기

0550 다음 수를 근으로 하고 x^2의 계수가 1인 이차방정식을 $x^2+ax+b=0$ 꼴로 나타내시오. (단, a, b는 상수)

(1) -2, 7 (2) 4 (중근)   (3) 0, $\dfrac{1}{2}$

0551 다음 이차방정식을 $ax^2+bx+c=0$ 꼴로 나타내시오. (단, a, b, c는 상수)

(1) 두 근이 -1, 3이고 x^2의 계수가 4인 이차방정식

(2) 중근이 $\dfrac{3}{2}$이고 x^2의 계수가 4인 이차방정식

개념 5 이차방정식의 활용

0552 연속하는 두 홀수의 곱이 143일 때, 다음 물음에 답하시오.

(1) 연속하는 두 홀수 중 작은 수를 x라 할 때, 다른 한 수를 x에 대한 식으로 나타내시오.

(2) 연속하는 두 홀수를 구하시오.

유형 1 이차방정식의 근의 공식 　　　　　　　　　　　　　　　> 개념 1, 2

0553 이차방정식 $2x^2+5x-2=0$의 근이 $x=\dfrac{A\pm\sqrt{B}}{4}$일 때, 유리수 A, B에 대하여 $A+B$의 값은?

① 32　　　　② 33　　　　③ 34

④ 35　　　　⑤ 36

→ **0554** 이차방정식 $\dfrac{x(x+7)}{6}=0.5\left(x-\dfrac{1}{3}\right)$의 근이 $x=p\pm\sqrt{q}$일 때, 유리수 p, q에 대하여 $p+q$의 값은?

① 1　　　　② 2　　　　③ 3

④ 4　　　　⑤ 5

0555 이차방정식 $(x+3)(x-1)=\dfrac{(x+1)(x+2)}{2}$의 두 근 중 큰 근을 α라 할 때, $(2\alpha+1)^2$의 값을 구하시오.

→ **서술형** **0556** 이차방정식 $0.5x^2-\dfrac{2}{3}x-\dfrac{3}{4}=0$의 두 근을 α, β라 할 때, $\alpha+\beta$의 값을 구하시오. (단, $\alpha>\beta$)

유형 2 근의 공식을 이용하여 이차방정식 미지수의 값 구하기 　　　　　> 개념 1

0557 이차방정식 $3x^2+4x+p=0$의 근이 $x=\dfrac{-2\pm\sqrt{13}}{3}$일 때, 상수 p의 값을 구하시오.

→ **0558** 이차방정식 $x^2-3x+k=0$의 해가 $x=\dfrac{3\pm\sqrt{33}}{2}$일 때, 상수 k의 값을 구하시오.

0559 이차방정식 $x^2 + ax - 3 = 0$의 근이 $x = -2 \pm \sqrt{b}$일 때, 유리수 a, b에 대하여 $a + b$의 값을 구하시오.

→ **0560** 이차방정식 $x^2 + ax + b = 0$을 근의 공식을 이용하여 풀었더니 해가 $x = 2 \pm 3\sqrt{2}$가 되었다. 이때 ab의 값을 구하시오. (단, a, b는 상수)

유형 ③ 여러 가지 이차방정식의 풀이 > 개념 2

0561 이차방정식 $x(x-1) = \dfrac{1}{3}(x-3)^2$을 풀면?

① $x = -3$ 또는 $x = -\dfrac{3}{2}$

② $x = -3$ 또는 $x = \dfrac{3}{2}$

③ $x = -2$ 또는 $x = 3$

④ $x = -2 \pm \sqrt{2}$

⑤ $x = 5 \pm \sqrt{5}$

서술형
→ **0562** 이차방정식 $\dfrac{1}{4}x^2 - 0.4x - \dfrac{1}{5} = 0$의 두 근을 α, β라 할 때, $\alpha - 5\beta$의 값을 구하시오. (단, $\alpha > \beta$)

0563 다음 두 이차방정식의 공통인 근을 구하시오.

$$\frac{1}{4}x^2 - \frac{1}{3}x - \frac{1}{3} = 0, \quad 0.1x^2 - 0.3x = -\frac{1}{5}$$

→ **0564** 이차방정식 $2x - \dfrac{x^2 - 1}{3} = 0.5(x-1)$의 정수인 근이 이차방정식 $x^2 - 2x + k = 0$의 한 근일 때, 상수 k의 값과 이차방정식 $x^2 - 2x + k = 0$의 나머지 한 근을 구하시오.

유형 4 공통부분이 있는 이차방정식의 풀이 > 개념 2

*0565 이차방정식 $(x+2)^2+5(x+2)=14$에 대하여 다음 물음에 답하시오.

(1) $x+2=A$로 치환한 식을 구하시오.

(2) (1)에서 구한 식에서 A의 값을 구하시오.

(3) x의 값을 구하시오.

→ 0566 이차방정식 $6(x-1)^2=7(x-1)+3$의 해를 구하시오.

0567 이차방정식 $(x+5)^2+2(x+5)-35=0$의 두 근의 합은?

① -12 ② -10 ③ -8
④ -6 ⑤ -4

→ 0568 이차방정식 $4\left(x-\frac{1}{2}\right)^2+8\left(x-\frac{1}{2}\right)-5=0$의 해가 $x=a$ 또는 $x=b$일 때, $a-b$의 값을 구하시오. (단, $a>b$)

0569 $a>b$이고 $(a-b)(a-b+1)=12$일 때, $a-b$의 값을 구하시오.

→ 0570 $(a+b)(a+b-3)-4=0$을 만족시키는 서로 다른 두 자연수 a, b에 대하여 $a-b$의 값을 구하시오. (단, $a>b$)

유형 5 이차방정식의 근의 개수 › 개념 3

0571 다음 이차방정식 중 근의 개수가 나머지 넷과 <u>다른</u> 하나는?

① $x^2+5x+2=0$　　　　② $x^2+\dfrac{1}{2}x-\dfrac{1}{4}=0$

③ $2x^2-3x+2=0$　　　④ $3x^2-7x+3=0$

⑤ $3x^2+6x+1=0$

서술형

0572 이차방정식 $x^2-5x+8=0$의 근의 개수를 a, $3x^2+3x-1=0$의 근의 개수를 b, $9x^2-6x+1=0$의 근의 개수를 c라 할 때, $a-b+c$의 값을 구하시오.

0573 다음 **보기**의 이차방정식 중에서 근이 없는 것을 모두 고른 것은?

보기
ㄱ. $x^2=3$　　　　　　ㄴ. $x^2+9=6x$
ㄷ. $2x^2+x+5=0$　　ㄹ. $3x^2=5x-7$

① ㄱ, ㄴ　　　② ㄱ, ㄷ　　　③ ㄴ, ㄷ
④ ㄴ, ㄹ　　　⑤ ㄷ, ㄹ

0574 다음 **보기**에서 이차방정식 $2x^2-6x+k=0$의 근에 대한 설명으로 옳은 것을 모두 고르시오. (단, k는 상수)

보기
ㄱ. $k=1$이면 서로 다른 두 근을 갖는다.
ㄴ. $k=5$이면 근이 없다.
ㄷ. $k=9$이면 중근을 갖는다.

0575 이차방정식 $x(x+8)=2a$가 중근 $x=b$를 가질 때, $a+b$의 값은? (단, a는 상수)

① -14 ② -12 ③ -10

④ -8 ⑤ -6

→ **0576** 이차방정식 $x^2+(k+6)x-2k=0$이 중근을 갖도록 하는 모든 상수 k의 값의 합은?

① -20 ② -16 ③ 16

④ 20 ⑤ 30

0577 이차방정식 $2x^2-8x+k-3=0$이 해를 갖도록 하는 상수 k의 값의 범위는?

① $k>-11$ ② $k\geq-11$ ③ $k\leq-11$

④ $k\geq11$ ⑤ $k\leq11$

→ **0578** 이차방정식 $3x^2-4x+2-k=0$의 해가 없을 때, 다음 중 상수 k의 값이 될 수 <u>없는</u> 것은?

① -3 ② -2 ③ -1

④ 0 ⑤ 1

0579 이차방정식 $(a-2)x^2+x-1=0$이 서로 다른 두 근을 가질 때, 다음 중 상수 a의 값이 될 수 <u>없는</u> 것을 모두 고르면? (정답 2개)

① $\dfrac{3}{2}$ ② 2 ③ $\dfrac{5}{2}$

④ 3 ⑤ $\dfrac{7}{2}$

→ **0580** 이차방정식 $(m-1)x^2+4x-1=0$이 서로 다른 두 근을 갖도록 하는 상수 m의 값의 범위는?

① $m<-3$ ② $m>-3$

③ $-3<m<1$ ④ $m>1$

⑤ $-3<m<1$ 또는 $m>1$

유형 8 이차방정식 구하기 > 개념 4

0581 두 근이 -2, $\dfrac{1}{3}$이고 x^2의 계수가 3인 이차방정식을 $ax^2+bx+c=0$ 꼴로 나타내시오. (단, a, b, c는 상수)

0582 $x=-\dfrac{1}{3}$ 또는 $x=\dfrac{1}{2}$을 근으로 하고 x^2의 계수가 6인 이차방정식은?

① $6x^2-x-1=0$　　② $6x^2-x+1=0$

③ $6x^2+x-1=0$　　④ $6x^2+x+1=0$

⑤ $6x^2+x-2=0$

0583 이차방정식 $4x^2+ax+b=0$의 두 근이 -2, $\dfrac{1}{4}$일 때, $a+b$의 값을 구하시오. (단, a, b는 상수)

0584 중근이 3이고 x^2의 계수가 -2인 이차방정식의 x의 계수와 상수항의 합을 구하시오.

0585 이차방정식 $x^2+x-6=0$의 두 근을 α, $\beta(\alpha>\beta)$라 할 때, $\alpha+1$, $\beta-1$을 두 근으로 하고 x^2의 계수가 1인 이차방정식을 $x^2+ax+b=0$ 꼴로 나타내시오.

(단, a, b는 상수)

서술형

0586 이차방정식 $x^2+ax+b=0$의 두 근이 $\dfrac{1}{5}$, $\dfrac{1}{2}$일 때, 이차방정식 $bx^2+ax+1=0$의 두 근의 차를 구하시오.

유형 9 두 근에 대한 조건이 주어질 때, 미지수의 값 구하기 > 개념 4

★ **0587** 이차방정식 $x^2-20x-6a=0$의 두 근의 비가 $2:3$일 때, 상수 a의 값을 구하시오.

→ **0588** x에 대한 이차방정식 $x^2+(a^2+2a-3)x+2a-1=0$의 두 근은 절댓값이 같고 부호가 서로 다를 때, 상수 a의 값을 구하시오.

유형 10 잘못 보고 푼 이차방정식 > 개념 4

★ **0589** x^2의 계수가 1인 이차방정식이 있다. 연수는 x의 계수를 잘못 보고 풀었더니 $x=-1$ 또는 $x=4$의 해를 얻었고, 민찬이는 상수항을 잘못 보고 풀었더니 $x=-3$ 또는 $x=2$의 해를 얻었다. 이때 주어진 이차방정식은?

① $x^2-3x-6=0$
② $x^2+x-4=0$
③ $x^2-3x-4=0$
④ $x^2+x-6=0$
⑤ $x^2+3x-4=0$

→ **0590** 이차방정식 $x^2+ax+b=0$을 푸는데 민지는 x의 계수을 잘못 보고 풀어 $x=-8$ 또는 $x=1$의 해를 얻었고, 현석이는 상수항을 잘못 보고 풀어 $x=-5$ 또는 $x=3$의 해를 얻었다. 이때 $b-a$의 값을 구하시오. (단, a, b는 상수)

서술형

0591 다음은 x^2의 계수가 1인 이차방정식의 해에 대한 하은이와 지호의 대화이다. 처음 이차방정식의 해를 구하시오.

> 하은: 나는 x의 계수를 잘못 보고 풀었더니 해가 $x=-4$ 또는 $x=3$가 되었어.
> 지호: 나는 상수항을 잘못 보고 풀었더니 해가 $x=-3$ 또는 $x=7$이 되었어.

→ **0592** 이차방정식 $ax^2+bx+c=0$의 근의 공식을 $x=\frac{-b\pm\sqrt{b^2-4ac}}{4a}$로 잘못 외워서 어떤 이차방정식의 근을 구했더니 -2, 3이 나왔다. 이 이차방정식의 두 근의 곱을 구하시오.

유형 11 이차방정식의 활용 [1]: 식이 주어진 경우   **> 개념 5**

0593 n각형의 대각선의 총 개수는 $\dfrac{n(n-3)}{2}$이다. 대각선의 총 개수가 90인 다각형은?

① 십각형   ② 십이각형   ③ 십삼각형
④ 십사각형   ⑤ 십오각형

0594 자연수 n에 대하여 1부터 n까지의 자연수의 합은 $\dfrac{n(n+1)}{2}$이다. 합이 136이 되려면 1부터 얼마까지의 자연수를 더해야 하는지 구하시오.

0595 다음 그림과 같이 점을 찍어 삼각형 모양을 만들 때, n단계에 사용한 점의 개수는 $\dfrac{n(n+1)}{2}$이다. 점의 개수가 45인 삼각형 모양은 몇 단계인지 구하시오.

[1단계]   [2단계]   [3단계]   ...

0596 다음 그림과 같이 성냥개비를 이용하여 도형을 만들 때, n단계에 사용한 성냥개비의 개수는 $n(n+3)$이다. 성냥개비의 개수가 180인 도형은 몇 단계인지 구하시오.

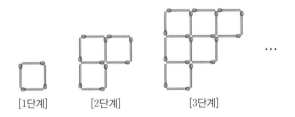

[1단계]   [2단계]   [3단계]   ...

0597 어떤 양수에 그 수보다 6만큼 작은 수를 곱해야 하는데 잘못하여 6만큼 큰 수를 곱하였더니 187이 되었다. 처음 구하려던 두 수의 곱을 구하시오.

0598 두 자리 자연수에서 십의 자리의 숫자와 일의 자리의 숫자의 합은 11이고, 십의 자리의 숫자와 일의 자리의 숫자의 곱은 이 자연수보다 19만큼 작을 때, 이 자연수를 구하시오.

0599 연속하는 세 자연수가 있다. 가장 큰 수의 제곱이 나머지 두 수의 제곱의 합보다 32만큼 작을 때, 이 세 자연수의 합을 구하시오.

0600 연속하는 두 짝수의 제곱의 합이 340일 때, 두 짝수의 합을 구하시오.

0601 어느 달의 달력에서 둘째 주 수요일의 날짜와 넷째 주 수요일의 날짜를 곱하면 95가 된다. 이달의 둘째 주 금요일의 날짜는?

① 5일   ② 6일   ③ 7일
④ 8일   ⑤ 9일

0602 사탕 140개를 몇 명의 학생들에게 남김없이 똑같이 나누어 주려고 한다. 학생 1명이 받는 사탕의 개수가 학생 수보다 4만큼 작다고 할 때, 학생은 모두 몇 명인가?

① 11명   ② 12명   ③ 13명
④ 14명   ⑤ 15명

유형 14 이차방정식의 활용[4]: 쏘아 올린 물체 > 개념 5

0603 지면에서 초속 50 m로 똑바로 위로 던진 공의 t 초 후의 높이는 $(50t - 5t^2)$ m이다. 이 공이 다시 지면에 떨어지는 것은 던진 지 몇 초 후인가?

① 6초 후   ② 7초 후   ③ 8초 후
④ 9초 후   ⑤ 10초 후

0604 물 로켓을 지면으로부터 70 m 높이의 건물에서 수직인 방향으로 초속 20 m로 쏘아 올렸을 때, x초 후의 지면으로부터의 높이는 $(70 + 20x - 5x^2)$ m이다. 쏘아 올린 물 로켓의 지면으로부터 높이가 85 m가 되는 것은 물 로켓을 쏘아 올린 지 몇 초 후인지 모두 구하시오.

유형 15 이차방정식의 활용[5]: 삼각형과 사각형 > 개념 5

0605 둘레의 길이가 30 cm이고 넓이가 54 cm²인 직사각형이 있다. 가로의 길이보다 세로의 길이가 더 길 때, 이 직사각형의 가로의 길이를 구하시오.

0606 오른쪽 그림과 같은 직각삼각형 ABC에서 $\overline{AC}$ 위의 점 P와 $\overline{BC}$ 위의 점 Q에 대하여 $\overline{AP} = \overline{BQ}$이다. △PQC의 넓이가 20 cm²일 때, $\overline{BQ}$의 길이를 구하시오.

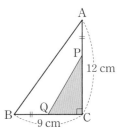

0607 오른쪽 그림과 같은 두 정사각형의 넓이의 합이 160 cm²일 때, 큰 정사각형의 한 변의 길이를 구하시오.

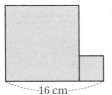
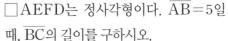

0608 오른쪽 그림에서 두 직사각형 ABCD와 BCFE는 닮은 도형이고 □AEFD는 정사각형이다. $\overline{AB} = 5$일 때, $\overline{BC}$의 길이를 구하시오.

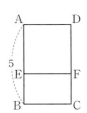

0609 어떤 원의 반지름의 길이를 2 cm만큼 늘였더니 그 넓이는 처음 원의 넓이의 3배가 되었다. 이때 처음 원의 반지름의 길이를 구하시오.

→ **0610** 오른쪽 그림과 같이 반지름의 길이가 r m인 원 모양의 호수의 둘레에 폭이 10 m인 산책로를 만들었다. 산책로의 넓이가 연못과 산책로의 넓이의 합의 $\frac{1}{2}$이라 할 때, r의 값을 구하시오.

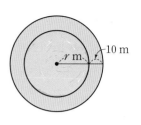

0611 오른쪽 그림과 같이 가로, 세로의 길이가 각각 12 m, 5 m 인 직사각형 모양의 텃밭이 있다.

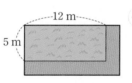

이 텃밭의 가로, 세로의 길이를 똑같은 길이만큼 늘였더니 처음 텃밭의 넓이보다 38 m²만큼 늘어났다. 가로, 세로의 길이를 몇 m씩 늘였는지 구하시오.

→ **0612** 가로의 길이와 세로의 길이가 각각 8 cm, 12 cm인 직사각형에서 가로의 길이는 매초 2 cm씩 늘어나고, 세로의 길이는 매초 1 cm씩 줄어들고 있다. 이때 변화되는 직사각형의 넓이가 처음 직사각형의 넓이와 같아지는 것은 몇 초 후인지 구하시오.

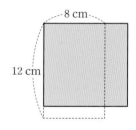

0613 오른쪽 그림과 같은 정사각형 모양의 종이의 네 귀퉁이에서 한 변의 길이가 4 cm인 정사각형을 잘라 내고 그 나머지로 윗면이 없는 직육면체 모양의 상자를 만들었더니 부피가 324 cm³가 되었다. 이때 처음 정사각형 모양의 종이의 한 변의 길이를 구하시오.

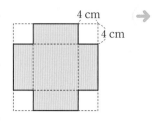

4 cm
4 cm

→ **0614** 서술형 오른쪽 그림과 같이 너비가 30 cm인 철판의 양쪽을 같은 폭만큼 직각으로 접어 올려 물받이를 만들려고 한다. 색칠한 부분의 넓이가 72 cm²일 때, 물받이의 높이는 몇 cm인지 모두 구하시오.

30 cm

유형 18 이차방정식의 활용 [8]: 도로의 폭 > 개념 5

0615 오른쪽 그림과 같이 가로, 세로의 길이가 각각 30 m, 20 m인 직사각형 모양의 땅에 폭이 일정한 도로를 만들었다. 도로를 제외한 땅의 넓이가 459 m²일 때, 도로의 폭은 몇 m인지 구하시오.

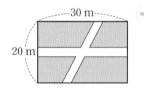

30 m
20 m

→ **0616** 오른쪽 그림과 같이 가로, 세로의 길이가 각각 80 m, 60 m인 직사각형 모양의 공연장에 폭이 일정한 통로를 만들려고 한다. 통로를 제외한 부분의 넓이가 3850 m²가 되도록 할 때, 이 통로의 폭은 몇 m인가?

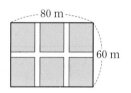

80 m
60 m

① 2 m   ② 5 m   ③ 8 m
④ 10 m   ⑤ 15 m

0617 이차방정식 $2x^2-6x+3=0$의 두 근의 합이 이차방정식 $x^2-5x+a=0$의 한 근일 때, 상수 a의 값을 구하시오.

0618 이차방정식 $9x^2+ax-1=0$의 근이 $x=\dfrac{1\pm\sqrt{b}}{3}$일 때, 유리수 a, b에 대하여 $a+b$의 값을 구하시오.

0619 이차방정식 $\dfrac{(x+1)^2}{3}-\dfrac{(x-1)(4x+1)}{6}=\dfrac{1}{2}$의 두 근을 m, n이라 할 때, $m-n$의 값은? (단, $m>n$)

① $\dfrac{1}{2}$　　　② $\dfrac{3}{2}$　　　③ 2

④ $\dfrac{5}{2}$　　　⑤ $\dfrac{7}{2}$

0620 $2x>3y$이고 $(2x-3y)(2x-3y+3)=10$일 때, $6y-4x$의 값을 구하시오.

0621 다음 보기의 이차방정식 중에서 근을 갖는 것을 모두 고른 것은?

보기
ㄱ. $x^2+6x+10=0$
ㄴ. $4x^2+9x+2=0$
ㄷ. $x^2-12x+36=0$
ㄹ. $3x^2-5x+3=0$

① ㄱ, ㄴ　　　② ㄱ, ㄷ　　　③ ㄴ, ㄷ
④ ㄴ, ㄹ　　　⑤ ㄷ, ㄹ

0622 이차방정식 $x^2-(2k+1)x+4=0$이 중근을 갖도록 하는 상수 k의 값 중에서 큰 값이 이차방정식 $ax^2-2ax+9=0$의 한 근일 때, 상수 a의 값은?

① 9　　　② 10　　　③ 11
④ 12　　　⑤ 13

0623 이차방정식 $x^2-5x+k+5=0$이 서로 다른 두 근을 갖도록 하는 가장 큰 정수 k의 값을 구하시오.

0624 두 이차방정식 $x^2+x+a=0$, $x^2+bx+c=0$의 공통인 근이 2이고 모든 근이 -3, 1, 2일 때, 상수 a, b, c에 대하여 $a+b+c$의 값은?

① -5 ② -6 ③ -7
④ -8 ⑤ -9

0625 x에 대한 이차방정식 $x^2-(a^2-a-12)x-a+3=0$의 두 근은 절댓값이 같고 부호가 반대일 때, 상수 a의 값은?

① -3 ② -1 ③ 2
④ 3   ⑤ 4

0626 n명 중에서 대표 2명을 뽑는 경우의 수는 $\dfrac{n(n-1)}{2}$이다. 어떤 모임의 회원 중에서 대표 2명을 뽑는 경우의 수가 210일 때, 이 모임의 회원은 모두 몇 명인지 구하시오.

0627 두 자리 자연수에서 일의 자리의 숫자와 십의 자리의 숫자의 합은 10이고, 일의 자리의 숫자와 십의 자리의 숫자의 곱은 이 자연수보다 52만큼 작다고 한다. 이 자연수를 구하시오.

0628 지면에서 초속 60 m로 똑바로 위로 던진 공의 t초 후의 높이를 h m라 하면 $h=60t-5t^2$의 관계가 성립한다. 이때 공이 지면으로부터 높이가 100 m 이상인 지점을 지나는 시간은 몇 초 동안인지 구하시오.

0629 모양과 크기가 같은 직사각형 모양의 타일 9개를 오른쪽 그림과 같이 넓이가 420 cm²인 직 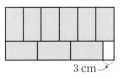 사각형 속에 빈틈없이 붙여 놓았더니 비어 있는 부분의 가로의 길이가 3 cm가 되었다. 이때 타일 한 개의 넓이를 구하시오.

0630 오른쪽 그림과 같이 점 O를 중심으로 하는 두 원이 있다. $\overline{OA}$의 길이는 $\overline{AB}$의 길이보다 3 cm만큼 길고 색칠한 부분의 넓이가 24π cm² 일 때, $\overline{AB}$의 길이를 구하시오.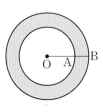

0631 가로의 길이가 18 m, 세로의 길이가 14 m인 직사각형 모양의 땅에 폭이 일정한 길을 만들고 남은 부분을 오른쪽 그림과 같이 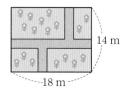 꽃밭으로 만들려고 한다. 꽃밭의 넓이가 192 m²가 되도록 할 때, 길의 폭은 몇 m인가?

① 1 m   ② 2 m   ③ 3 m

④ 4 m   ⑤ 5 m

0632 직선 $\frac{m}{3}x+2y-1=0$이 점 $(m-4,\ m^2)$을 지나고 제4사분면을 지나지 않을 때, 상수 m의 값은?

① 1   ② 0   ③ $-\dfrac{3}{7}$

④ -1 ⑤ -3

0633 한 개에 4000원인 햄버거의 가격을 x %만큼 인상하면 판매량이 $0.8x$ %만큼 감소한다고 한다. 이때 매출액에 변화가 없도록 하려면 햄버거 한 개의 가격을 얼마로 인상해야 하는가?

① 4250원   ② 4500원   ③ 4750원

④ 5000원   ⑤ 5500원

서술형

0635 한 개의 주사위를 두 번 던져 처음 나오는 눈의 수를 a, 두 번째 나오는 눈의 수를 b라 할 때, 이차방정식 $x^2+ax+b=0$이 중근을 가질 확률을 구하시오.

0634 오른쪽 그림과 같은 직사각형 ABCD에서 점 P는 점 A에서부터 점 B까지 매초 1 cm의 속력으로 움직이고, 점 Q는 점 B에서부터 점 C까지 매초 2 cm의 속력으로 움직인다. 두 점 P, Q가 동시에 출발할 때, △PBQ의 넓이가 26 cm²가 되는 것은 출발한 지 몇 초 후인지 구하시오.

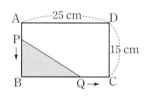

0636 같은 해 12월에 태어난 다연이와 다애의 생일은 2주 차이가 난다. 두 사람이 태어난 날의 수의 곱이 351이고 다연이가 다애보다 일찍 태어났다고 할 때, 다애의 생일은 몇 월 며칠인지 구하시오.

06
이차방정식 (2)

IV

이차함수

개념 1

이차함수
> 유형 1~3

함수 $y=f(x)$에서
$$y=ax^2+bx+c\ (a,\ b,\ c\text{는 상수},\ a\neq0)$$
와 같이 y가 x에 대한 이차식으로 나타내어질 때, 이 함수를 x에 대한 이차함수라 한다.

예 $y=\dfrac{1}{3}x^2,\ y=-x^2+1,\ y=3x^2-2x+5$ ➡ 이차함수이다.

$y=\dfrac{1}{x^2},\ y=2x+1,\ y=3x^3-2x+5$ ➡ 이차함수가 아니다.

개념 2

이차함수 $y=x^2$의 그래프
> 유형 4~7

(1) **이차함수 $y=x^2$의 그래프**
① 원점을 지나고 아래로 볼록한 곡선이다.
② y축에 대칭이다.
③ $x<0$일 때, x의 값이 증가하면 y의 값은 감소한다.
　 $x>0$일 때, x의 값이 증가하면 y의 값도 증가한다.
④ 원점을 제외한 부분은 모두 x축의 위쪽에 있다.
⑤ $y=-x^2$의 그래프와 x축에 대칭이다.

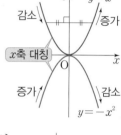

(2) **포물선**: 이차함수 $y=x^2,\ y=-x^2$의 그래프와 같은 모양의 곡선
① 축: 포물선은 한 직선에 대칭이며 그 직선을 포물선의 축이라 한다.
② 꼭짓점: 포물선과 축의 교점을 포물선의 꼭짓점이라 한다.

개념 3

이차함수 $y=ax^2$의 그래프
> 유형 4~8

이차함수 $y=ax^2$의 그래프는
① 원점을 꼭짓점으로 한다.
② y축에 대칭이다.
　└ 축의 방정식: $x=0\,(y\text{축})$
③ $a>0$이면 아래로 볼록, $a<0$이면 위로 볼록하다.
④ a의 절댓값이 클수록 그래프의 폭이 좁아진다.
　└ 그래프가 y축에 가까워진다.
⑤ $y=-ax^2$의 그래프와 x축에 대칭이다.
⑥ $a>0$이면 $x<0$일 때 x의 값이 증가하면 y의 값은 감소하고,
　 $x>0$일 때 x의 값이 증가하면 y의 값도 증가한다.
⑦ $a<0$이면 $x<0$일 때 x의 값이 증가하면 y의 값도 증가하고,
　 $x>0$일 때 x의 값이 증가하면 y의 값은 감소한다.

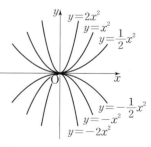

참고 이차함수 $y=ax^2$에서
① a의 부호: 그래프의 모양 결정 (볼록한 방향 결정)
② a의 절댓값: 그래프의 폭 결정

개념 **1** 이차함수

0637 다음 중 이차함수인 것은 ○표, 이차함수가 아닌 것은 ×표를 하시오.

(1) $y = -5 + 2x$　　　　　　　　　(　)

(2) $y = x(x+1) + 6$　　　　　　　(　)

(3) $y = 2x^2 - x(x-1)$　　　　　　(　)

(4) $2x^2 + 6x - 1$　　　　　　　　(　)

(5) $y = -\dfrac{1}{x^2}$　　　　　　　　(　)

0638 다음에서 y를 x에 대한 식으로 나타내고, 이차함수인 것은 ○표, 이차함수가 아닌 것은 ×표를 하시오.

(1) 한 변의 길이가 $(x+1)$ cm인 정사각형의 둘레의 길이 y cm

　➡ _____ (　)

(2) 가로의 길이가 x cm이고, 세로의 길이가 $(x+6)$ cm 인 직사각형의 넓이 y cm^2

　➡ _____ (　)

(3) 한 모서리의 길이가 x cm인 정육면체의 부피 y cm^3

　➡ _____ (　)

(4) 반지름의 길이가 x cm인 원의 넓이 y cm^2

　➡ _____ (　)

0639 이차함수 $f(x) = 2x^2 - x + 3$에 대하여 다음 함숫값을 구하시오.

(1) $f(-3)$　　　　　　(2) $f(0)$

(3) $f\left(\dfrac{1}{2}\right)$　　　　　　(4) $f(2)$

개념 **2** 이차함수 $y=x^2$의 그래프

0640 다음은 이차함수 $y=x^2$의 그래프에 대한 설명이다. □ 안에 알맞은 것을 써넣으시오.

(1) 그래프의 모양은 □로 볼록하다.

(2) 꼭짓점의 좌표는 (□ , □)이다.

(3) □축에 대칭이다.

(4) $y = $ □ 의 그래프와 x축에 대칭이다.

개념 **3** 이차함수 $y=ax^2$의 그래프

0641 다음은 이차함수 $y=-2x^2$의 그래프에 대한 설명이다. □ 안에 알맞은 것을 써넣으시오.

(1) 꼭짓점의 좌표는 (□ , □)이고, □축을 축으로 하는 포물선이다.

(2) 그래프의 모양은 □로 볼록하다.

(3) $x > 0$일 때, x의 값이 증가하면 y의 값은 □ 한다.

(4) 점 $(-2, □)$을 지난다.

0642 다음 **보기**의 이차함수에 대하여 물음에 답하시오.

보기
ㄱ. $y = -3x^2$　　ㄴ. $y = \dfrac{1}{2}x^2$　　ㄷ. $y = -\dfrac{1}{5}x^2$

ㄹ. $y = 2x^2$　　ㅁ. $y = 3x^2$　　ㅂ. $y = -\dfrac{1}{3}x^2$

(1) 그래프가 아래로 볼록한 것을 모두 고르시오.

(2) 그래프의 폭이 가장 넓은 것을 고르시오.

(3) 그래프가 x축에 서로 대칭인 것끼리 짝 지으시오.

개념 4

이차함수 $y=ax^2+q$의 그래프

> 유형 9

이차함수 $y=ax^2+q$의 그래프는

① 이차함수 $y=ax^2$의 그래프를 y축의 방향으로 q만큼 평행이동한 것이다.

② 꼭짓점의 좌표: $(0, q)$

③ 축의 방정식: $x=0$ (y축)

참고 ① 이차함수 $y=ax^2+q$의 그래프는 다음과 같다.

$a>0, q>0$일 때 $a>0, q<0$일 때 $a<0, q>0$일 때 $a<0, q<0$일 때

② 이차함수의 그래프를 평행이동하여도 그래프의 모양과 폭은 변하지 않는다.

개념 5

이차함수 $y=a(x-p)^2$의 그래프

> 유형 10

이차함수 $y=a(x-p)^2$의 그래프는

① 이차함수 $y=ax^2$의 그래프를 x축의 방향으로 p만큼 평행이동한 것이다.

② 꼭짓점의 좌표: $(p, 0)$

③ 축의 방정식: $x=p$

참고 ① 이차함수 $y=a(x-p)^2$의 그래프는 다음과 같다.

$a>0, p>0$일 때 $a>0, p<0$일 때 $a<0, p>0$일 때 $a<0, p<0$일 때

② 이차함수의 그래프는 축을 기준으로 증가, 감소하는 범위가 나뉜다.

즉, 이차함수 $y=ax^2$의 그래프는 $x=0$을 기준으로, 이차함수 $y=a(x-p)^2$의 그래프는 $x=p$를 기준으로 증가, 감소하는 범위가 나뉜다.

개념 6

이차함수 $y=a(x-p)^2+q$의 그래프

> 유형 11~15

이차함수 $y=a(x-p)^2+q$의 그래프는

① 이차함수 $y=ax^2$의 그래프를 x축의 방향으로 p만큼, y축의 방향으로 q만큼 평행이동한 것이다.

② 꼭짓점의 좌표: (p, q)

③ 축의 방정식: $x=p$

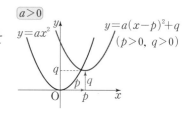

참고 이차함수 $y=a(x-p)^2+q$의 그래프에서 a, p, q의 부호

(1) a의 부호: 그래프의 모양에 따라 결정

    ① 아래로 볼록: $a>0$ ② 위로 볼록: $a<0$

(2) p, q의 부호: 꼭짓점 (p, q)의 위치에 따라 결정

    ① 제1사분면: $p>0, q>0$ ② 제2사분면: $p<0, q>0$

    ③ 제3사분면: $p<0, q<0$ ④ 제4사분면: $p>0, q<0$

개념 4 이차함수 $y=ax^2+q$의 그래프

0643 다음 이차함수의 그래프를 y축의 방향으로 q만큼 평행이동한 그래프의 식을 구하시오.

(1) $y=\dfrac{2}{3}x^2$ [$q=2$]

(2) $y=-5x^2$ [$q=-3$]

0644 다음 이차함수의 그래프의 꼭짓점의 좌표와 축의 방정식을 각각 구하시오.

(1) $y=-3x^2+1$ (2) $y=\dfrac{1}{4}x^2-2$

0645 주어진 그래프를 이용하여 다음 이차함수의 그래프를 좌표평면 위에 그리시오.

(1) $y=2x^2+1$ (2) $y=-\dfrac{1}{2}x^2-3$

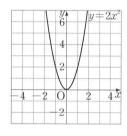 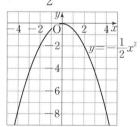

개념 5 이차함수 $y=a(x-p)^2$의 그래프

0646 다음 이차함수의 그래프를 x축의 방향으로 p만큼 평행이동한 그래프의 식을 구하시오.

(1) $y=\dfrac{2}{3}x^2$ [$p=2$]

(2) $y=-5x^2$ [$p=-3$]

0647 다음 이차함수의 그래프의 꼭짓점의 좌표와 축의 방정식을 각각 구하시오.

(1) $y=\dfrac{1}{2}(x+6)^2$ (2) $y=-4(x-5)^2$

0648 주어진 그래프를 이용하여 다음 이차함수의 그래프를 좌표평면 위에 그리시오.

(1) $y=\dfrac{1}{2}(x-3)^2$ (2) $y=-2(x+1)^2$

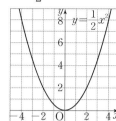 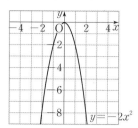

개념 6 이차함수 $y=a(x-p)^2+q$의 그래프

0649 다음 이차함수의 그래프를 x축의 방향으로 p만큼, y축의 방향으로 q만큼 평행이동한 그래프의 식을 구하시오.

(1) $y=4x^2$ [$p=1, q=-3$]

(2) $y=-2x^2$ $\left[p=\dfrac{1}{3}, q=-\dfrac{1}{3}\right]$

0650 다음 이차함수의 그래프의 꼭짓점의 좌표와 축의 방정식을 각각 구하시오.

(1) $y=3(x+3)^2-4$ (2) $y=-2\left(x-\dfrac{4}{3}\right)^2+\dfrac{1}{3}$

0651 다음 이차함수의 그래프를 좌표평면 위에 그리시오.

(1) $y=2(x-2)^2-6$ (2) $y=-\dfrac{1}{3}(x+2)^2-2$

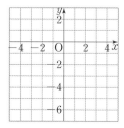 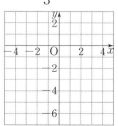

B step. 기출 & 변형하면…

유형 **1** 이차함수   > 개념 1

0652 다음 중 이차함수인 것은?

① $y=\dfrac{3}{x^2}$ ② $y=\dfrac{1}{x}-4$

③ $y=\dfrac{x}{4}$ ④ $y=2x(x-3)$

⑤ $y=x(1-x)+x^2$

→ **0653** 다음 **보기** 중 y가 x에 대한 이차함수인 것을 모두 고르시오.

> 보기
> ㄱ. $y=(2-x)^2$ ㄴ. $y=\dfrac{1}{x}$
> ㄷ. $y=9x^2-(3x-2)^2$ ㄹ. $3x^2+x+y=0$
> ㅁ. $y=(x+1)(5-x)$ ㅂ. $y=-x(x+1)+x^2$

0654 다음 중 y가 x에 대한 이차함수가 <u>아닌</u> 것을 모두 고르면? (정답 2개)

① 밑변의 길이가 x cm, 높이가 $(x+3)$ cm인 평행사변형의 넓이 y cm²

② 시속 5 km로 x시간 동안 달린 거리 y km

③ 농도가 x %인 소금물 200 g 속에 들어 있는 소금의 양 y g

④ 한 모서리의 길이가 x cm인 정육면체의 겉넓이 y cm²

⑤ 반지름의 길이가 x cm, 중심각의 크기가 120°인 부채꼴의 넓이 y cm²

→ **0655** 다음 **보기** 중 y가 x에 대한 이차함수인 것을 모두 고르시오.

> 보기
> ㄱ. 시속 20 km로 x시간 동안 달린 거리 y km
> ㄴ. 윗변의 길이가 $(x+2)$ cm, 아랫변의 길이가 4 cm, 높이가 x cm인 사다리꼴의 넓이 y cm²
> ㄷ. 둘레의 길이가 20 cm이고, 가로의 길이가 x cm인 직사각형의 넓이 y cm²
> ㄹ. 밑면의 반지름의 길이가 x cm, 높이가 5 cm인 원기둥의 부피 y cm³

유형 **2** 이차함수가 되도록 하는 조건   > 개념 1

0656 함수 $y=(3a+2)x^2+5x-4$가 x에 대한 이차함수일 때, 다음 중 상수 a의 값이 될 수 <u>없는</u> 것은?

① $-\dfrac{2}{3}$ ② $-\dfrac{1}{3}$ ③ 0

④ $\dfrac{1}{3}$ ⑤ $\dfrac{2}{3}$

→ **0657** 함수 $y=ax^2-3x(x+1)$이 x에 대한 이차함수가 되도록 하는 실수 a의 조건을 구하시오.

0658 함수 $y=k(k-5)x^2-8x+1+4x^2$이 x에 대한 이차함수일 때, 다음 중 상수 k의 값이 될 수 <u>없는</u> 것을 모두 고르면? (정답 2개)

① -4　　　　② -1　　　　③ 1
④ 4　　　　⑤ 5

0659 함수 $y=(a+2)^2x^2+(ax-1)(x+1)$이 이차함수일 때, 다음 중 상수 a의 값이 될 수 <u>없는</u> 것을 모두 고르면? (정답 2개)

① -4　　　　② -3　　　　③ -2
④ -1　　　　⑤ 0

이차함수와 그래프 (1)

유형 3 이차함수의 함숫값　　　　> 개념 1

0660 이차함수 $f(x)=x^2-2x+7$에 대하여 $f(-2)+f(1)$의 값은?

① 21　　　　② 22　　　　③ 23
④ 24　　　　⑤ 25

0661 이차함수 $f(x)=-x^2+6x-4$에서 $f(a)=-11$일 때, 양수 a의 값을 구하시오.

0662 이차함수 $f(x)=3x^2-ax-7$에서 $f(-2)=15$일 때, 상수 a의 값은?

① 1　　　　② 2　　　　③ 3
④ 4　　　　⑤ 5

서술형
0663 이차함수 $f(x)=x^2+ax+b$에서 $f(-1)=-6$, $f(-4)=3$일 때, $f(-5)$의 값을 구하시오. (단, a, b는 상수)

0664 다음 이차함수의 그래프 중 폭이 가장 좁은 것은?

① $y=-4x^2$ ② $y=-\dfrac{1}{5}x^2$

③ $y=\dfrac{1}{2}x^2$ ④ $y=2x^2$

⑤ $y=3x^2$

0665 다음 이차함수의 그래프 중 아래로 볼록하면서 폭이 가장 좁은 것은?

① $y=\dfrac{1}{3}x^2$ ② $y=\dfrac{1}{2}x^2$ ③ $y=-\dfrac{2}{3}x^2$

④ $y=-\dfrac{3}{4}x^2$ ⑤ $y=\dfrac{3}{4}x^2$

0666 세 이차함수 $y=ax^2$, $y=-3x^2$, $y=-\dfrac{3}{4}x^2$의 그래프가 오른쪽 그림과 같을 때, 다음 중 상수 a의 값이 될 수 있는 것은?

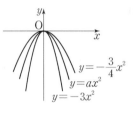

① $\dfrac{1}{10}$ ② $\dfrac{1}{2}$ ③ $-\dfrac{2}{3}$

④ $-\dfrac{9}{4}$ ⑤ $-\dfrac{9}{2}$

0667 두 이차함수 $y=2x^2$, $y=-\dfrac{1}{3}x^2$의 그래프가 오른쪽 그림과 같을 때, 다음 **보기**의 이차함수 중 그 그래프가 색칠한 부분을 지나는 것을 모두 고르시오.

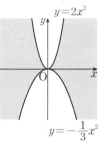

보기
ㄱ. $y=-x^2$ ㄴ. $y=\dfrac{1}{2}x^2$

ㄷ. $y=-\dfrac{1}{5}x^2$ ㄹ. $y=4x^2$

0668 다음 이차함수 중 그래프가 $y=-\dfrac{1}{5}x^2$의 그래프와 x축에 대칭인 것은?

① $y=-5x^2$ ② $y=5x^2$ ③ $y=\dfrac{1}{5}x^2$

④ $y=-x^2$ ⑤ $y=10x^2$

0669 다음 이차함수 중 그래프가 이차함수 $y=7x^2$의 그래프와 x축에 대칭인 것은?

① $y=-49x^2$ ② $y=-7x^2$ ③ $y=-\dfrac{1}{7}x^2$

④ $y=\dfrac{1}{7}x^2$ ⑤ $y=49x^2$

0670 다음 **보기** 중 이차함수의 그래프가 x축에 서로 대칭인 것끼리 짝 지은 것을 모두 고르면? (정답 2개)

> **보기**
> ㄱ. $y = -4x^2$　　　　　ㄴ. $y = -\dfrac{1}{3}x^2$
> ㄷ. $y = \dfrac{2}{3}x^2$　　　　　ㄹ. $y = 4x^2$
> ㅁ. $y = \dfrac{3}{2}x^2$　　　　　ㅂ. $y = -\dfrac{2}{3}x^2$

① ㄱ, ㄴ　　　② ㄱ, ㄹ　　　③ ㄴ, ㄹ
④ ㄷ, ㅁ　　　⑤ ㄷ, ㅂ

정답과 해설 60쪽

서술형

0671 이차함수 $y = -2x^2$의 그래프는 $y = ax^2$의 그래프와 x축에 대칭이고, 이차함수 $y = bx^2$의 그래프는 $y = \dfrac{1}{2}x^2$의 그래프와 x축에 대칭이다. 이때 ab의 값을 구하시오. (단, a, b는 상수)

유형 6 이차함수 $y = ax^2$의 그래프의 성질　　　> 개념 2, 3

0672 다음 중 이차함수 $y = ax^2$의 그래프에 대한 설명으로 옳지 <u>않은</u> 것은? (단, a는 상수)

① 점 $(1, a)$를 지난다.
② y축에 대칭인 포물선이다.
③ $x > 0$일 때, x의 값이 증가하면 y의 값도 증가한다.
④ $a > 0$이면 아래로 볼록하고, $a < 0$이면 위로 볼록하다.
⑤ 이차함수 $y = -ax^2$의 그래프와 x축에 대칭이다.

0673 다음 **보기**의 이차함수의 그래프에 대한 설명으로 옳은 것을 모두 고르면? (정답 2개)

> **보기**
> ㄱ. $y = 2x^2$　　　　　ㄴ. $y = \dfrac{1}{3}x^2$
> ㄷ. $y = -x^2$　　　　　ㄹ. $y = -\dfrac{2}{3}x^2$

① 그래프의 폭이 가장 좁은 것은 ㄴ이다.
② 그래프가 아래로 볼록한 것은 ㄱ, ㄴ이다.
③ 모든 그래프의 축의 방정식은 $y = 0$이다.
④ 두 그래프가 x축에 서로 대칭인 것은 ㄴ, ㄹ이다.
⑤ $x > 0$일 때, x의 값이 증가하면 y의 값이 감소하는 것은 ㄷ, ㄹ이다.

0674 이차함수 $y=ax^2$의 그래프가 두 점 $(4, -2)$, $(-4, b)$를 지날 때, $\dfrac{b}{a}$의 값을 구하시오. (단, a는 상수)

→ **0675** 이차함수 $y=ax^2$의 그래프와 x축에 대칭인 그래프가 점 $(3, -36)$을 지날 때, 상수 a의 값을 구하시오.

0676 이차함수 $y=4x^2$의 그래프가 점 $(a, 100)$을 지날 때, 양수 a의 값을 구하시오.

→ **0677** 네 이차함수 $y=x^2$, $y=-x^2$, $y=\dfrac{1}{2}x^2$, $y=-3x^2$의 그래프가 오른쪽 그림과 같고 포물선 ㉠이 점 $(-6, k)$를 지날 때, k의 값을 구하시오.

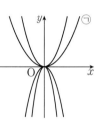

0678 오른쪽 그림과 같이 원점을 꼭짓점으로 하고 점 $\left(\dfrac{1}{3}, \dfrac{1}{6}\right)$을 지나는 포물선을 그래프로 하는 이차함수의 식을 구하시오.

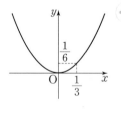

→ **0679** 이차함수 $y=f(x)$의 그래프가 오른쪽 그림과 같을 때, $f(6)$의 값을 구하시오.

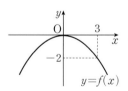

0680 원점을 꼭짓점으로 하고 y축을 축으로 하는 포물선이 점 $(-2, -2)$를 지날 때, 이 포물선을 그래프로 하는 이차함수의 식을 구하시오.

0681 원점을 꼭짓점으로 하고 y축을 축으로 하는 포물선이 두 점 $(3, 3)$, $(-6, k)$를 지날 때, k의 값은?

① $\dfrac{1}{2}$ ② 1 ③ 2

④ 4 ⑤ 12

유형 9 이차함수 $y=ax^2+q$의 그래프   > 개념 4

0682 이차함수 $y=-\dfrac{4}{3}x^2$의 그래프를 y축의 방향으로 -6만큼 평행이동한 그래프의 꼭짓점의 좌표를 (p, q), 축의 방정식을 $x=m$이라 할 때, $p+q+m$의 값을 구하시오.

0683 다음 중 이차함수 $y=4x^2-3$의 그래프에 대한 설명으로 옳은 것을 모두 고르면? (정답 2개)

① 꼭짓점의 좌표는 $(0, -3)$이다.

② 축의 방정식은 $y=0$이다.

③ $x>-3$일 때, x의 값이 증가하면 y의 값도 증가한다.

④ 이차함수 $y=4x^2$의 그래프를 x축의 방향으로 -3만큼 평행이동한 것이다.

⑤ 이차함수 $y=4x^2+1$의 그래프를 평행이동하면 포개어진다.

0684 이차함수 $y=ax^2$의 그래프를 y축의 방향으로 1만큼 평행이동한 그래프가 점 $(-1, 4)$를 지날 때, 상수 a의 값을 구하시오.

서술형

0685 이차함수 $y=-x^2$의 그래프를 y축의 방향으로 $-\dfrac{1}{4}$만큼 평행이동한 그래프가 두 점 $\left(\dfrac{3}{2}, a\right)$, $\left(b, -\dfrac{17}{4}\right)$을 지날 때, $a+b$의 값을 구하시오.

(단, $b>0$)

0686 이차함수 $y=2x^2$의 그래프를 x축의 방향으로 p만큼 평행이동한 그래프가 점 $(1, 2)$를 지날 때, 양수 p의 값은?

① 1   ② 2   ③ 3

④ 4   ⑤ 5

0687 다음 중 이차함수 $y=-\dfrac{1}{2}(x+2)^2$의 그래프에 대한 설명으로 옳지 <u>않은</u> 것은?

① 꼭짓점의 좌표는 $(-2, 0)$이다.

② 축의 방정식은 $x=-2$이다.

③ 위로 볼록한 포물선이다.

④ y축과 만나는 점의 좌표는 $(0, 2)$이다.

⑤ 이차함수 $y=-\dfrac{1}{2}x^2$의 그래프를 x축의 방향으로 -2만큼 평행이동한 그래프이다.

서술형
0688 오른쪽 그림은 이차함수 $y=a(x-p)^2$의 그래프이다. 이 그래프가 점 $(-1, k)$를 지날 때, k의 값을 구하시오. (단, a, p는 상수)

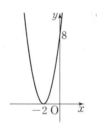

0689 이차함수 $y=ax^2$의 그래프를 x축의 방향으로 -4만큼 평행이동한 그래프가 점 $(-2, 2)$를 지날 때, 이 그래프에서 x의 값이 증가할 때, y의 값은 감소하는 x의 값의 범위를 구하시오. (단, a는 상수)

0690 이차함수 $y=-5x^2$의 그래프를 x축의 방향으로 1만큼, y축의 방향으로 q만큼 평행이동하면 이차함수 $y=a(x-p)^2-1$의 그래프와 일치할 때, apq의 값을 구하시오. (단, a, p는 상수이다.)

0691 다음 중 이차함수 $y=(x-2)^2-1$의 그래프에 대한 설명으로 옳은 것을 모두 고르면? (정답 2개)

① 꼭짓점의 좌표는 $(-2, -1)$이다.

② 제1사분면은 지나지 않는다.

③ y축과 만나는 점의 좌표는 $(0, 3)$이다.

④ $x>2$일 때, x의 값이 증가하면 y의 값은 감소한다.

⑤ 이차함수 $y=-(x-2)^2+1$의 그래프와 x축에 대칭이다.

0692 다음 중 이차함수 $y=-(x-1)^2+3$의 그래프가 지나지 <u>않는</u> 사분면은?

① 제1사분면   ② 제2사분면

③ 제3사분면   ④ 제4사분면

⑤ 없다.

0693 이차함수 $y=-3x^2$의 그래프를 x축의 방향으로 -1만큼, y축의 방향으로 2만큼 평행이동한 그래프가 지나지 <u>않는</u> 사분면은?

① 제1사분면   ② 제2사분면

③ 제3사분면   ④ 제4사분면

⑤ 없다.

0694 이차함수 $y=\dfrac{2}{3}(x+2)^2-5$의 그래프의 꼭짓점의 좌표를 (a, b), 축의 방정식을 $x=p$라 할 때, $a-b+p$의 값을 구하시오.

0695 이차함수 $y=-\dfrac{1}{2}(x+p)^2-2p^2$의 그래프의 꼭짓점이 직선 $y=-2x-4$ 위에 있을 때, 양수 p의 값을 구하시오.

유형 12   이차함수 $y=a(x-p)^2+q$의 그래프의 증가와 감소   **> 개념 6**

0696 이차함수 $y=-\dfrac{1}{5}(x-1)^2+2$의 그래프에서 x의 값이 증가할 때, y의 값은 감소하는 x의 값의 범위는?

① $x>1$ ② $x>-1$ ③ $x<2$

④ $x<1$ ⑤ $x<-1$

0697 이차함수 $y=-3(x+p)^2-7$의 그래프에서 x의 값이 증가할 때 y의 값도 증가하는 x의 값의 범위가 $x<\dfrac{1}{2}$이다. 이때 상수 p의 값을 구하시오.

0698 이차함수 $y=\dfrac{1}{2}(x-5)^2+1$의 그래프를 x축의 방향으로 p만큼, y축의 방향으로 q만큼 평행이동하였더니 $y=\dfrac{1}{2}x^2$의 그래프와 일치하였다. 이때 $p+q$의 값을 구하시오.

0699 이차함수 $y=2(x-1)^2+2$의 그래프의 꼭짓점이 원점에 오도록 하려면 이 그래프를 x축의 방향으로 p만큼, y축의 방향으로 q만큼 평행이동해야 한다. 이때 $p+q$의 값을 구하시오.

0700 이차함수 $y=a(x+3)^2+5$의 그래프를 y축의 방향으로 -2만큼 평행이동한 그래프가 점 $(-1, -9)$를 지날 때, 상수 a의 값은?

① -3 ② -1 ③ 1
④ 3 ⑤ 5

0701 이차함수 $y=-(x+1)^2-4$의 그래프를 x축의 방향으로 p만큼, y축의 방향으로 $2p$만큼 평행이동한 그래프가 점 $(-3, -11)$을 지날 때, 양수 p의 값은?

① 1 ② 2 ③ 3
④ 4 ⑤ 5

0702 이차함수 $y=a(x+p)^2+q$의 그래프가 오른쪽 그림과 같을 때, 상수 a, p, q에 대하여 $a+p+q$의 값을 구하시오.

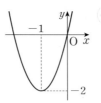

0703 직선 $x=3$을 축으로 하고 두 점 $(4, -2)$, $(1, 7)$을 지나는 포물선을 그래프로 하는 이차함수의 식을 $y=a(x-p)^2+q$ 꼴로 나타내시오.

(단, a, p, q는 상수)

0704 오른쪽 그림과 같은 이차함수의 그래프가 점 $(k, -22)$를 지날 때, 양수 k의 값을 구하시오.

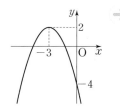

→ **0705** 오른쪽 그림은 어떤 이차함수의 그래프인데 일부분이 찢어져서 잘 보이지 않는다. 이 그래프가 두 점 $(-1, a)$, $(7, b)$를 지날 때, $a+b$의 값은?

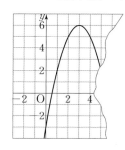

① -8 ② -12

③ -16 ④ -20

⑤ -24

유형 15 이차함수 $y=a(x-p)^2+q$의 그래프에서 a, p, q의 부호 > 개념 6

0706 오른쪽 그림은 이차함수 $y=a(x-p)^2+q$의 그래프이다. 상수 a, p, q의 부호를 구하시오.

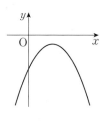

→ **0707** 이차함수 $y=a(x-p)^2+q$의 그래프가 제1, 3, 4사분면만 지날 때, 다음 중 항상 옳은 것은?

(단, a, p, q는 상수)

① $a-q>0$ ② $a+q<0$ ③ $aq>0$

④ $apq<0$ ⑤ $p-q>0$

0708 이차함수 $y=a(x-p)^2+q$의 그래프가 오른쪽 그림과 같을 때, 다음 중 이차함수 $y=p(x-q)^2+a$의 그래프로 알맞은 것은?

(단, a, p, q는 상수)

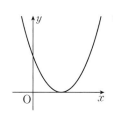

① 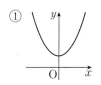   ②   ③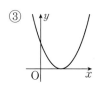

④ 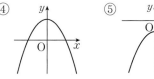   ⑤

→ **0709** 일차함수 $y=ax+b$의 그래프가 오른쪽 그림과 같을 때, 다음 중 이차함수 $y=ax^2+b$의 그래프로 알맞은 것은? (단, a, b는 상수)

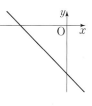

①   ②   ③

④   ⑤

0710 다음 중 y가 x에 대한 이차함수가 <u>아닌</u> 것은?

① 반지름의 길이가 x cm인 구의 겉넓이 y cm^2

② 가로, 세로의 길이가 각각 x cm, $(x+2)$ cm인 직사각형의 넓이 y cm^2

③ 둘레의 길이가 40 cm이고, 가로의 길이가 x cm인 직사각형의 넓이 y cm^2

④ 60 km의 거리를 시속 x km로 갈 때, 걸리는 시간 y 시간

⑤ 밑면의 반지름의 길이가 x cm이고, 높이가 15 cm인 원뿔의 부피 y cm^3

0711 다음 중 이차함수인 것을 모두 고르면? (정답 2개)

① $y=\dfrac{5}{x}$

② $y=3(x+1)(x-1)$

③ $y=x^2+5$

④ $y=2x^2-x(2x-1)+3$

⑤ $y=2x+1$

0712 $y=mx^2-2m^2(x+2)^2$이 x에 대한 이차함수일 때, 다음 중 상수 m의 값이 될 수 <u>없는</u> 것을 모두 고르면?

(정답 2개)

① -2

② $-\dfrac{1}{2}$

③ 0

④ $\dfrac{1}{3}$

⑤ $\dfrac{1}{2}$

0713 이차함수 $f(x)=x^2+2x+5$에 대하여 $2f(-1)$의 값은?

① -4

② 0

③ 4

④ 8

⑤ 12

0714 오른쪽 그림은 이차함수 $y=ax^2$의 그래프이다. 이 중 상수 a의 값이 큰 것부터 차례로 나열하시오.

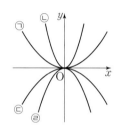

0715 이차함수 $y=2x^2$의 그래프와 x축에 대칭인 그래프가 점 $(a-1, a-2)$를 지날 때, 양수 a의 값은?

① $\dfrac{1}{2}$

② $\dfrac{3}{2}$

③ $\dfrac{5}{2}$

④ 3

⑤ 4

0716 다음 중 이차함수 $y=-x^2$의 그래프에 대한 설명으로 옳지 <u>않은</u> 것은?

① 원점을 꼭짓점으로 한다.

② 위로 볼록한 그래프이다.

③ y축에 대칭인 포물선이다.

④ $y=x^2$의 그래프와 y축에 서로 대칭이다.

⑤ $x>0$일 때, x의 값이 증가하면 y의 값은 감소한다.

0717 이차함수 $y=f(x)$의 그래프가 오른쪽 그림과 같을 때, $f\left(-\dfrac{3}{2}\right)$의 값을 구하시오.

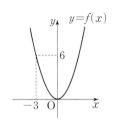

0718 다음 이차함수의 그래프 중 이차함수 $y=-\dfrac{3}{2}x^2$의 그래프를 평행이동하여 완전히 포갤 수 있는 것은?

① $y=-\dfrac{3}{2}(x-1)^2$　　　② $y=-\dfrac{2}{3}x^2$

③ $y=-\dfrac{1}{2}(3x+1)^2$　　④ $y=\dfrac{2}{3}x^2+1$

⑤ $y=\dfrac{3}{2}x^2+1$

0719 오른쪽 그림은 이차함수 $y=-x^2$의 그래프를 y축의 방향으로 q만큼 평행이동한 그래프이다. 이 그래프 위의 두 점 A, B와 x축 위의 두 점 C, D에 대하여 □ACDB는 정사각형이다. 이 정사각형의 넓이가 16일 때, q의 값을 구하시오.

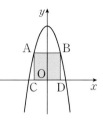

0720 이차함수 $y=-\dfrac{1}{3}x^2$의 그래프를 x축의 방향으로 -1만큼 평행이동한 그래프가 점 $(k, -3)$을 지날 때, 양수 k의 값은?

① 1　　　　② 2　　　　③ 3

④ 4　　　　⑤ 5

0721 다음 중 이차함수 $y=(x-2)^2-3$의 그래프가 지나지 <u>않는</u> 사분면은?

① 제1사분면　　　　② 제2사분면

③ 제3사분면　　　　④ 제4사분면

⑤ 없다.

07

이차함수와 그래프 (1)

0722 이차함수 $y=-3(x+3)^2-1$의 그래프를 x축의 방향으로 -3만큼, y축의 방향으로 4만큼 평행이동한 그래프는 점 $(-4, k)$를 지난다. 이때 k의 값을 구하시오.

0723 이차함수 $y=a(x-p)^2+q$의 그래프가 오른쪽 그림과 같을 때, $a+p+q$의 값은? (단, a, p, q는 상수)

① 1   ② 2

③ 3   ④ 4

⑤ 5

0724 오른쪽 그림과 같은 이차함수의 그래프를 x축에 대칭인 그래프의 이차함수의 식을 $y=a(x-p)^2+q$ 꼴로 나타낼 때, $a+p+q$의 값을 구하시오.

(단, a, p, q는 상수)

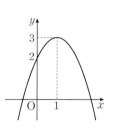

0725 이차함수 $y=-(x-a)^2+b$의 그래프가 오른쪽 그림과 같을 때, 일차함수 $y=ax+b$의 그래프가 지나지 <u>않는</u> 사분면은? (단, a, b는 상수)

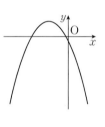

① 제1사분면   ② 제2사분면

③ 제3사분면   ④ 제4사분면

⑤ 제1, 3사분면

0726 두 이차함수
$y=-2(x-2)^2+6$,
$y=-2(x+3)^2+6$의 그래프가 오른쪽 그림과 같다. 두 점 A, B는 두 그래프의 꼭짓점일 때, 색칠한 부분의 넓이를 구하시오.

0727 이차함수 $y=a(x+2)^2-5$의 그래프가 모든 사분면을 지나도록 하는 정수 a의 값을 구하시오.

서술형

0728 오른쪽 그림과 같이 이차함수 $y=-\dfrac{1}{3}(x-3)^2+5$의 그래프의 꼭짓점을 A, y축과의 교점을 B라 할 때, △ABO의 넓이를 구하시오. (단, O는 원점)

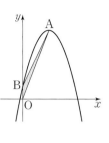

0729 축의 방정식이 $x=-4$이고, 두 점 $(-2, 2)$, $(-5, -4)$를 지나는 이차함수의 그래프의 꼭짓점의 좌표를 구하시오.

07
이차함수와 그래프 (1)

개념 1

이차함수
$y=ax^2+bx+c$의
그래프

> 유형 1~8

(1) **이차함수 $y=ax^2+bx+c$의 그래프**

이차함수 $y=ax^2+bx+c$의 그래프는 $y=a(x-p)^2+q$ 꼴로 고쳐서 그린다.

➡ $y=ax^2+bx+c$

$\quad = a\left(x^2+\dfrac{b}{a}x\right)+c$　← x^2의 계수로 이차항과 일차항을 묶는다.

$\quad = a\left\{x^2+\dfrac{b}{a}x+\left(\dfrac{b}{2a}\right)^2-\left(\dfrac{b}{2a}\right)^2\right\}+c$　← 괄호 안에서 $\left(\dfrac{x\text{의 계수}}{2}\right)^2$을 더하고 뺀다.

$\quad = a\left\{x^2+\dfrac{b}{a}x+\left(\dfrac{b}{2a}\right)^2\right\}-\dfrac{b^2}{4a}+c$

$\quad = a\left(x+\dfrac{b}{2a}\right)^2-\dfrac{b^2-4ac}{4a}$　← $y=$(완전제곱식)+(상수) 꼴로 나타낸다.

① 꼭짓점의 좌표: $\left(-\dfrac{b}{2a},\ -\dfrac{b^2-4ac}{4a}\right)$

② 축의 방정식: $x=-\dfrac{b}{2a}$

③ y축과의 교점의 좌표: $(0,\ c)$
　　　　　　　└→ y절편은 c이다.

(2) **이차함수 $y=ax^2+bx+c$의 그래프와 x축, y축의 교점**

① x축의 교점의 x좌표: $y=0$일 때의 x의 값　→ x절편

② y축의 교점의 y좌표: $x=0$일 때의 y의 값　→ y절편

개념 2

이차함수
$y=ax^2+bx+c$
의 그래프에서
$a,\ b,\ c$의 부호

> 유형 9

(1) **a의 부호**: 그래프의 모양에 따라 결정

① 아래로 볼록 ($\smallsmile$) ➡ $a>0$

② 위로 볼록 ($\smallfrown$) ➡ $a<0$

(2) **b의 부호**: 축의 위치에 따라 결정

① 축이 y축의 왼쪽에 위치

　➡ $a,\ b$는 서로 같은 부호 ($ab>0$)

② 축이 y축과 일치 ➡ $b=0$

③ 축이 y축의 오른쪽에 위치 ➡ $a,\ b$는 서로 다른 부호 ($ab<0$)

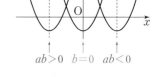

(3) **c의 부호**: y축과의 교점의 위치에 따라 결정

① y축과의 교점이 x축의 위쪽에 위치 ➡ $c>0$

② y축과의 교점이 원점에 위치 ➡ $c=0$

③ y축과의 교점이 x축의 아래쪽에 위치 ➡ $c<0$

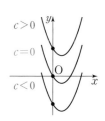

개념 1 이차함수 $y=ax^2+bx+c$의 그래프

0730 다음은 이차함수 $y=-3x^2-6x-5$를 $y=a(x-p)^2+q$ 꼴로 나타내는 과정이다. □ 안에 알맞은 수를 써넣으시오.

$$y=-3x^2-6x-5$$
$$=-3(x^2+\boxed{}x)-5$$
$$=-3(x^2+\boxed{}x+\boxed{}-\boxed{})-5$$
$$=-3(x+\boxed{})^2-\boxed{}$$

0731 다음 이차함수를 $y=a(x-p)^2+q$ 꼴로 나타내시오.

(1) $y=x^2+8x+2$

(2) $y=-x^2+4x+7$

(3) $y=2x^2-10x+9$

(4) $y=\dfrac{1}{2}x^2-x+3$

0732 다음 이차함수의 그래프의 꼭짓점의 좌표와 축의 방정식을 각각 구하시오.

(1) $y=3x^2-6x-2$

(2) $y=-2x^2+12x+10$

(3) $y=-4x^2-4x-2$

(4) $y=-\dfrac{1}{3}x^2-2x-3$

0733 다음 이차함수의 그래프와 x축, y축과의 교점의 좌표를 각각 구하시오.

(1) $y=x^2-3x+2$

(2) $y=-x^2+7x-10$

(3) $y=\dfrac{1}{4}x^2-x-3$

개념 2 이차함수 $y=ax^2+bx+c$의 그래프에서 a, b, c의 부호

0734 이차함수 $y=ax^2+bx+c$의 그래프가 오른쪽 그림과 같을 때, ◯ 안에 알맞은 부등호를 써넣으시오.
(단, a, b, c는 상수)

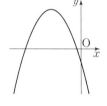

(1) 그래프가 아래로 볼록하므로
a ◯ 0

(2) 그래프의 축이 y축의 오른쪽에 있으므로
ab ◯ 0 ∴ b ◯ 0

(3) y축과의 교점이 x축의 위쪽에 있으므로
c ◯ 0

0735 이차함수 $y=ax^2+bx+c$의 그래프가 오른쪽 그림과 같을 때, ◯ 안에 알맞은 부등호를 써넣으시오.
(단, a, b, c는 상수)

(1) 그래프가 위로 볼록하므로
a ◯ 0

(2) 그래프의 축이 y축의 왼쪽에 있으므로
ab ◯ 0 ∴ b ◯ 0

(3) y축과의 교점이 x축의 아래쪽에 있으므로
c ◯ 0

08
이차함수와 그래프(2)

개념 **3**

이차함수의 식 구하기

> 유형 10~13

(1) **꼭짓점의 좌표 (p, q)와 그래프 위의 다른 한 점의 좌표를 알 때**

    ❶ 이차함수의 식을 $y = a(x-p)^2 + q$로 놓는다.

    ❷ 이 식에 다른 한 점의 좌표를 대입하여 a의 값을 구한다.

(2) **축의 방정식 $x = p$와 그래프 위의 서로 다른 두 점의 좌표를 알 때**

    ❶ 이차함수의 식을 $y = a(x-p)^2 + q$로 놓는다.

    ❷ 이 식에 두 점의 좌표를 각각 대입하여 a, q의 값을 구한다.

(3) **y축과의 교점 $(0, k)$와 그래프 위의 서로 다른 두 점의 좌표를 알 때**

    ❶ 이차함수의 식을 $y = ax^2 + bx + k$로 놓는다.

    ❷ 이 식에 두 점의 좌표를 각각 대입하여 a, b의 값을 구한다.

(4) **x축과의 두 교점의 좌표 $(m, 0), (n, 0)$과 그래프 위의 다른 한 점의 좌표를 알 때**

    ❶ 이차함수의 식을 $y = a(x-m)(x-n)$으로 놓는다.

    ❷ 이 식에 다른 한 점의 좌표를 대입하여 a의 값을 구한다.

    참고 x축과의 두 교점의 좌표가 $(m, 0), (n, 0)$인 이차함수의 그래프

       ➡ 두 점 $(m, 0), (n, 0)$이 축에 대칭이므로 축의 방정식은 $x = \dfrac{m+n}{2}$

개념 **4**

이차함수의 그래프 위의 세 점을 꼭짓점으로 하는 삼각형의 넓이

> 유형 14

이차함수 $y = ax^2 + bx + c$의 그래프에서 $\triangle ABC$, $\triangle A'BC$의 넓이는 네 점 A, A', B, C의 좌표를 이용하여 구한다.

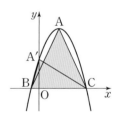

(1) **점 A의 좌표**

    ➡ $y = a(x-p)^2 + q$ 꼴로 고쳐서 구한다.

    ➡ A(p, q)

(2) **점 A'의 좌표**

    ➡ A'$(0, c)$

(3) **두 점 B, C의 좌표**

    ➡ 이차방정식 $ax^2 + bx + c = 0$의 해를 구한다.

(4) **$\triangle ABC$, $\triangle A'BC$의 넓이**

    ➡ $\triangle ABC = \dfrac{1}{2} \times \overline{BC} \times |q|$

       $\triangle A'BC = \dfrac{1}{2} \times \overline{BC} \times |c|$

개념 3 이차함수의 식 구하기

0736 다음 이차함수의 식을 $y=a(x-p)^2+q$ 꼴로 나타내시오.

(1) 꼭짓점의 좌표가 $(3, 1)$이고, 점 $(-1, 5)$를 지나는 포물선을 그래프로 하는 이차함수의 식

(2) 꼭짓점의 좌표가 $(2, -1)$이고, 점 $(1, -6)$을 지나는 포물선을 그래프로 하는 이차함수의 식

0737 오른쪽 그림과 같은 포물선을 그래프로 하는 이차함수의 식을 $y=a(x-p)^2+q$ 꼴로 나타내시오.

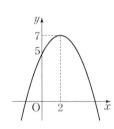

0738 다음 이차함수의 식을 $y=a(x-p)^2+q$ 꼴로 나타내시오.

(1) 축의 방정식이 $x=3$이고, 두 점 $(2, -6)$, $(5, 3)$을 지나는 포물선을 그래프로 하는 이차함수의 식

(2) 축의 방정식이 $x=-1$이고, 두 점 $(-2, 7)$, $(3, -8)$을 지나는 포물선을 그래프로 하는 이차함수의 식

0739 오른쪽 그림과 같이 축의 방정식이 $x=-2$인 포물선을 그래프로 하는 이차함수의 식을 $y=a(x-p)^2+q$ 꼴로 나타내시오.

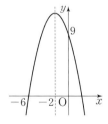

0740 다음 이차함수의 식을 $y=ax^2+bx+c$ 꼴로 나타내시오.

(1) 세 점 $(0, 5)$, $(-1, 0)$, $(1, 8)$을 지나는 포물선을 그래프로 하는 이차함수의 식

(2) 세 점 $(0, -3)$, $(3, -3)$, $(-1, -11)$을 지나는 포물선을 그래프로 하는 이차함수의 식

0741 오른쪽 그림과 같은 포물선을 그래프로 하는 이차함수의 식을 $y=ax^2+bx+c$ 꼴로 나타내시오.

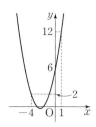

0742 다음 이차함수의 식을 $y=a(x-m)(x-n)$ 꼴로 나타내시오.

(1) x축과 두 점 $(1, 0)$, $(-5, 0)$에서 만나고 점 $(3, 8)$을 지나는 포물선을 그래프로 하는 이차함수의 식

(2) x축과 두 점 $(2, 0)$, $(7, 0)$에서 만나고 점 $(1, 12)$를 지나는 포물선을 그래프로 하는 이차함수의 식

0743 오른쪽 그림과 같은 포물선을 그래프로 하는 이차함수의 식을 $y=a(x-m)(x-n)$ 꼴로 나타내시오.

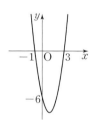

개념 4 이차함수의 그래프 위의 세 점을 꼭짓점으로 하는 삼각형의 넓이

0744 오른쪽 그림과 같이 이차함수 $y=-x^2+2x+3$의 그래프가 x축과 만나는 두 점을 각각 A, B라 하고, 꼭짓점을 C라 할 때, 다음을 구하시오. (단, 점 A의 x좌표는 점 B의 x좌표보다 작다.)

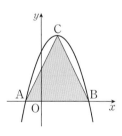

(1) 꼭짓점 C의 좌표

(2) 점 A, B의 좌표

(3) △ABC의 넓이

유형 1 이차함수 $y=ax^2+bx+c$를 $y=a(x-p)^2+q$ 꼴로 변형하기   > 개념 1

0745 이차함수 $y=3x^2-6x+5$를 $y=a(x-p)^2+q$ 꼴로 나타낼 때, apq의 값을 구하시오.

(단, a, p, q는 상수)

0746 다음 중 이차함수의 식을 $y=a(x-p)^2+q$ 꼴로 바르게 나타낸 것은? (단, a, p, q는 상수)

① $y=-2x^2+6x$ ➡ $y=-2\left(x-\dfrac{3}{2}\right)^2-\dfrac{9}{4}$

② $y=-x^2+2x-2$ ➡ $y=-(x+1)^2-1$

③ $y=x^2-2x-3$ ➡ $y=(x-1)^2-4$

④ $y=\dfrac{1}{2}x^2-x-\dfrac{1}{2}$ ➡ $y=\dfrac{1}{2}(x-1)^2+1$

⑤ $y=-\dfrac{2}{3}x^2+6x-1$ ➡ $y=-\dfrac{2}{3}\left(x-\dfrac{9}{2}\right)^2-\dfrac{29}{2}$

유형 2 이차함수 $y=ax^2+bx+c$의 그래프의 꼭짓점의 좌표와 축의 방정식   > 개념 1

0747 이차함수 $y=2x^2-2x+5$의 그래프의 꼭짓점의 좌표가 (p, q)일 때, $p+q$의 값을 구하시오.

0748 다음 이차함수의 그래프 중 꼭짓점이 제2사분면에 있는 것은?

① $y=\dfrac{1}{3}x^2-6x+10$ ② $y=x^2-2x+4$

③ $y=x^2+3x+1$ ④ $y=\dfrac{1}{2}x^2-4x+3$

⑤ $y=-2x^2-4x+1$

0749 이차함수 $y=3x^2-kx+11$의 그래프가 점 $(-3, 2)$를 지날 때, 이 그래프의 꼭짓점의 좌표를 구하시오. (단, k는 상수)

0750 이차함수 $y=-2x^2+2mx-10$의 그래프의 축의 방정식이 $x=2$일 때, 이 그래프의 꼭짓점의 y좌표는? (단, m은 상수)

① -4 ② -2 ③ 0

④ 2 ⑤ 4

0751 이차함수 $y=-x^2+4x-10$의 그래프와 이차함수 $y=x^2-2px+q$의 그래프의 꼭짓점이 일치할 때, 상수 p, q에 대하여 $p+q$의 값은?

① -4 ② -2 ③ 0

④ 2 ⑤ 4

서술형
0752 이차함수 $y=-x^2+2x+k$의 그래프의 꼭짓점이 직선 $y=x+1$ 위에 있을 때, 상수 k의 값을 구하시오.

유형 3 이차함수 $y=ax^2+bx+c$의 그래프와 축의 교점   **> 개념 1**

0753 이차함수 $y=3x^2-8x+4$의 그래프가 x축과 만나는 두 점의 x좌표가 각각 p, q이고, y축과 만나는 점의 y좌표가 r일 때, $p+q+r$의 값을 구하시오.

0754 이차함수 $y=-x^2-4x+5$의 그래프가 x축과 만나는 두 점을 각각 A, B라 할 때, $\overline{AB}$의 길이를 구하시오.

0755 이차함수 $y=-2x^2-3x+k$의 그래프가 점 $(-2, -6)$을 지날 때, 이 그래프가 y축과 만나는 점의 좌표를 구하시오. (단, k는 상수)

0756 오른쪽 그림과 같이 이차함수 $y=-\dfrac{1}{2}x^2+\dfrac{1}{2}x+k$의 그래프가 x축과 만나는 두 점을 각각 A, B라 할 때, $\overline{AB}=5$이다. 이때 상수 k의 값은?

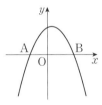

① 1 ② 2 ③ 3

④ 4 ⑤ 5

0757 다음 중 이차함수 $y=-\dfrac{5}{4}x^2-5x+1$의 그래프는?

①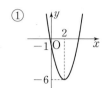
②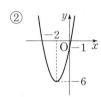
③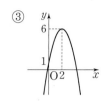

④
⑤

0758 다음 중 이차함수 $y=-3x^2-6x-2$의 그래프가 지나지 <u>않는</u> 사분면은?

① 제1사분면 ② 제2사분면 ③ 제3사분면

④ 제4사분면 ⑤ 없다.

0759 다음 이차함수의 그래프 중 x축과 서로 다른 두 점에서 만나는 것을 모두 고르면? (정답 2개)

① $y=-3x^2-3x-3$

② $y=-\dfrac{3}{2}x^2+2x$

③ $y=\dfrac{1}{4}x^2-5x+25$

④ $y=x^2+6x+10$

⑤ $y=4x^2+2x-1$

0760 다음 이차함수의 그래프 중 x축과 한 점에서 만나는 것은?

① $y=-x^2-4x+4$

② $y=\dfrac{1}{3}x^2+2x-2$

③ $y=x^2+x$

④ $y=x^2+\dfrac{1}{2}x+\dfrac{1}{4}$

⑤ $y=9x^2-6x+1$

0761 이차함수 $y=-\dfrac{1}{2}x^2+x+3k$의 그래프가 x축과 서로 다른 두 점에서 만나도록 하는 상수 k의 값의 범위를 구하시오.

0762 이차함수 $y=-3x^2+ax+b$의 그래프가 x축과 한 점에서 만나고, y축과 만나는 점의 y좌표가 -3이다. 상수 a, b에 대하여 $a-b$의 값은? (단, $a>0$)

① -6 ② -3 ③ 3

④ 6 ⑤ 9

유형 6   이차함수 $y=ax^2+bx+c$의 그래프의 증가, 감소   **> 개념 1**

0763 이차함수 $y=-x^2+8x-6$에서 x의 값이 증가할 때 y의 값도 증가하는 x의 값의 범위는?

① $x>-8$ ② $x>-6$ ③ $x>-4$

④ $x<4$ ⑤ $x<8$

0764 이차함수 $y=2x^2+2x-3$에서 x의 값이 증가할 때 y의 값은 감소하는 x의 값의 범위를 구하시오.

서술형

0765 이차함수 $y=-\dfrac{1}{2}x^2-kx-2$의 그래프가 점 $(2, -2)$를 지난다. 이 그래프에서 x의 값이 증가할 때 y의 값은 감소하는 x의 값의 범위를 구하시오.

(단, k는 상수)

0766 이차함수 $y=-\dfrac{1}{4}x^2+\dfrac{1}{2}mx+2m-1$의 그래프에서 $x<1$이면 x의 값이 증가할 때 y의 값도 증가하고, $x>1$이면 x의 값이 증가할 때 y의 값은 감소한다. 이 그래프의 꼭짓점의 좌표를 구하시오. (단, m은 상수)

0767 이차함수 $y=2x^2-8x+1$의 그래프를 x축의 방향으로 a만큼, y축의 방향으로 b만큼 평행이동하면 $y=2x^2+12x-2$의 그래프와 일치한다. 이때 ab의 값은?

① 55　　　　② 60　　　　③ 65

④ 70　　　　⑤ 75

→ **0768** 이차함수 $y=-x^2+x+1$의 그래프는 이차함수 $y=ax^2$의 그래프를 x축의 방향으로 b만큼, y축의 방향으로 c만큼 평행이동한 것이다. 이때 $a+2b+4c$의 값을 구하시오. (단, a는 상수)

서술형
0769 이차함수 $y=-4x^2+8x-1$의 그래프를 x축의 방향으로 -3만큼 평행이동한 그래프는 점 $(-2, k)$를 지난다. 이때 k의 값을 구하시오.

→ **0770** 이차함수 $y=4x^2-8x+5$의 그래프를 x축의 방향으로 a만큼, y축의 방향으로 3만큼 평행이동한 그래프의 꼭짓점의 좌표가 $(2, b)$일 때, $a+b$의 값을 구하시오.

0771 다음 중 이차함수 $y=-x^2-8x-7$의 그래프에 대한 설명으로 옳지 <u>않은</u> 것은?

① 축의 방정식은 $x=-4$이다.
② 함숫값의 범위는 $y\leq9$이다.
③ 꼭짓점의 좌표는 $(-4, 9)$이다.
④ $x<-4$일 때, x의 값이 증가하면 y의 값도 증가한다.
⑤ 이차함수 $y=x^2$의 그래프를 x축의 방향으로 -4만큼, y축의 방향으로 9만큼 평행이동한 그래프이다.

→ **0772** 이차함수 $y=\frac{1}{2}x^2-x+\frac{7}{2}$의 그래프를 x축의 방향으로 1만큼, y축의 방향으로 -2만큼 평행이동한 그래프에 대한 설명으로 옳은 것을 **보기**에서 모두 고른 것은?

보기
ㄱ. $y=-\frac{1}{2}x^2+3$의 그래프와 폭이 같다.
ㄴ. 꼭짓점의 좌표는 $(2, 1)$이다.
ㄷ. $x<2$일 때, x의 값이 증가하면 y의 값도 증가한다.
ㄹ. 그래프가 모든 사분면을 지난다.

① ㄱ, ㄴ　　　　② ㄱ, ㄷ　　　　③ ㄴ, ㄹ

④ ㄷ, ㄹ　　　　⑤ ㄱ, ㄴ, ㄹ

유형 9 이차함수 $y=ax^2+bx+c$의 그래프에서 a, b, c의 부호 > 개념 2

0773 이차함수 $y=ax^2+bx+c$의 그래프가 오른쪽 그림과 같을 때, 상수 a, b, c의 부호는?

① $a>0$, $b>0$, $c>0$

② $a>0$, $b<0$, $c<0$

③ $a<0$, $b<0$, $c<0$

④ $a<0$, $b<0$, $c>0$

⑤ $a<0$, $b>0$, $c<0$

0774 이차함수 $y=ax^2+bx+c$의 그래프가 오른쪽 그림과 같을 때, 다음 중 옳지 <u>않은</u> 것은? (단, a, b, c는 상수)

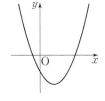

① $b<0$ ② $bc>0$ ③ $a-c>0$

④ $b+c<0$ ⑤ $abc<0$

0775 $a<0$, $b>0$, $c<0$일 때, 다음 중 이차함수 $y=cx^2+bx+a$의 그래프로 알맞은 것은? (단, a, b, c는 상수)

① 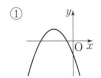 ② 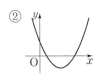 ③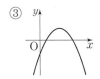

④ 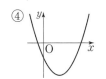 ⑤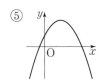

0776 $a<0$, $b<0$, $c<0$일 때, 이차함수 $y=ax^2+bx-c$의 그래프의 꼭짓점이 있는 사분면을 구하시오. (단, a, b, c는 상수)

0777 이차함수 $y=ax^2+bx-c$의 그래프가 오른쪽 그림과 같을 때, 이차함수 $y=cx^2+bx$의 그래프가 지나지 <u>않는</u> 사분면은? (단, a, b, c는 상수)

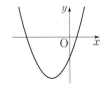

① 제1사분면 ② 제2사분면 ③ 제3사분면

④ 제4사분면 ⑤ 없다.

0778 이차함수 $y=ax^2+bx+c$의 그래프가 오른쪽 그림과 같을 때, 일차함수 $y=abx+ac$의 그래프가 지나지 <u>않는</u> 사분면을 구하시오.

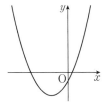

0779 꼭짓점의 좌표가 $(1, -6)$이고, y축의 교점의 y좌표가 3인 포물선을 그래프로 하는 이차함수의 식을 $y=ax^2+bx+c$라 할 때, $a-b+c$의 값을 구하시오.

(단, a, b, c는 상수)

0780 다음 중 꼭짓점의 좌표가 $(-6, 2)$이고, 점 $(-3, 8)$을 지나는 포물선을 그래프로 하는 이차함수의 식은?

① $y=-\dfrac{3}{2}x^2-8x-26$ ② $y=-\dfrac{2}{3}x^2-8x+26$

③ $y=-\dfrac{2}{3}x^2+8x+26$ ④ $y=\dfrac{2}{3}x^2-8x+26$

⑤ $y=\dfrac{2}{3}x^2+8x+26$

0781 오른쪽 그림과 같은 포물선을 그래프로 하는 이차함수의 식은?

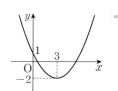

① $y=\dfrac{1}{3}x^2-2x+1$

② $y=\dfrac{1}{3}x^2+2x+1$

③ $y=\dfrac{2}{3}x^2-2x+1$

④ $y=\dfrac{2}{3}x^2+2x+1$

⑤ $y=3x^2+2x+1$

0782 오른쪽 그림과 같이 y축을 축으로 하는 이차함수의 그래프가 점 $(6, k)$를 지날 때, k의 값을 구하시오.

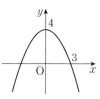

0783 다음 중 축의 방정식이 $x=-4$이고, 두 점 $(-2, 3)$, $(0, -9)$를 지나는 포물선을 그래프로 하는 이차함수의 식은?

① $y=-3x^2-9x+10$ ② $y=-2x^2+16x+9$

③ $y=-x^2-8x-9$ ④ $y=\dfrac{1}{2}x^2-4x+3$

⑤ $y=2x^2-4x-6$

0784 축의 방정식이 $x=-\dfrac{1}{2}$이고, 두 점 $(-1, 5)$, $(1, 13)$을 지나는 포물선을 그래프로 하는 이차함수의 식을 $y=ax^2+bx+c$라 할 때, $a+b-c$의 값을 구하시오.

(단, a, b, c는 상수)

서술형

0785 축의 방정식이 $x=4$이고, 두 점 $(1, -5)$, $(3, 3)$을 지나는 이차함수의 그래프가 x축과 만나는 두 점을 각각 A, B라 할 때, $\overline{AB}$의 길이를 구하시오.

0786 다음 조건을 모두 만족시키는 이차함수의 그래프를 나타내는 식을 $y=ax^2+bx+c$라 할 때, 상수 a, b, c에 대하여 $a+b-c$의 값을 구하시오.

> (개) 꼭짓점이 x축 위에 있다.
> (내) 축의 방정식이 $x=1$이다.
> (대) y축의 교점이 점 $(0, -4)$이다.

유형 12 이차함수의 식 구하기[3]: y축과의 교점과 다른 두 점을 알 때 　　　> 개념 3

★0787 세 점 $(0, -3)$, $(-1, 3)$, $(4, 13)$을 지나는 포물선을 그래프로 하는 이차함수의 식은?

① $y=-x^2+5x-3$ 　　② $y=-\dfrac{1}{2}x^2+3x-3$

③ $y=\dfrac{1}{4}x^2-x-3$ 　　④ $y=x^2-3x-3$

⑤ $y=2x^2-4x-3$

0788 세 점 $(0, 3)$, $(-4, 3)$, $(2, 0)$을 지나는 이차함수의 그래프의 꼭짓점의 좌표를 구하시오.

0789 오른쪽 그림과 같은 이차함수의 그래프가 점 $(4, k)$를 지날 때, k의 값을 구하시오.

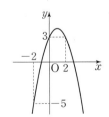

0790 이차함수 $y=ax^2+bx+c$의 그래프가 세 점 $(0, 2)$, $(1, 3)$, $(-1, 5)$를 지난다. 이때 이차함수 $y=bx^2+ax+c$의 그래프의 꼭짓점의 좌표를 구하시오.

(단, a, b, c는 상수)

0791 이차함수 $y=ax^2+bx+c$의 그래프가 x축과 두 점 $(-4, 0)$, $(2, 0)$에서 만나고 y축과 만나는 점의 y좌표가 -4일 때, $a+b+c$의 값을 구하시오.

(단, a, b, c는 상수)

서술형

0792 오른쪽 그림과 같은 이차함수의 그래프의 꼭짓점의 좌표를 구하시오.

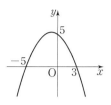

0793 이차함수 $y=-2x^2$의 그래프와 모양이 같고, x축과의 두 교점의 x좌표가 -3, 2인 포물선을 그래프로 하는 이차함수의 식은?

① $y=-2x^2-2x-6$ ② $y=-2x^2-2x+12$
③ $y=-2x^2+2x+12$ ④ $y=2x^2-2x-12$
⑤ $y=2x^2-2x+12$

0794 이차함수 $y=-x^2$의 그래프를 평행이동하였더니 x축과 두 점 $(-1, 0)$, $(4, 0)$에서 만날 때, 평행이동한 그래프가 y축과 만나는 점의 y좌표를 구하시오.

유형 14 이차함수의 그래프와 도형의 넓이 > 개념 4

0795 오른쪽 그림은 이차함수 $y=-2x^2+8x+10$의 그래프이다. y축의 교점을 A, x축의 두 교점을 각각 B, C라 할 때, △ABC의 넓이는?

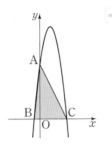

① 25   ② 30

③ 35   ④ 40

⑤ 45

→ **0796** 오른쪽 그림은 이차함수 $y=2x^2-12x+10$의 그래프이다. x축의 두 교점을 각각 A, B라 하고, 꼭 짓점을 C라 할 때, △ABC의 넓이는?

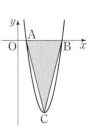

① 16   ② 18

③ 20   ④ 22

⑤ 24

0797 오른쪽 그림은 이차함수 $y=\dfrac{1}{2}x^2-2x-4$의 그래프이다. y축의 교점을 A, 꼭짓점을 B라 할 때, △OAB의 넓이를 구하시오.

(단, O는 원점)

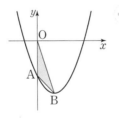

→ **0798** 오른쪽 그림은 이차함수 $y=-x^2+4x-3$의 그래프이다. x축의 교점을 각각 A, B라 하고 y축의 교점을 C라 하자. 점 C를 지나고 y축에 수직인 직선이 이 그래프와 만나는 다른 한 점을 D라 할 때, 사다리꼴 ACDB의 넓이는?

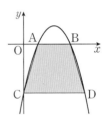

① 7   ② $\dfrac{15}{2}$ ③ 8

④ $\dfrac{17}{2}$ ⑤ 9

0799 이차함수 $y=-3x^2-12x+8$의 그래프의 꼭짓점의 좌표를 (p, q), 축의 방정식을 $x=r$라 할 때, $p+q+r$의 값은?

① 4   ② 8   ③ 12

④ 16   ⑤ 20

0800 이차함수 $y=x^2-4x+k$의 그래프가 x축과 만나는 두 점을 각각 A, B라 할 때, $\overline{\text{AB}}=6$이다. 이때 상수 k의 값은?

① -6 ② -5 ③ -4

④ -3 ⑤ -2

0801 다음 중 이차함수 $y=2x^2-4x-1$의 그래프는?

① 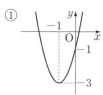   ② 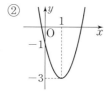   ③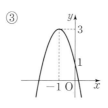

④ 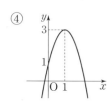   ⑤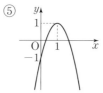

0802 이차함수 $y=-2x^2-12x+a$의 그래프가 x축에 접할 때, 상수 a의 값을 구하시오.

0803 이차함수 $y=\dfrac{3}{4}x^2+2kx+2$의 그래프가 점 $(-2, 3)$을 지난다. 이 그래프에서 x의 값이 증가할 때 y의 값도 증가하는 x의 값의 범위를 구하시오.

(단, k는 상수)

0804 이차함수 $y=x^2-4x+1$의 그래프는 이차함수 $y=x^2$의 그래프를 x축의 방향으로 a만큼, y축의 방향으로 b만큼 평행이동한 것이다. 이때 $a+b$의 값을 구하시오.

0805 다음 중 이차함수 $y=a(x+3)^2$의 그래프를 y축의 방향으로 -2만큼 평행이동한 그래프에 대한 설명으로 옳은 것은? (단, a는 상수)

① 축의 방정식은 변한다.

② 꼭짓점의 좌표는 변하지 않는다.

③ $a=\dfrac{2}{9}$일 때, 이 그래프는 점 $(0,\ -2)$를 지난다.

④ $a>0$일 때, $x>-3$인 범위에서 x의 값이 증가하면 y의 값도 증가한다.

⑤ $a<0$일 때, 그래프는 제2사분면을 지난다.

0806 이차함수 $y=ax^2+bx+c$의 그래프가 오른쪽 그림과 같을 때, 다음 중 이차함수 $y=cax^2+abx+bc$의 그래프로 알맞은 것은? (단, a, b, c는 상수)

①   ② 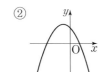   ③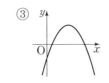

④   ⑤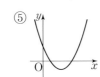

0807 꼭짓점의 좌표가 $(2,\ 7)$이고 점 $(4,\ -1)$을 지나는 포물선을 그래프로 하는 이차함수의 식은?

① $y=-2x^2-8x-1$ ② $y=-2x^2+8x-1$

③ $y=-x^2-4x+3$ ④ $y=-x^2+4x-1$

⑤ $y=x^2+4x+11$

0808 직선 $x=-2$를 축으로 하고, 두 점 $(-4,\ -1)$, $(-3,\ 2)$를 지나는 포물선을 그래프로 하는 이차함수의 식을 $y=ax^2+bx+c$라 할 때, $ab+c$의 값은?

(단, a, b, c는 상수)

① 1   ② 2   ③ 3

④ 4   ⑤ 5

0809 세 점 $(0,\ -2)$, $(-2,\ 6)$, $(3,\ 1)$을 지나는 이차함수의 그래프가 x축과 만나는 두 점을 각각 A, B라 할 때, $\overline{AB}$의 길이는?

① $\sqrt{3}$ ② $\sqrt{5}$ ③ $2\sqrt{3}$

④ $2\sqrt{6}$ ⑤ $4\sqrt{2}$

0810 x축과 두 점 $(-3,\ 0)$, $(5,\ 0)$에서 만나고 점 $(0,\ 10)$을 지나는 이차함수의 그래프의 꼭짓점의 y좌표를 구하시오.

0811 이차함수 $y=kx^2+6kx+9k+10$의 그래프가 모든 사분면을 지날 때, 정수 k의 값을 구하시오.

0812 두 이차함수
$y=x^2-2x-3,\ y=x^2-12x+32$
의 그래프가 오른쪽 그림과 같다.
두 점 B, C는 두 그래프의 꼭짓점
이고, 두 점 A, D는 각각 두 그래
프와 x축과의 교점일 때, □ABCD의 넓이를 구하시오.

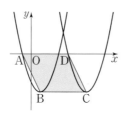

서술형

0813 오른쪽 그림과 같이 두 이차함수
$y=\dfrac{1}{2}x^2-6x+k+18,$
$y=-(x-2)^2+3k-6$의 그래프를 좌
표평면 위에 그렸더니 두 그래프의 꼭짓
점을 지나는 직선이 x축에 평행하였다.
이때 상수 k의 값을 구하시오.

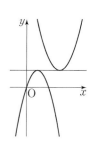

0814 오른쪽 그림은 두 이차함수
$y=x^2-9,\ y=-\dfrac{1}{3}x^2+k$의 그래프
이다. 두 그래프가 x축 위에서 만나는
두 점을 각각 A, B라 하고, 두 그래프
의 꼭짓점을 각각 C, D라 할 때,
□ACBD의 넓이를 구하시오. (단, k는 상수)

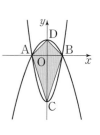

필수 문법부터 서술형까지 한 권에 다 담다!

with **workbook**

GRAMMAR Inside

LEVEL 2

A 4-level grammar course
with abundant writing practice

A Best-Selling
Grammar
Book

NE _ Neungyule

교재구성
**미리
보기**

시리즈 구성

STARTER

LEVEL 1

LEVEL 2

LEVEL 3

1 간결하고 명확한 핵심 문법 설명
꼭! 알아야 할 중학 영문법
필수 개념만 담은 4단계 구성

2 철저한 학교 내신 대비
실제 학교 시험과 가장 유사한 유형의 문제와
서술형 문제 대폭 수록

3 풍부한 양의 문제 수록
수업용 및 과제용으로 이용할 수 있는
두꺼운 Workbook 제공

필요충분한 수학유형서

NE 능률

G oodness 빼어난 문제
A nalysis 철저한 분석
K indness 친절한 해설

중등 수학 3-1

정답과 해설

거인의 어깨가 필요할 때

만약 내가 멀리 보았다면, 그것은 거인들의 어깨 위에 서 있었기 때문입니다.

If I have seen farther, it is by standing on the shoulders of giants.

오래전부터 인용되어 온 이 경구는, 성취는 혼자서 이룬 것이 아니라
많은 앞선 노력을 바탕으로 한 결과물이라는 의미를 담고 있습니다.
과학적으로 큰 성취를 이룬 뉴턴(Newton, I.; 1642~1727)도
과학적 공로에 관해 언쟁을 벌이며 경쟁자에게 보낸 편지에
이 문장을 인용하여 자신보다 앞서 과학적 발견을 이룬 과학자들의
도움을 많이 받았음을 고백하였다고 합니다.

수학은 어렵고, 잘하기까지 오랜 시간이 걸립니다.
그렇기에 수학을 공부할 때도 거인의 어깨가 필요합니다.

<각 GAK>은 여러분이 오를 수 있는 거인의 어깨가 되어
여러분의 수학 공부 여정을 함께 하겠습니다.
<각 GAK>의 어깨 위에서 여러분이 원하는
수학적 성취를 이루길 진심으로 기원합니다.

01 제곱근과 실수

0001 (1) ± 1 (2) ± 8 (3) $\pm\dfrac{3}{5}$ (4) 없다.

0002 (1) 0 (2) $\pm\sqrt{7}$ (3) ± 12 (4) ± 0.2 (5) 없다. (6) $\pm\dfrac{1}{11}$

0003 $6, -6, \sqrt{17}, -\sqrt{17}, \sqrt{5.2}, -\sqrt{5.2}, \dfrac{1}{3}, -\dfrac{1}{3}$

0004 (1) $\pm\sqrt{5}$ (2) $\sqrt{5}$ (3) $-\sqrt{5}$ (4) $\sqrt{5}$

0005 (1) 10 (2) -9 (3) 0.6 (4) $\pm\dfrac{3}{7}$

0006 (1) 5 (2) -7 (3) 0.6 (4) $\dfrac{3}{2}$

0007 (1) 15 (2) 7 (3) 10 (4) 2

0008 (1) $4a$ (2) $-a$

0009 (1) $-4a$ (2) a

0010 (1) < (2) < (3) < (4) >

0011 $8, \sqrt{75}, \sqrt{80}, 9$

0012 (1) 무 (2) 유 (3) 유 (4) 무 (5) 유 (6) 무

0013 (1) × (2) ○ (3) × (4) ○ (5) ○

0014 (1) 2.302 (2) 2.247 (3) 2.263 (4) 2.289

0015 (1) $\sqrt{10}, \sqrt{10}$ (2) $\sqrt{5}, 3+\sqrt{5}$

0016 (1) ○ (2) ○ (3) ×

0017 풀이 참조

0018 $\sqrt{8}, 0.6, \dfrac{1}{2}, 0, -\sqrt{\dfrac{1}{3}}, -\sqrt{5}$

0019 ⑤ **0020** ④ **0021** ④ **0022** ㄱ **0023** ① **0024** ⑤

0025 $\sqrt{29}$ **0026** $\sqrt{61}$ cm **0027** $\sqrt{63}$ **0028** $\sqrt{5}$ cm

0029 ④ **0030** 3 **0031** ④ **0032** ⑤ **0033** ⑤ **0034** $\sqrt{3^2}$ **0035** ①

0036 ③ **0037** ④ **0038** ⑤ **0039** 5.1 **0040** -10 **0041** ④

0042 ④ **0043** $-30a^2$ **0044** $-21a^2$ **0045** ③

0046 $2ab$ **0047** ⑤ **0048** ① **0049** ② **0050** $-2x+1$

0051 $-2a+\dfrac{2}{a}$ **0052** ③ **0053** ① **0054** 3 **0055** 24 **0056** ④

0057 10 **0058** ③ **0059** ② **0060** $(3, 8), (12, 4), (48, 2), (192, 1)$

0061 8 **0062** ⑤ **0063** ④ **0064** ⑤ **0065** 8 **0066** ④

0067 10 **0068** $\dfrac{1}{6}$ **0069** ③ **0070** ③ **0071** 10.09

0072 $-\sqrt{\dfrac{1}{2}}$ **0073** ③ **0074** ② **0075** ② **0076** 1 **0077** ④

0078 ③ **0079** 12 **0080** ② **0081** ⑤ **0082** ④ **0083** ③

0084 ⑤ **0085** 2개 **0086** ㄴ, ㄹ **0087** 41 **0088** 3개 **0089** ①

0090 ② **0091** ①, ③ **0092** ㄷ, ㄹ, ㅁ **0093** 3.591

0094 8.438 **0095** ⑤ **0096** ③ **0097** 29

0098 $P(5-\sqrt{8}), Q(5+\sqrt{8})$ **0099** ②, ④ **0100** 예림, 선아

0101 ③ **0102** ⑤

0103 A: $-\sqrt{7}$, D: $\sqrt{13}$ **0104** 구간 B, 구간 F, 구간 C **0105** ⑤

0106 ⑤ **0107** 22 **0108** ⑤ **0109** $1-\sqrt{5}<2-\sqrt{7}<3-\sqrt{3}<4-\sqrt{2}$

0110 가장 큰 수: $2-\sqrt{2}$, 가장 작은 수: $-\sqrt{10}$ **0111** ④ **0112** ⑤

0113 ⑤ **0114** ④ **0115** ③ **0116** ③ **0117** 6 **0118** ③ **0119** ⑤

0120 ② **0121** 2개 **0122** ①, ② **0123** 1809 **0124** ①

0125 ①, ⑤ **0126** ① **0127** ④ **0128** 6 **0129** $-\dfrac{7}{4}a^2$

0130 12

02 근호를 포함한 식의 계산

0131 (1) $\sqrt{15}$ (2) $2\sqrt{30}$ (3) $\sqrt{42}$ (4) $-20\sqrt{21}$ (5) $12\sqrt{22}$ (6) $\sqrt{6}$

0132 (1) $\sqrt{2}$ (2) $\sqrt{6}$ (3) $\sqrt{7}$ (4) $\dfrac{1}{\sqrt{5}}$

0133 (1) 3, 3 (2) 5, 5 (3) 10, 10

0134 (1) $3\sqrt{7}$ (2) $5\sqrt{2}$ (3) $-7\sqrt{2}$ (4) $-9\sqrt{2}$

0135 (1) $\sqrt{72}$ (2) $\sqrt{75}$ (3) $-\sqrt{90}$ (4) $-\sqrt{112}$

0136 (1) 5, 3, 5 (2) 18, 2, 2, 10

0137 (1) $\dfrac{\sqrt{7}}{6}$ (2) $\dfrac{\sqrt{3}}{7}$ (3) $\dfrac{\sqrt{3}}{10}$ (4) $\dfrac{\sqrt{6}}{5}$

0138 (1) $\dfrac{\sqrt{6}}{6}$ (2) $\sqrt{5}$ (3) $\dfrac{\sqrt{14}}{7}$ (4) $\dfrac{\sqrt{6}}{4}$ (5) $\dfrac{\sqrt{2}}{2}$ (6) $\dfrac{2\sqrt{3}}{9}$ (7) $\dfrac{3\sqrt{10}}{5}$

(8) $\dfrac{\sqrt{33}}{22}$

0139 (1) $7\sqrt{3}$ (2) $6\sqrt{2}$ (3) $-\sqrt{5}$ (4) $-3\sqrt{5}+12\sqrt{3}$ (5) $10\sqrt{13}-6\sqrt{7}$

0140 (가): 2, (나): 3, (다): 3, (라): 7, (마): 2

0141 (1) $\sqrt{2}$ (2) $5\sqrt{3}$ (3) $24\sqrt{5}$ (4) $2\sqrt{2}-3\sqrt{3}$ (5) $2\sqrt{2}+4\sqrt{3}$

0142 (1) $5\sqrt{2}+2\sqrt{6}$ (2) $3\sqrt{14}-14\sqrt{2}$ (3) $3\sqrt{3}-2\sqrt{6}$ (4) $3+\sqrt{5}$

(5) $\sqrt{15}-2\sqrt{3}$

0143 (가): $\sqrt{2}$, (나): 2, (다): 12, (라): 3

0144 (1) > (2) > (3) < (4) >

0145 ⑤ **0146** ⑤ **0147** $\dfrac{9}{7}$ **0148** 4 **0149** ② **0150** ④ **0151** 42

0152 6배 **0153** ② **0154** ⑤ **0155** ③ **0156** $x=7, y=5, z=1$

0157 ② **0158** ⑤ **0159** $\dfrac{1}{2}$ **0160** $\dfrac{1}{28}$ **0161** ⑤

0162 $\sqrt{210}, \sqrt{0.00023}$ **0163** 81700 **0164** 0.04472

0165 ③ **0166** ① **0167** ③ **0168** 10 **0169** ⑤ **0170** ① **0171** $\dfrac{9}{2}$

0172 2 **0173** $\dfrac{\sqrt{21}}{7}$ **0174** ④ **0175** 2 **0176** ⑤

0177 $10\sqrt{3}$ **0178** ① **0179** $\dfrac{4\sqrt{6}}{3}$ **0180** $\dfrac{8\sqrt{3}}{9}$

0181 $6\sqrt{5}$ cm **0182** $6\sqrt{3}$ cm **0183** ④ **0184** $\sqrt{5}\pi$ **0185** ③

0186 2 **0187** $-2\sqrt{3}$ **0188** ⑤ **0189** 15 **0190** 7 **0191** ④

0192 $2\sqrt{7}+4\sqrt{5}$ **0193** $\dfrac{2}{5}$ **0194** $-\dfrac{4\sqrt{15}}{15}$ **0195** -1

0196 $\dfrac{\sqrt{10}}{10}$ **0197** $3\sqrt{6}-2\sqrt{5}$ **0198** 1 **0199** $6+4\sqrt{3}$

0200 ① **0201** $\dfrac{1}{2}$ **0202** ⑤ **0203** (1) 4 (2) 9 **0204** $-\dfrac{\sqrt{45}}{2}$

0205 $9-2\sqrt{45}$ **0206** ④ **0207** $\sqrt{2}-1$ **0208** ⑤

0209 $2+10\sqrt{2}$ **0210** $-3\sqrt{2}+1$ **0211** $\dfrac{1+\sqrt{2}}{2}\pi$

0212 $4\sqrt{5}+5\sqrt{10}$ **0213** ② **0214** ④ **0215** ① **0216** ②

0217 $12\sqrt{2}$ cm **0218** 33 **0219** $72\sqrt{6}$ cm^3 **0220** $10\sqrt{2}$

0221 8 **0222** $\dfrac{17\sqrt{21}}{2}$ **0223** ② **0224** 21 **0225** ⑤ **0226** ④

0227 ② **0228** ③ **0229** $2\sqrt{6}$ **0230** ① **0231** ① **0232** ① **0233** ②

0234 ④ **0235** ⑤ **0236** $(7\sqrt{2}+21)$ m^2 **0237** $2\sqrt{3}$ **0238** $\dfrac{4\sqrt{3}}{3}-2\sqrt{2}$

0239 (1) $3xy-15x+2y-10$　(2) $-3ac+ad-6bc+2bd$
(3) $3x^2+5xy-2y^2+3x-y$
0240 (1) x^2+6x+9　(2) $16x^2+8x+1$　(3) $4a^2+20ab+25b^2$
(4) $\dfrac{1}{9}a^2+\dfrac{2}{3}a+1$　(5) $a^2-12ab+36b^2$　(6) $9x^2+6xy+y^2$
(7) $25x^2-20xy+4y^2$　(8) $x^2-\dfrac{2}{7}x+\dfrac{1}{49}$
0241 (1) 3, 9　(2) 10, 100
0242 (1) x^2-16　(2) $25x^2-9y^2$　(3) $9-16x^2$　(4) $\dfrac{1}{9}x^2-\dfrac{1}{4}$
0243 (1) $a^2+11a+18$　(2) x^2+6x-7　(3) $a^2-8a+15$
(4) $x^2-\dfrac{1}{6}x-\dfrac{1}{6}$　(5) $x^2+3xy-10y^2$
0244 (1) 3, 4　(2) 5, 2
0245 (1) $2x^2+9x+4$　(2) $6a^2-a-12$　(3) $6x^2-23x+7$
(4) $6x^2+13xy-15y^2$　(5) $10x^2+\dfrac{4}{3}xy-\dfrac{1}{2}y^2$
0246 (1) 3, 5　(2) 2, 7
0247 (1) 10, $x^2+2xy+y^2$　(2) 4, 3
0248 (1) 3, 9, 10609　(2) 2, 400, 9604　(3) 60, 60, 3600, 3596
(4) 5, 5, 25, 24.99　(5) 80, 80, 320, 6723　(6) 200, 200, 40000, 39402
0249 (1) $\sqrt{5}+2$　(2) $\dfrac{\sqrt{3}-1}{2}$　(3) $2\sqrt{3}+3$　(4) $\dfrac{7-3\sqrt{5}}{2}$
(5) $\sqrt{10}-3$　(6) $3+2\sqrt{2}$　(7) $3\sqrt{2}+4$　(8) $2\sqrt{3}-\sqrt{7}$
0250 (1) $2xy$, 4, 12　(2) $4xy$, 8, 8
0251 (1) $2xy$, 1, 17　(2) $4xy$, 2, 16
0252 (1) $2xy$, -2, 18　(2) $4xy$, -4, 16
0253 ②　**0254** ①　**0255** ③　**0256** 22　**0257** ⑤　**0258** 58　**0259** ③
0260 $17x^2+14xy+34y^2$　**0261** 7　**0262** ②　**0263** -17
0264 ③　**0265** 31　**0266** $-\dfrac{2}{11}$　**0267** ⑤　**0268** 6　**0269** ③
0270 ④　**0271** ①　**0272** $15x^2+22x-5$　**0273** $20a^2-9a+1$　**0274** ④
0275 $2a^2+3a-35$　**0276** $6\pi xy$　**0277** ②　**0278** ④　**0279** ④
0280 ①　**0281** $x^4-2x^3-21x^2+22x+40$　**0282** 48　**0283** ③
0284 ①　**0285** ③　**0286** ④　**0287** 8　**0288** 11　**0289** ⑤　**0290** ③
0291 ③　**0292** 1　**0293** 14　**0294** ④　**0295** ⑤　**0296** 12　**0297** ①
0298 16　**0299** 17　**0300** 47　**0301** ⑤　**0302** 13　**0303** ③
0304 ③　**0305** ④　**0306** 5　**0307** ③　**0308** 254　**0309** ④
0310 -4　**0311** ②　**0312** 4　**0313** ③　**0314** ①　**0315** ③　**0316** ⑤
0317 ①　**0318** ①　**0319** ⑤　**0320** ⑤　**0321** 8196　**0322** ②
0323 4　**0324** ②　**0325** ②　**0326** ②　**0327** 15　**0328** ④　**0329** ④
0330 $3+4\sqrt{6}$　**0331** 27　**0332** 57

0333 (1) $x(x+3)$　(2) $ab(a+4)$　(3) $x^2(x-y+z)$　(4) $2y(x^2-3)$
(5) $x(a+2b-7)$　(6) $-5xy^2(1-2xy)$
0334 (1) $(x+8)^2$　(2) $(a-6b)^2$　(3) $(4x-3)^2$　(4) $\left(x-\dfrac{1}{5}\right)^2$
0335 (1) 81　(2) $\dfrac{1}{4}$　(3) ±8　(4) ±14　(5) 9　(6) ±24
0336 (1) $(x+3)(x-3)$　(2) $(4x+1)(4x-1)$　(3) $(2a+3b)(2a-3b)$
(4) $(5a+b)(5a-b)$　(5) $(6+x)(6-x)$　(6) $3(a+3)(a-3)$
(7) $6(x+2y)(x-2y)$　(8) $\left(\dfrac{1}{3}x+\dfrac{1}{2}y\right)\left(\dfrac{1}{3}x-\dfrac{1}{2}y\right)$
0337 (가): -3, (나): $-3x$, (다): $-6x$, (라): 3
0338 (1) $(x-1)(x-3)$　(2) $(x+5)(x-3)$　(3) $(x+3)(x-8)$
(4) $(x-5y)(x-6y)$
0339 (가): $3x$, (나): -1, (다): 4, (라): $-3x$, (마): 1, (바): $3x$
0340 (1) $(2x-3)(x+5)$　(2) $(3x+1)(x-2)$　(3) $(3x-1)(3x-2)$
(4) $(5x+9)(x-4)$　(5) $(2x-3y)(x+2y)$　(6) $(5x-2y)(x-y)$
0341 (1) $y(x-6)^2$　(2) $x(x+1)(x-1)$
(3) $ab(2a+1)(2a-1)$　(4) $3x(y-4)(y+3)$
0342 (1) $(a+b-3)^2$　(2) $(a+3)(a-3)$　(3) $(x+8)(x-2)$
(4) $(2x-y-3)(2x-y-1)$
0343 (1) $x+y$　(2) $b+1$
0344 (1) $x+3$　(2) $x-5$
0345 (1) 32　(2) 10000　(3) 10000　(4) $-4\sqrt{2}$　(5) 12000
0346 (1) 2500　(2) 3600　(3) 200　(4) 1280　(5) 5
0347 ③　**0348** ③　**0349** ④　**0350** ㄱ, ㄷ, ㅁ　**0351** ⑤　**0352** ③
0353 ⑤　**0354** $2x-3$　**0355** ①　**0356** ④　**0357** $-\dfrac{7}{4}$
0358 124　**0359** 1　**0360** ①　**0361** 10　**0362** ①　**0363** $\dfrac{25}{3}$　**0364** ④
0365 ③　**0366** $3a$　**0367** ④　**0368** ①　**0369** ③, ⑤　**0370** ④
0371 ⑤　**0372** ①　**0373** ②　**0374** 22　**0375** ③　**0376** ④　**0377** 5
0378 ③　**0379** ④　**0380** ①　**0381** ②　**0382** 19　**0383** ②　**0384** 2
0385 ④　**0386** ㄴ, ㄷ　**0387** ②　**0388** ④　**0389** ②
0390 13　**0391** ④　**0392** $(x-2)(x-6)$　**0393** $(x+3)(5x-2)$
0394 4　**0395** ③　**0396** $3x+2$　**0397** ①　**0398** $3a-1$
0399 ④　**0400** $6x+8$　**0401** $(a-7b)(x+y)$
0402 ①　**0403** ④　**0404** ④　**0405** ②　**0406** ②
0407 $2x^2+4x+10$　**0408** 4　**0409** ③, ⑤　**0410** -15
0411 81　**0412** $(x^2+3x+6)(x^2+9x+6)$
0413 $(y+3)(x+3)(x-3)$　**0414** ⑤　**0415** ⑤　**0416** ①　**0417** 10
0418 ③　**0419** ①　**0420** ②　**0421** ③　**0422** $2x-y+3$　**0423** ④
0424 4　**0425** ③　**0426** 50045　**0427** ③　**0428** 64
0429 ④　**0430** 16　**0431** $24\sqrt{7}$　**0432** 15　**0433** 39
0434 $\dfrac{31}{3}$　**0435** $x+10$　**0436** $12a+8$　**0437** ②
0438 630π　**0439** 15　**0440** $60\pi\ \text{m}^2$　**0441** ④
0442 ④　**0443** 2　**0444** ⑤　**0445** ②　**0446** ①　**0447** -33
0448 ④　**0449** 3　**0450** ②　**0451** -9　**0452** ④　**0453** ④
0454 47　**0455** ④　**0456** $(3x-y+4)(3x-y-4)$　**0457** ②
0458 $6x-6$　**0459** ③　**0460** ①　**0461** 5　**0462** 40

05 이차방정식(1)

0463 (1) ○ (2) × (3) × (4) × (5) ○

0464 $a \neq 0$

0465 (1) × (2) × (3) ○ (4) ○

0466 (1) $x=-1$ 또는 $x=0$ (2) $x=1$ (3) $x=-1$

0467 (1) $x=0$ 또는 $x=-1$ (2) $x=-5$ 또는 $x=3$

(3) $x=-2$ 또는 $x=1$ (4) $x=-\dfrac{7}{2}$ 또는 $x=-\dfrac{1}{3}$

0468 (1) $x=-6$ 또는 $x=6$ (2) $x=-\dfrac{2}{3}$ 또는 $x=\dfrac{2}{3}$

(3) $x=0$ 또는 $x=5$ (4) $x=2$ 또는 $x=4$

(5) $x=-\dfrac{2}{3}$ 또는 $x=1$ (6) $x=-3$ 또는 $x=\dfrac{1}{2}$

0469 (1) $x=-3$ (2) $x=-1$ (3) $x=\dfrac{5}{2}$

0470 (1) $x=\pm\sqrt{15}$ (2) $x=\pm2\sqrt{2}$ (3) $x=\pm\dfrac{5}{2}$

0471 (1) $x=-5$ 또는 $x=9$ (2) $x=4\pm\sqrt{5}$

(3) $x=-1\pm\sqrt{6}$ (4) $x=5\pm2\sqrt{3}$

0472 36, 36, 6, 28

0473 (1) $(x-1)^2=3$ (2) $(x-3)^2=7$

(3) $(x+4)^2=17$ (4) $(x+3)^2=\dfrac{13}{2}$

0474 4, 4, 2, 5, 2, $\pm\sqrt{5}$, $-2\pm\sqrt{5}$

0475 (1) $x=5\pm\sqrt{35}$ (2) $x=-9\pm2\sqrt{10}$

(3) $x=-2\pm\sqrt{2}$ (4) $x=-3\pm3\sqrt{3}$

0476 ②, ④ **0477** ③, ⑤ **0478** ④ **0479** ③

0480 ④ **0481** ② **0482** ② **0483** 0 **0484** ① **0485** 8 **0486** 9

0487 11 **0488** ② **0489** ④ **0490** ④ **0491** ㄴ, ㄹ

0492 $\dfrac{9}{2}$ **0493** ③ **0494** 4 **0495** $x=-9$ 또는 $x=1$

0496 -3 **0497** $x=-3$ 또는 $x=1$ **0498** -14

0499 $-\dfrac{3}{2}$ **0500** $x=5$ **0501** ① **0502** 3

0503 12 **0504** ②, ④ **0505** ⑤ **0506** 20 **0507** -1

0508 ② **0509** $x=-3$ **0510** $\dfrac{81}{2}$ **0511** $a=-2$, $x=2$ **0512** ⑤

0513 ⑤ **0514** ④ **0515** $x=-3-\sqrt{7}$ **0516** ③ **0517** 3

0518 -1 **0519** ④ **0520** ④ **0521** ③ **0522** ⑤ **0523** -22

0524 ② **0525** 20 **0526** -18 **0527** 6 **0528** ② **0529** ①

0530 2 **0531** ④ **0532** ④ **0533** ② **0534** -14

0535 -2 **0536** ④ **0537** ④ **0538** 1 **0539** 22 **0540** 28 **0541** 48

0542 $a=-5$일 때 $x=4$, $a=3$일 때 $x=-4$ **0543** 5

06 이차방정식(2)

0544 $-\dfrac{c}{a}$, $\dfrac{b}{2a}$, $-\dfrac{c}{a}$, $\dfrac{b}{2a}$, $\dfrac{b}{2a}$, b^2-4ac, $\dfrac{b}{2a}$, b^2-4ac, $-b$, b^2-4ac

0545 (1) $x=\dfrac{-3\pm\sqrt{5}}{2}$ (2) $x=\dfrac{3\pm\sqrt{3}}{2}$ (3) $x=2\pm\sqrt{5}$ (4) $x=\dfrac{5\pm\sqrt{17}}{2}$

0546 (1) $x=-4$ 또는 $x=6$ (2) $x=\dfrac{9\pm\sqrt{69}}{4}$

0547 (1) $A^2+5A-14=0$ (2) $A=-7$ 또는 $A=2$ (3) $x=-8$ 또는 $x=1$

0548 -7, 0, 0, 1, 49, 2

0549 (1) 0 (2) 1

0550 (1) $x^2-5x-14=0$ (2) $x^2-8x+16=0$ (3) $x^2-\dfrac{1}{2}x=0$

0551 (1) $4x^2-8x-12=0$ (2) $4x^2-12x+9=0$

0552 (1) $x+2$ (2) 11, 13

0553 ⑤ **0554** ① **0555** 33 **0556** $\dfrac{4}{3}$ **0557** -3 **0558** -6

0559 11 **0560** 56 **0561** ② **0562** 4 **0563** $x=2$

0564 $k=-15$, $x=-3$

0565 (1) $A^2+5A=14$ (2) $A=-7$ 또는 $A=2$ (3) $x=-9$ 또는 $x=0$

0566 $x=\dfrac{2}{3}$ 또는 $x=\dfrac{5}{2}$ **0567** ① **0568** 3 **0569** 3 **0570** 2

0571 ③ **0572** -1 **0573** ⑤ **0574** ㄱ, ㄴ **0575** ② **0576** ①

0577 ⑤ **0578** ⑤ **0579** ①, ② **0580** ⑤

0581 $3x^2+5x-2=0$ **0582** ① **0583** 5 **0584** -6

0585 $x^2+x-12=0$ **0586** 3 **0587** -16 **0588** -3 **0589** ②

0590 -10 **0591** $x=-2$ 또는 $x=6$ **0592** -24

0593 ⑤ **0594** 16 **0595** 9단계 **0596** 12단계

0597 55 **0598** 47 **0599** 24 **0600** 26 **0601** ③ **0602** ④ **0603** ⑤

0604 1초 후, 3초 후 **0605** 6 cm **0606** 4 cm

0607 12 cm **0608** $\dfrac{-5+5\sqrt{5}}{2}$ **0609** $(1+\sqrt{3})$ cm

0610 $10+10\sqrt{2}$ **0611** 2 m **0612** 8초 후 **0613** 17 cm

0614 3 cm 또는 12 cm **0615** 3 m **0616** ② **0617** 6

0618 -4 **0619** ⑤ **0620** -4 **0621** ③ **0622** ④ **0623** 1 **0624** ③

0625 ⑤ **0626** 21명 **0627** 73 **0628** 8초 **0629** 45 cm²

0630 2 cm **0631** ② **0632** ③ **0633** ④ **0634** 2초 후

0635 $\dfrac{1}{18}$ **0636** 12월 27일

07 이차함수와 그래프(1)

0637 (1) × (2) ○ (3) ○ (4) × (5) ×

0638 (1) $y=4(x+1)$ 또는 $y=4x+4$, ×

(2) $y=x(x+6)$ 또는 $y=x^2+6x$, ○ (3) $y=x^3$, × (4) $y=\pi x^2$, ○

0639 (1) 24 (2) 3 (3) 3 (4) 9

0640 (1) 아래 (2) 0, 0 (3) y (4) $-x^2$

0641 (1) 0, 0, y (2) 위 (3) 감소 (4) -8

0642 (1) ㄴ, ㄹ, ㅁ (2) ㄷ (3) ㄱ, ㅁ

0643 (1) $y=\dfrac{2}{3}x^2+2$ (2) $y=-5x^2-3$

0644 (1) 꼭짓점의 좌표: $(0, 1)$, 축의 방정식: $x=0$

(2) 꼭짓점의 좌표: $(0, -2)$, 축의 방정식: $x=0$

0645 (1) 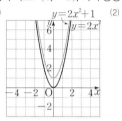 (2)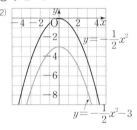

0646 (1) $y=\dfrac{2}{3}(x-2)^2$ (2) $y=-5(x+3)^2$

0647 (1) 꼭짓점의 좌표: $(-6, 0)$, 축의 방정식: $x=-6$

(2) 꼭짓점의 좌표: $(5, 0)$, 축의 방정식: $x=5$

0648 (1) 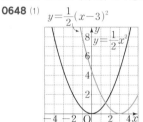 (2)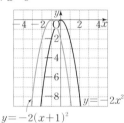

0649 (1) $y=4(x-1)^2-3$ (2) $y=-2\left(x-\dfrac{1}{3}\right)^2-\dfrac{1}{3}$

0650 (1) 꼭짓점의 좌표: $(-3, -4)$, 축의 방정식: $x=-3$

(2) 꼭짓점의 좌표: $\left(\dfrac{4}{3}, \dfrac{1}{3}\right)$, 축의 방정식: $x=\dfrac{4}{3}$

0651 (1) (2)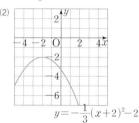

0652 ④ **0653** ㄱ, ㄹ, ㅁ **0654** ②, ③ **0655** ㄴ, ㄷ, ㄹ

0656 ① **0657** $a\neq 3$ **0658** ③, ④ **0659** ①, ④

0660 ① **0661** 7 **0662** ⑤ **0663** 10 **0664** ① **0665** ⑤ **0666** ④

0667 ㄴ, ㄷ **0668** ① **0669** ② **0670** ②, ⑤

0671 -1 **0672** ③ **0673** ②, ⑤ **0674** 16 **0675** 4 **0676** 5

0677 18 **0678** $y=\dfrac{3}{2}x^2$ **0679** -8 **0680** $y=-\dfrac{1}{2}x^2$ **0681** ⑤

0682 -6 **0683** ①, ⑤ **0684** 3 **0685** $-\dfrac{1}{2}$ **0686** ②

0687 ④ **0688** 2 **0689** $x<-4$ **0690** 5 **0691** ③, ⑤

0692 ⑤ **0693** ① **0694** 1 **0695** 1 **0696** ① **0697** $-\dfrac{1}{2}$

0698 -6 **0699** -3 **0700** ① **0701** ① **0702** 1

0703 $y=3(x-3)^2-5$ **0704** 3 **0705** ④

0706 $a<0$, $p>0$, $q<0$ **0707** ④ **0708** ① **0709** ④ **0710** ④

0711 ②, ③ **0712** ③, ⑤ **0713** ④ **0714** ㉡, ㉠, ㉢, ㉣

0715 ② **0716** ④ **0717** $\dfrac{3}{2}$ **0718** ① **0719** 8 **0720** ② **0721** ③

0722 -9 **0723** ③ **0724** -1 **0725** ② **0726** 30 **0727** 1 **0728** 3

0729 $(-4, -6)$

08 이차함수와 그래프(2)

0730 2, 2, 1, 1, 1, 2

0731 (1) $y=(x+4)^2-14$ (2) $y=-(x-2)^2+11$

(3) $y=2\left(x-\dfrac{5}{2}\right)^2-\dfrac{7}{2}$ (4) $y=\dfrac{1}{2}(x-1)^2+\dfrac{5}{2}$

0732 (1) 꼭짓점의 좌표: $(1, -5)$, 축의 방정식: $x=1$

(2) 꼭짓점의 좌표: $(3, 28)$, 축의 방정식: $x=3$

(3) 꼭짓점의 좌표: $\left(-\dfrac{1}{2}, -1\right)$, 축의 방정식: $x=-\dfrac{1}{2}$

(4) 꼭짓점의 좌표: $(-3, 0)$, 축의 방정식: $x=-3$

0733 (1) x축: $(1, 0)$, $(2, 0)$, y축: $(0, 2)$

(2) x축: $(2, 0)$, $(5, 0)$, y축: $(0, -10)$

(3) x축: $(-2, 0)$, $(6, 0)$, y축: $(0, -3)$

0734 (1) > (2) <, < (3) >

0735 (1) < (2) >, < (3) <

0736 (1) $y=\dfrac{1}{4}(x-3)^2+1$ (2) $y=-5(x-2)^2-1$

0737 $y=-\dfrac{1}{2}(x-2)^2+7$

0738 (1) $y=3(x-3)^2-9$ (2) $y=-(x+1)^2+8$

0739 $y=-\dfrac{3}{4}(x+2)^2+12$

0740 (1) $y=-x^2+4x+5$ (2) $y=-2x^2+6x-3$

0741 $y=x^2+5x+6$

0742 (1) $y=\dfrac{1}{2}(x-1)(x+5)$ (2) $y=2(x-2)(x-7)$

0743 $y=2(x+1)(x-3)$

0744 (1) $C(1, 4)$ (2) $A(-1, 0)$, $B(3, 0)$ (3) 8

0745 6 **0746** ③ **0747** 5 **0748** ⑤ **0749** $(-2, -1)$ **0750** ②

0751 ③ **0752** 1 **0753** $\dfrac{20}{3}$ **0754** 6 **0755** $(0, -4)$ **0756** ③

0757 ④ **0758** ① **0759** ②, ⑤ **0760** ⑤ **0761** $k>-\dfrac{1}{6}$

0762 ⑤ **0763** ④ **0764** $x<-\dfrac{1}{2}$ **0765** $x>1$

0766 $\left(1, \dfrac{5}{4}\right)$ **0767** ③ **0768** 5 **0769** 3 **0770** 5 **0771** ⑤

0772 ① **0773** ⑤ **0774** ⑤ **0775** ③ **0776** 제2사분면 **0777** ④

0778 제2사분면 **0779** 30 **0780** ⑤ **0781** ① **0782** -12

0783 ③ **0784** 3 **0785** 4 **0786** 8 **0787** ⑤ **0788** $(-2, 4)$

0789 -5 **0790** $(1, 3)$ **0791** $-\dfrac{5}{2}$ **0792** $\left(-1, \dfrac{16}{3}\right)$

0793 ② **0794** 4 **0795** ② **0796** ① **0797** 4 **0798** ⑤ **0799** ④

0800 ② **0801** ② **0802** -18 **0803** $x>-\dfrac{2}{3}$

0804 -1 **0805** ④ **0806** ② **0807** ② **0808** ③ **0809** ③

0810 $\dfrac{32}{3}$ **0811** -1 **0812** 20 **0813** 3 **0814** 36

01 제곱근과 실수

I. 실수와 그 계산

step A 개념 익히고,

본문 9, 11쪽

0001 🔘 (1) ±1 (2) ±8 (3) $\pm\dfrac{3}{5}$ (4) 없다.

0002 🔘 (1) 0 (2) $\pm\sqrt{7}$ (3) ±12 (4) ±0.2 (5) 없다.

(6) $\pm\dfrac{1}{11}$

0003 🔘

x	x의 양의 제곱근	x의 음의 제곱근
36	6	-6
17	$\sqrt{17}$	$-\sqrt{17}$
5.2	$\sqrt{5.2}$	$-\sqrt{5.2}$
$\dfrac{1}{9}$	$\dfrac{1}{3}$	$-\dfrac{1}{3}$

0004 🔘 (1) $\pm\sqrt{5}$ (2) $\sqrt{5}$ (3) $-\sqrt{5}$ (4) $\sqrt{5}$

0005 🔘 (1) 10 (2) -9 (3) 0.6 (4) $\pm\dfrac{3}{7}$

0006 🔘 (1) 5 (2) -7 (3) 0.6 (4) $\dfrac{3}{2}$

0007 (1) $\sqrt{2^2}+\sqrt{(-13)^2}=2+13=15$
(2) $(-\sqrt{10})^2-\sqrt{3^2}=10-3=7$
(3) $(\sqrt{6})^2\times\sqrt{\left(-\dfrac{5}{3}\right)^2}=6\times\dfrac{5}{3}=10$
(4) $\sqrt{64}\div\sqrt{(-4)^2}=8\div4=2$

🔘 (1) 15 (2) 7 (3) 10 (4) 2

0008 (1) $\sqrt{a^2}+\sqrt{(-3a)^2}=a+\{-(-3a)\}=4a$
(2) $\sqrt{(6a)^2}-\sqrt{(-7a)^2}=6a-\{-(-7a)\}=-a$

🔘 (1) $4a$ (2) $-a$

0009 (1) $\sqrt{a^2}+\sqrt{(-3a)^2}=-a+(-3a)=-4a$
(2) $\sqrt{(6a)^2}-\sqrt{(-7a)^2}=-6a-(-7a)=a$

🔘 (1) $-4a$ (2) a

0010 (1) $5<7$이므로 $\sqrt{5}<\sqrt{7}$
(2) $6=\sqrt{36}$이고 $6<36$이므로 $\sqrt{6}<\sqrt{36}$ ∴ $\sqrt{6}<6$
(3) $3=\sqrt{9}$이고 $8<9$이므로 $\sqrt{8}<\sqrt{9}$ ∴ $\sqrt{8}<3$
(4) $13<15$이므로 $\sqrt{13}<\sqrt{15}$ ∴ $-\sqrt{13}>-\sqrt{15}$

🔘 (1) $<$ (2) $<$ (3) $<$ (4) $>$

0011 $9=\sqrt{81}$, $8=\sqrt{64}$이고 $64<75<80<81$이므로
$8<\sqrt{75}<\sqrt{80}<9$ 🔘 8, $\sqrt{75}$, $\sqrt{80}$, 9

0012 🔘 (1) 무 (2) 유 (3) 유 (4) 무 (5) 유 (6) 무

0013 (3) 순환소수는 무한소수이지만 유리수이다.
🔘 (1) × (2) ○ (3) × (4) ○ (5) ○

0014 🔘 (1) 2.302 (2) 2.247 (3) 2.263 (4) 2.289

0015 (1) $\overline{\text{AP}}=\overline{\text{AC}}=\sqrt{1^2+3^2}=\sqrt{10}$
(2) $\overline{\text{AP}}=\overline{\text{AC}}=\sqrt{1^2+2^2}=\sqrt{5}$

🔘 (1) $\sqrt{10}$, $\sqrt{10}$ (2) $\sqrt{5}$, $3+\sqrt{5}$

0016 🔘 (1) ○ (2) ○ (3) ×

0017 $\sqrt{10}-1$, $2+\sqrt{2}$에 대응하는 점을 수직선 위에 나타내
면 다음 그림과 같다.

∴ $\sqrt{10}-1<2+\sqrt{2}$ 🔘 풀이 참조

0018 🔘 $\sqrt{8}$, 0.6, $\dfrac{1}{2}$, 0, $-\sqrt{\dfrac{1}{3}}$, $-\sqrt{5}$

step B 기출 & 변형하면…

본문 12 ~ 27쪽

0019 x가 7의 제곱근이므로
$x^2=7$ 또는 $x=\pm\sqrt{7}$ 🔘 ⑤

0020 x가 a의 제곱근일 때, $x^2=a$이다. 🔘 ④

0021 ① -36의 제곱근은 없다.
② $\sqrt{9}=3$이므로 3의 제곱근은 $\pm\sqrt{3}$이다.
③ 0.04의 제곱근은 0.2와 -0.2이다.
④ $\sqrt{0.16}=\sqrt{(0.4)^2}=0.4$
⑤ 제곱하여 0.3이 되는 수는 $\pm\sqrt{0.3}$의 2개이다.
따라서 옳은 것은 ④이다. 🔘 ④

0022 ㄱ. $\sqrt{16}=4$이고 제곱근 4는 $\sqrt{4}=2$이다.
ㄴ. 0의 제곱근은 0의 1개이다.
ㄷ. $(\pm0.\dot{5})^2=\left(\pm\dfrac{5}{9}\right)^2=\dfrac{25}{81}\neq0.\dot{2}\dot{5}$
ㄹ. 음수의 제곱근은 없다.
따라서 옳은 것은 ㄱ뿐이다. 🔘 ㄱ

0023 ① x^2의 제곱근은 ±5이다.
따라서 옳지 않은 것은 ①이다. 🔘 ①

0024 ①, ②, ③, ④ ±3 ⑤ 3

따라서 그 값이 나머지 넷과 다른 하나는 ⑤이다.　　　　🔵 ⑤

0025　피타고라스 정리에 의하여

(빗변의 길이)$=\sqrt{5^2+2^2}=\sqrt{29}$　　🔵 $\sqrt{29}$

참고 피타고라스 정리

직각삼각형에서 빗변의 길이의 제곱은 직각을
낀 두 변의 길이의 제곱의 합과 같다.

➡ $c^2=a^2+b^2$, 즉 $c=\sqrt{a^2+b^2}$

0026　직각삼각형 ABD에서 $\overline{AD}=\sqrt{10^2-8^2}=6(cm)$

직각삼각형 ADC에서 $\overline{AC}=\sqrt{6^2+5^2}=\sqrt{61}(cm)$

🔵 $\sqrt{61}$ cm

0027　직사각형의 넓이는 $9\times7=63(cm^2)$

정사각형의 넓이는 $x^2\,cm^2$이므로

$x^2=63$　　∴ $x=\sqrt{63}\ (∵ x>0)$　🔵 $\sqrt{63}$

0028　(D의 넓이)$=2\times$(C의 넓이)$=40(cm^2)$이므로

(C의 넓이)$=20(cm^2)$　　　　　… ❶

(C의 넓이)$=2\times$(B의 넓이)$=20(cm^2)$이므로

(B의 넓이)$=10(cm^2)$　　　　　… ❷

(B의 넓이)$=2\times$(A의 넓이)$=10(cm^2)$이므로

(A의 넓이)$=5(cm^2)$　　　　　… ❸

정사각형 A의 한 변의 길이를 a cm라 하면

$a^2=5$　　∴ $a=\sqrt{5}\ (∵ a>0)$

따라서 정사각형 A의 한 변의 길이는 $\sqrt{5}$ cm이다.

… ❹

🔵 $\sqrt{5}$ cm

채점 기준	배점
❶ C의 넓이 구하기	30 %
❷ B의 넓이 구하기	30 %
❸ A의 넓이 구하기	30 %
❹ 정사각형 A의 한 변 길이 구하기	10 %

0029　① $\sqrt{16}=4$의 제곱근은 ±2이다.

② $\dfrac{4}{25}$의 제곱근은 $\pm\dfrac{2}{5}$이다.

③ $0.\dot{1}=\dfrac{1}{9}$의 제곱근은 $\pm\dfrac{1}{3}$이다.

④ 0.4의 제곱근은 $\pm\sqrt{0.4}$이다.

⑤ $\sqrt{\dfrac{1}{81}}=\dfrac{1}{9}$의 제곱근은 $\pm\dfrac{1}{3}$이다.

따라서 제곱근을 근호를 사용하지 않고 나타낼 수 없는 것은 ④
이다.　　　　　　🔵 ④

0030　주어진 수의 제곱근을 각각 구해 보면

$0.0\dot{9}=\dfrac{9}{90}=\dfrac{1}{10}$의 제곱근은 $\pm\sqrt{\dfrac{1}{10}}$

2.25의 제곱근은 ±1.5

$\sqrt{\dfrac{1}{49}}=\dfrac{1}{7}$의 제곱근은 $\pm\sqrt{\dfrac{1}{7}}$

$\dfrac{1}{10000}$의 제곱근은 $\pm\dfrac{1}{100}$

$\dfrac{25}{144}$의 제곱근은 $\pm\dfrac{5}{12}$

따라서 제곱근을 근호를 사용하지 않고 나타낼 수 있는 것은

$2.25,\ \dfrac{1}{10000},\ \dfrac{25}{144}$의 3개이다.　　🔵 3

0031　① $(-\sqrt{11})^2=11$

② $\sqrt{(-4)^2}=4$

③ $\sqrt{(-3)^2}=3$

④ $(\sqrt{0.5})^2=0.5$

⑤ $-\sqrt{\left(\dfrac{3}{16}\right)^2}=-\dfrac{3}{16}$

따라서 옳은 것은 ④이다.　　　　🔵 ④

0032　⑤ $\sqrt{\left(-\dfrac{4}{9}\right)^2}=\dfrac{4}{9}$의 제곱근은 $\pm\dfrac{2}{3}$이다.

따라서 옳지 않은 것은 ⑤이다.　　　🔵 ⑤

0033　① $\dfrac{1}{2}$　② $\dfrac{1}{4}$　③ $\dfrac{1}{2}$　④ $\dfrac{1}{3}$　⑤ $\dfrac{1}{5}$

따라서 크기가 가장 작은 수는 ⑤이다.　　🔵 ⑤

0034　$-\sqrt{2^2}=-2,\ \sqrt{3^2}=3,\ -(-\sqrt{4})^2=-4,\ (\sqrt{6})^2=6,$

$\sqrt{(-7)^2}=7$이므로 크기가 작은 것부터 차례대로 나열하면

$-(-\sqrt{4})^2,\ -\sqrt{2^2},\ \sqrt{3^2},\ (\sqrt{6})^2,\ \sqrt{(-7)^2}$

따라서 세 번째에 오는 수는 $\sqrt{3^2}$이다.　🔵 $\sqrt{3^2}$

0035　$\sqrt{400}-\sqrt{(-11)^2}+(-\sqrt{6})^2$

$=\sqrt{20^2}-\sqrt{(-11)^2}+(-\sqrt{6})^2$

$=20-11+6=15$　　　　🔵 ①

0036　$(\sqrt{2})^2\times(-\sqrt{5})^2-\sqrt{441}\times\sqrt{\left(-\dfrac{1}{3}\right)^2}-(-\sqrt{3})^2$

$=2\times5-21\times\dfrac{1}{3}-3$

$=10-7-3=0$　　　　🔵 ③

0037　① $-(\sqrt{6})^2+\sqrt{(-7)^2}=-6+7=1$

② $(-\sqrt{13})^2-(-\sqrt{2^2})=13-(-2)=15$

③ $\sqrt{100}\times\sqrt{\left(-\dfrac{1}{5}\right)^2}=10\times\dfrac{1}{5}=2$

④ $\sqrt{(-12)^2}\div\sqrt{\dfrac{9}{4}}=12\div\dfrac{3}{2}=12\times\dfrac{2}{3}=8$

⑤ $-(-\sqrt{10})^2 \times \sqrt{0.49} = -10 \times 0.7 = -7$

따라서 계산한 값이 옳지 않은 것은 ④이다. **답** ④

0038 ① $\sqrt{(-4)^2} + (-\sqrt{9})^2 = 4 + 9 = 13$

② $-(-\sqrt{3^2}) - (\sqrt{15})^2 = -(-3) - 15 = -12$

③ $(-\sqrt{20})^2 \times \sqrt{(-0.5)^2} = 20 \times 0.5 = 10$

④ $\left(-\sqrt{\dfrac{3}{4}}\right)^2 \div \sqrt{\left(-\dfrac{1}{8}\right)^2} = \dfrac{3}{4} \div \dfrac{1}{8} = \dfrac{3}{4} \times 8 = 6$

⑤ $-\sqrt{625} \div \left\{-\sqrt{\left(-\dfrac{5}{3}\right)^2}\right\} = -25 \div \left(-\dfrac{5}{3}\right)$

$$= -25 \times \left(-\dfrac{3}{5}\right) = 15$$

따라서 계산한 값이 가장 큰 것은 ⑤이다. **답** ⑤

0039 $A = \sqrt{\left(-\dfrac{4}{5}\right)^2} \div \sqrt{\dfrac{1}{25}} \times \left(-\sqrt{\dfrac{3}{4}}\right)^2$

$$= \dfrac{4}{5} \div \dfrac{1}{5} \times \dfrac{3}{4}$$

$$= \dfrac{4}{5} \times 5 \times \dfrac{3}{4} = 3 \qquad \cdots \text{❶}$$

$B = \sqrt{2.56} + \sqrt{(-0.4)^2} + (-\sqrt{0.2})^2 \times \sqrt{0.25}$

$$= 1.6 + 0.4 + 0.2 \times 0.5 = 1.6 + 0.4 + 0.1 = 2.1 \qquad \cdots \text{❷}$$

$\therefore A + B = 3 + 2.1 = 5.1 \qquad \cdots \text{❸}$

답 5.1

채점 기준	배점
❶ A의 값 구하기	40 %
❷ B의 값 구하기	40 %
❸ $A+B$의 값 구하기	20 %

0040 $2a^2 - b^2 - 3c^2 = 2 \times (\sqrt{5})^2 - (-\sqrt{2})^2 - 3 \times (\sqrt{6})^2$

$$= 2 \times 5 - 2 - 3 \times 6$$

$$= 10 - 2 - 18 = -10 \qquad \text{답} -10$$

0041 ① $a > 0$이므로 $\sqrt{a^2} = a$

② $a > 0$이므로 $-\sqrt{a^2} = -a$

③ $-a < 0$이므로 $-\sqrt{(-a)^2} = -\{-(-a)\} = -a$

④ $-\sqrt{9a^2} = -\sqrt{(3a)^2}$이고 $3a > 0$이므로

$$-\sqrt{9a^2} = -\sqrt{(3a)^2} = -3a$$

⑤ $\sqrt{4a^2} = \sqrt{(2a)^2}$이고 $2a > 0$이므로

$$\sqrt{4a^2} = \sqrt{(2a)^2} = 2a$$

따라서 옳지 않은 것은 ④이다. **답** ④

0042 ① $a < 0$이므로 $\sqrt{a^2} = -a$

② $a < 0$이므로 $-\sqrt{a^2} = -(-a) = a$

③ $-2a > 0$이므로 $\sqrt{(-2a)^2} = -2a$

④ $-\sqrt{\dfrac{a^2}{100}} = -\sqrt{\left(\dfrac{a}{10}\right)^2}$이고 $\dfrac{a}{10} < 0$이므로

$$-\sqrt{\dfrac{a^2}{100}} = -\sqrt{\left(\dfrac{a}{10}\right)^2} = -\left(-\dfrac{a}{10}\right) = \dfrac{a}{10}$$

⑤ $\sqrt{9a^2} = \sqrt{(3a)^2}$이고 $3a < 0$이므로

$$\sqrt{9a^2} = \sqrt{(3a)^2} = -3a$$

따라서 옳지 않은 것은 ④이다. **답** ④

0043 $-\sqrt{36a^2} = -\sqrt{(6a)^2}$이고 $6a > 0$이므로

$$-\sqrt{36a^2} = -\sqrt{(6a)^2} = -6a$$

$-5a < 0$이므로 $\sqrt{(-5a)^2} = -(-5a) = 5a$

$-\dfrac{1}{9}a < 0$이므로 $-\sqrt{\left(-\dfrac{1}{9}a\right)^2} = -\left\{-\left(-\dfrac{1}{9}a\right)\right\} = -\dfrac{1}{9}a$

$\sqrt{\dfrac{49}{4}a^2} = \sqrt{\left(\dfrac{7}{2}a\right)^2}$이고 $\dfrac{7}{2}a > 0$이므로

$$\sqrt{\dfrac{49}{4}a^2} = \sqrt{\left(\dfrac{7}{2}a\right)^2} = \dfrac{7}{2}a$$

이때 $a > 0$이므로 가장 큰 수는 $5a$, 가장 작은 수는 $-6a$이다.

따라서 구하는 곱은

$$5a \times (-6a) = -30a^2 \qquad \text{답} -30a^2$$

0044 $-\sqrt{9a^2} = -\sqrt{(3a)^2}$이고 $3a < 0$이므로

$$-\sqrt{9a^2} = -\sqrt{(3a)^2} = -(-3a) = 3a$$

$-7a > 0$이므로 $\sqrt{(-7a)^2} = -7a$

$-\dfrac{1}{5}a > 0$이므로 $\sqrt{\left(-\dfrac{1}{5}a\right)^2} = -\dfrac{1}{5}a$

$\sqrt{\dfrac{81}{25}a^2} = \sqrt{\left(\dfrac{9}{5}a\right)^2}$이고 $\dfrac{9}{5}a < 0$이므로

$$\sqrt{\dfrac{81}{25}a^2} = \sqrt{\left(\dfrac{9}{5}a\right)^2} = -\dfrac{9}{5}a$$

이때 $a < 0$이므로 가장 큰 수는 $-7a$, 가장 작은 수는 $3a$이다.

따라서 구하는 곱은

$$-7a \times 3a = -21a^2 \qquad \text{답} -21a^2$$

0045 $a > 0$이므로 $-6a < 0$, $2a > 0$

$\therefore \sqrt{(-6a)^2} - \sqrt{(2a)^2} = -(-6a) - 2a$

$$= 6a - 2a = 4a \qquad \text{답} ③$$

0046 $a < 0$, $b < 0$이므로 $3a < 0$, $-b > 0$, $\dfrac{3}{2}a < 0$, $\dfrac{3}{2b} < 0$

$$\cdots \text{❶}$$

$\therefore \sqrt{9a^2} \times \sqrt{(-b)^2} - \sqrt{\dfrac{9}{4}a^2} \div \sqrt{\left(\dfrac{3}{2b}\right)^2}$

$$= \sqrt{(3a)^2} \times \sqrt{(-b)^2} - \sqrt{\left(\dfrac{3}{2}a\right)^2} \div \sqrt{\left(\dfrac{3}{2b}\right)^2}$$

$$= (-3a) \times (-b) - \left(-\dfrac{3}{2}a\right) \div \left(-\dfrac{3}{2b}\right)$$

$$= 3ab - \left(-\dfrac{3}{2}a\right) \times \left(-\dfrac{2}{3}b\right)$$

$=3ab-ab=2ab$ ⋯ ❷

답 $2ab$

채점 기준	배점
❶ $3a$, $-b$, $\dfrac{3}{2}a$, $\dfrac{3}{2b}$의 부호 구하기	40 %
❷ 주어진 식 간단히 하기	60 %

0047 $a-b>0$에서 $a>b$이고, $ab<0$에서 a, b의 부호가 서로 다르므로
$a>0$, $b<0$
이때 $\dfrac{2}{3}a>0$, $2b<0$이므로
$$\sqrt{0.\dot{4}a^2}-\sqrt{4b^2}=\sqrt{\dfrac{4}{9}a^2}-\sqrt{(2b)^2}=\sqrt{\left(\dfrac{2}{3}a\right)^2}-\sqrt{(2b)^2}$$
$$=\dfrac{2}{3}a-(-2b)=\dfrac{2}{3}a+2b$$ **답** ⑤

0048 $a-b<0$에서 $a<b$이고, $ab<0$에서 a, b의 부호가 서로 다르므로 $a<0$, $b>0$
이때 $a-|b|<0$이므로
$$\sqrt{(a-|b|)^2}+||a|+b|=-(a-|b|)+|-a+b|$$
$$=-a+b-a+b=-2a+2b$$ **답** ①

0049 $5<a<9$에서 $a-5>0$, $a-9<0$이므로
$$\sqrt{(a-5)^2}+\sqrt{(a-9)^2}=a-5-(a-9)$$
$$=a-5-a+9=4$$ **답** ②

0050 $x-5<0$, $-x-4<0$이므로
$$\sqrt{(x-5)^2}=-(x-5)=-x+5,$$
$$\sqrt{(-x-4)^2}=-(-x-4)=x+4$$
$$\therefore \sqrt{(x-5)^2}-\sqrt{(-x-4)^2}=-x+5-(x+4)$$
$$=-x+5-x-4$$
$$=-2x+1$$ **답** $-2x+1$

0051 $0<a<1$이면 $\dfrac{1}{a}>1$이므로 $a<\dfrac{1}{a}$
따라서 $a-\dfrac{1}{a}<0$, $\dfrac{1}{a}-a>0$이므로
$$\sqrt{\left(a-\dfrac{1}{a}\right)^2}+\sqrt{\left(\dfrac{1}{a}-a\right)^2}=-\left(a-\dfrac{1}{a}\right)+\left(\dfrac{1}{a}-a\right)$$
$$=-a+\dfrac{1}{a}+\dfrac{1}{a}-a$$
$$=-2a+\dfrac{2}{a}$$ **답** $-2a+\dfrac{2}{a}$

0052 $a>1>b>0$이면 $\dfrac{1}{b}>1>\dfrac{1}{a}>0$이므로
$$a-\dfrac{1}{a}>0,\ b-\dfrac{1}{b}<0,\ \dfrac{1}{a}-\dfrac{1}{b}<0$$

$$\therefore \sqrt{\left(a-\dfrac{1}{a}\right)^2}-\sqrt{\left(b-\dfrac{1}{b}\right)^2}-\sqrt{\left(\dfrac{1}{a}-\dfrac{1}{b}\right)^2}$$
$$=\left(a-\dfrac{1}{a}\right)+\left(b-\dfrac{1}{b}\right)+\left(\dfrac{1}{a}-\dfrac{1}{b}\right)$$
$$=a+b-\dfrac{2}{b}$$ **답** ③

0053 $\sqrt{75x}=\sqrt{3\times5^2\times x}$가 자연수가 되려면
$x=3\times(\text{자연수})^2$ 꼴이어야 한다.
따라서 가장 작은 두 자리 자연수 x는
$3\times2^2=12$ **답** ①

0054 $\sqrt{80n}=\sqrt{2^4\times5\times n}$이 자연수가 되려면
$n=5\times(\text{자연수})^2$ 꼴이어야 한다.   ⋯ ❶
따라서 $10<n\le100$인 자연수 n은
$5\times2^2=20$, $5\times3^2=45$, $5\times4^2=80$으로 3개이다.   ⋯ ❷

답 3

채점 기준	배점
❶ $n=5\times(\text{자연수})^2$ 꼴임을 알기	50 %
❷ n의 개수 구하기	50 %

0055 $\sqrt{54a}=\sqrt{2\times3^3\times a}$가 자연수가 되려면
$a=2\times3\times(\text{자연수})^2$ 꼴이어야 한다.
a의 값이 가장 작을 때, $a+b$의 값도 가장 작으므로
$a=2\times3\times1^2=6$
$\therefore b=\sqrt{2^2\times3^4}=18$
$\therefore a+b=6+18=24$ **답** 24

0056 $\sqrt{\dfrac{48a}{7}}=\sqrt{\dfrac{2^4\times3\times a}{7}}$가 자연수가 되려면
$a=3\times7\times(\text{자연수})^2$ 꼴이어야 한다.
a의 값이 가장 작을 때, $a+b$의 값도 가장 작으므로
$a=3\times7=21$
$\therefore b=\sqrt{\dfrac{2^4\times3\times3\times7}{7}}=\sqrt{2^4\times3^2}=\sqrt{(2^2\times3)^2}=12$
$\therefore a+b=21+12=33$ **답** ④

0057 $\sqrt{\dfrac{90}{x}}=\sqrt{\dfrac{2\times3^2\times5}{x}}$가 자연수가 되려면 x는 90의 약수이면서 $2\times5\times(\text{자연수})^2$ 꼴이어야 한다.
따라서 가장 작은 자연수 x는
$2\times5=10$ **답** 10

0058 $\sqrt{\dfrac{108}{x}}=\sqrt{\dfrac{2^2\times3^3}{x}}$이 자연수가 되려면 x는 108의 약수이면서 $3\times(\text{자연수})^2$ 꼴이어야 한다.
이때 x가 두 자리 자연수이므로 x는
$3\times2^2=12$, $3\times3^2=27$

따라서 구하는 모든 x의 값의 합은

$12+27=39$　　　　　　　　　　　　　　　　　　目 ③

0059 $\sqrt{\dfrac{126}{a}}=\sqrt{\dfrac{2\times 3^2\times 7}{a}}$ 이 자연수가 되려면 a는 126의

약수이면서 $2\times 7\times$(자연수)^2 꼴이어야 한다.

b의 값이 가장 크려면 a의 값은 가장 작아야 하므로

$a=2\times 7=14$

$\therefore b=\sqrt{\dfrac{126}{14}}=\sqrt{9}=3$　　　　　　　　　　目 ②

0060 $\sqrt{\dfrac{192}{x}}=\sqrt{\dfrac{2^6\times 3}{x}}$ 이 자연수가 되려면 x는 192의 약수

이면서 $3\times$(자연수)^2 꼴이어야 한다.　　　　　　… ❶

따라서 자연수 x는 $3,\ 3\times 2^2,\ 3\times 2^4,\ 3\times 2^6$이므로　… ❷

순서쌍 $(x,\ y)$는 $(3,\ 8),\ (12,\ 4),\ (48,\ 2),\ (192,\ 1)$이다.

　　　　　　　　　　　　　　　　　　　… ❸

目 $(3,\ 8),\ (12,\ 4),\ (48,\ 2),\ (192,\ 1)$

채점 기준	배점
❶ x는 192의 약수이면서 $3\times$(자연수)^2 꼴임을 알기	30 %
❷ x의 값 구하기	40 %
❸ 순서쌍 $(x,\ y)$ 구하기	30 %

0061 $\sqrt{28+x}$ 가 자연수가 되려면 $28+x$가 28보다 큰

(자연수)^2 꼴이어야 하므로

$28+x=36,\ 49,\ 64,\ \cdots$

이때 x가 가장 작은 자연수이므로

$28+x=36$　　$\therefore x=8$　　　　　　　　　目 8

0062 $\sqrt{14+x}$ 가 자연수가 되려면 $14+x$는 14보다 큰 제곱

수이어야 하므로

$14+x=16,\ 25,\ 36,\ 49,\ 64,\ \cdots$

$\therefore x=2,\ 11,\ 22,\ 35,\ 50,\ \cdots$

따라서 x의 값이 아닌 것은 ⑤이다.　　　　　　　目 ⑤

0063 $\sqrt{30+x}$ 가 자연수가 되려면 $30+x$가 30보다 큰

(자연수)^2 꼴이어야 하므로

$30+x=36,\ 49,\ 64,\ 81,\ \cdots$

이때 $\sqrt{30+x}$ 가 한 자리 자연수이므로

$30+x=36$　　$\therefore x=6$

$30+x=49$　　$\therefore x=19$

$30+x=64$　　$\therefore x=34$

$30+x=81$　　$\therefore x=51$

따라서 구하는 모든 자연수 x의 값의 합은

$6+19+34+51=110$　　　　　　　　　　　目 ⑤

0064 $\sqrt{76+a}$ 가 자연수가 되려면 $76+a$는 76보다 큰 제곱

수이어야 하므로

$76+a=81,\ 100,\ 121,\ \cdots$

이때 a의 값이 가장 작은 자연수가 되려면

$76+a=81$　　$\therefore a=5$

$\therefore b=\sqrt{76+5}=\sqrt{81}=9$

$\therefore a+b=5+9=14$　　　　　　　　　　　目 ④

0065 $\sqrt{24-x}$ 가 자연수가 되려면 $24-x$가 24보다 작은

(자연수)^2 꼴이어야 하므로

$24-x=1,\ 4,\ 9,\ 16$

이때 $\sqrt{24-x}$ 가 가장 큰 자연수가 되어야 하므로

$24-x=16$　　$\therefore x=8$　　　　　　　　　目 8

0066 $\sqrt{57-x}$ 가 정수가 되려면 $57-x$가 57보다 작은

(정수)^2 꼴이어야 하므로

$57-x=0,\ 1,\ 4,\ 9,\ 16,\ 25,\ 36,\ 49$

$\therefore x=57,\ 56,\ 53,\ 48,\ 41,\ 32,\ 21,\ 8$

따라서 자연수 x의 개수는 8이다.　　　　　　　目 ④

0067 $\sqrt{20-2n}=\sqrt{2(10-n)}$ 이 자연수가 되려면

$10-n$이 10보다 작은 $2\times$(자연수)^2 꼴이어야 하므로

$10-n=2\times 1^2=2$에서 $n=8$

$10-n=2\times 2^2=8$에서 $n=2$

따라서 구하는 모든 자연수 n의 값의 합은

$8+2=10$　　　　　　　　　　　　　　　　目 10

0068 모든 경우의 수는 $6\times 6=36$

$x,\ y$가 주사위의 눈의 수이므로 $1\le xy\le 36$

$-36\le -xy\le -1$　　$\therefore 25\le 61-xy\le 60$

즉, $61-xy$는 25 이상 60 이하인 제곱수 $25,\ 36,\ 49$이다.

두 수 $x,\ y$를 순서쌍 $(x,\ y)$로 나타내면

(i) $61-xy=25$일 때

　　$xy=36$이므로 $(x,\ y)$는 $(6,\ 6)$의 1가지

(ii) $61-xy=36$일 때

　　$xy=25$이므로 $(x,\ y)$는 $(5,\ 5)$의 1가지

(iii) $61-xy=49$일 때

　　$xy=12$이므로 $(x,\ y)$는 $(2,\ 6),\ (3,\ 4),\ (4,\ 3),\ (6,\ 2)$의

　　4가지

(i)~(iii)에서 $\sqrt{61-xy}$ 가 자연수가 될 경우의 수는

$1+1+4=6$

따라서 구하는 확률은 $\dfrac{6}{36}=\dfrac{1}{6}$　　　　　　目 $\dfrac{1}{6}$

0069 ① $8=\sqrt{64}$이고 $\sqrt{63}<\sqrt{64}$이므로 $\sqrt{63}<8$

② $\sqrt{5}>\sqrt{3}$이므로 $-\sqrt{5}<-\sqrt{3}$

③ $0.1=\sqrt{0.01}$이고 $\sqrt{0.01}<\sqrt{0.1}$이므로 $0.1<\sqrt{0.1}$

④ $\dfrac{1}{3}=\sqrt{\dfrac{1}{9}}$이고 $\sqrt{\dfrac{1}{10}}<\sqrt{\dfrac{1}{9}}$이므로 $\sqrt{\dfrac{1}{10}}<\dfrac{1}{3}$

⑤ $5=\sqrt{25}$이고 $\sqrt{24}<\sqrt{25}$이므로 $-\sqrt{24}>-\sqrt{25}$

$\quad\therefore -\sqrt{24}>-5$

따라서 대소 관계가 옳지 않은 것은 ③이다.   **답** ③

0070 ㄱ. $0.2=\sqrt{0.04}$이고 $\sqrt{0.2}>\sqrt{0.04}$이므로

$\quad\sqrt{0.2}>0.2$

ㄴ. $6=\sqrt{36}$이고 $\sqrt{40}>\sqrt{36}$이므로 $-\sqrt{40}<-\sqrt{36}$

$\quad\therefore -\sqrt{40}<-6$

ㄷ. $2=\sqrt{4}$이고 $\sqrt{4}<\sqrt{\dfrac{25}{4}}$이므로 $2<\sqrt{\dfrac{25}{4}}$

$\quad\therefore 2-\sqrt{\dfrac{25}{4}}<0$

ㄹ. $\sqrt{\dfrac{100}{9}}=\dfrac{10}{3}$이고 $\sqrt{3.24}=1.8$이므로 $\dfrac{10}{3}-1.8>0$

$\quad\therefore \sqrt{\dfrac{100}{9}}-\sqrt{3.24}>0$

따라서 옳은 것은 ㄱ, ㄹ이다.   **답** ③

0071 $\sqrt{\dfrac{42}{5}}=\sqrt{8.4}$, $\sqrt{(-3)^2}=\sqrt{9}$, $0.3=\sqrt{0.09}$이고

$\sqrt{0.09}<\sqrt{0.9}<\sqrt{8.4}<\sqrt{9}<\sqrt{10}$이므로

$0.3<\sqrt{0.9}<\sqrt{\dfrac{42}{5}}<\sqrt{(-3)^2}<\sqrt{10}$ ··· ❶

따라서 $a=0.3$, $b=\sqrt{10}$이므로   ··· ❷

$a^2+b^2=(0.3)^2+(\sqrt{10})^2=0.09+10=10.09$ ··· ❸

  답 10.09

채점 기준	배점
❶ 주어진 수의 대소를 비교하기	60 %
❷ a, b의 값 각각 구하기	20 %
❸ a^2+b^2의 값 구하기	20 %

0072 (i) 음수: $2>\dfrac{1}{2}$이므로 $\sqrt{2}>\sqrt{\dfrac{1}{2}}$

$\qquad\qquad\therefore -\sqrt{2}<-\sqrt{\dfrac{1}{2}}$

(ii) 양수: $\dfrac{2}{3}=\sqrt{\dfrac{4}{9}}$이고 $\sqrt{\dfrac{4}{9}}<\sqrt{3}$이므로

$\qquad\qquad \dfrac{2}{3}<\sqrt{3}$

(i), (ii)에서 큰 수부터 차례대로 나열하면

$\sqrt{3}, \dfrac{2}{3}, 0, -\sqrt{\dfrac{1}{2}}, -\sqrt{2}$

따라서 네 번째에 오는 수는 $-\sqrt{\dfrac{1}{2}}$이다.

  답 $-\sqrt{\dfrac{1}{2}}$

0073 $\sqrt{9}<\sqrt{11}<\sqrt{16}$에서 $3<\sqrt{11}<4$이므로

$\sqrt{11}-4<0$, $\sqrt{11}-3>0$

$\therefore \sqrt{(\sqrt{11}-4)^2}+\sqrt{(\sqrt{11}-3)^2}$

$\quad=-(\sqrt{11}-4)+(\sqrt{11}-3)$

$\quad=-\sqrt{11}+4+\sqrt{11}-3=1$ **답** ③

0074 $3<\pi<4$이므로 $\pi-3>0$, $\dfrac{\pi}{2}-2<0$, $\pi-5<0$

$\therefore \sqrt{(\pi-3)^2}+\sqrt{\left(\dfrac{\pi}{2}-2\right)^2}+\sqrt{(\pi-5)^2}$

$\quad=(\pi-3)-\left(\dfrac{\pi}{2}-2\right)-(\pi-5)$

$\quad=\pi-3-\dfrac{\pi}{2}+2-\pi+5=4-\dfrac{\pi}{2}$ **답** ②

0075 $\sqrt{4}<\sqrt{5}$에서 $2<\sqrt{5}$이므로

$\sqrt{5}-2>0$, $2-\sqrt{5}<0$

$\therefore \sqrt{(\sqrt{5}-2)^2}-\sqrt{(2-\sqrt{5})^2}+\sqrt{(-2)^2}-(-\sqrt{5})^2$

$\quad=\sqrt{5}-2-\{-(2-\sqrt{5})\}+2-5$

$\quad=\sqrt{5}-2+2-\sqrt{5}+2-5=-3$ **답** ②

0076 $\sqrt{8}<\sqrt{9}$에서 $\sqrt{8}<3$이므로

$3-\sqrt{8}>0$, $\sqrt{8}-3<0$

$\therefore \sqrt{\left(-\dfrac{3}{4}\right)^2}+\left(-\sqrt{\dfrac{1}{4}}\right)^2+\sqrt{(3-\sqrt{8})^2}-\sqrt{(\sqrt{8}-3)^2}$

$\quad=\dfrac{3}{4}+\dfrac{1}{4}+(3-\sqrt{8})-\{-(\sqrt{8}-3)\}$

$\quad=1+3-\sqrt{8}+\sqrt{8}-3=1$ **답** 1

0077 $6\leq\sqrt{3n}<7$에서 $6^2\leq3n<7^2$이므로

$36\leq3n<49$ $\quad\therefore 12\leq n<\dfrac{49}{3}$

따라서 자연수 n은 12, 13, 14, 15, 16의 5개이다.   **답** ④

0078 $3<\sqrt{x+1}<4$에서 $3^2<x+1<4^2$이므로

$9<x+1<16$ $\quad\therefore 8<x<15$

따라서 자연수 x는 9, 10, 11, 12, 13, 14이므로 구하는 합은

$9+10+11+12+13+14=69$ **답** ③

0079 $-\sqrt{19}<-\sqrt{4x-1}<-2$에서 $2<\sqrt{4x-1}<\sqrt{19}$

$2^2<(\sqrt{4x-1})^2<(\sqrt{19})^2$, $4<4x-1<19$

$5<4x<20$ $\quad\therefore \dfrac{5}{4}<x<5$ ··· ❶

따라서 자연수 x는 2, 3, 4이므로 $a=4$, $b=2$ ··· ❷

$\therefore a^2-b^2=16-4=12$ ··· ❸

  답 12

채점 기준	배점
❶ x의 값의 범위 구하기	60 %
❷ a, b의 값 각각 구하기	30 %
❸ a^2-b^2의 값 구하기	10 %

0080 (i) $3<\sqrt{2x}<4$에서 $3^2<(\sqrt{2x})^2<4^2$

$9<2x<16$ $\therefore \dfrac{9}{2}<x<8$

따라서 이를 만족시키는 자연수 x의 값은 5, 6, 7이다.

(ii) $\sqrt{30}<x<\sqrt{85}$에서 $(\sqrt{30})^2<x^2<(\sqrt{85})^2$

$30<x^2<85$

따라서 이를 만족시키는 자연수 x의 값은 6, 7, 8, 9이다.

(i), (ii)에서 두 부등식을 동시에 만족시키는 자연수 x는 6, 7이

므로 구하는 합은

$6+7=13$ **답** ②

0081 $\sqrt{100}<\sqrt{110}<\sqrt{121}$에서 $10<\sqrt{110}<11$이므로

$f(110)=10$

$\sqrt{25}<\sqrt{35}<\sqrt{36}$에서 $5<\sqrt{35}<6$이므로

$f(35)=5$

$\therefore f(110)-f(35)=10-5=5$ **답** ⑤

0082 $\sqrt{9}=3$, $\sqrt{16}=4$, $\sqrt{25}=5$, $\sqrt{36}=6$, $\sqrt{49}=7$, $\sqrt{64}=8$

이므로

$f(11)=f(12)=f(13)=\cdots=f(16)=3$

$f(17)=f(18)=f(19)=\cdots=f(25)=4$

$f(26)=f(27)=f(28)=\cdots=f(36)=5$

$f(37)=f(38)=f(39)=\cdots=f(49)=6$

$f(50)=f(51)=7$

$\therefore f(11)+f(12)+f(13)+\cdots+f(51)$

$=6\times3+9\times4+11\times5+13\times6+2\times7=201$ **답** ④

0083 $\sqrt{144}<\sqrt{165}<\sqrt{169}$에서 $12<\sqrt{165}<13$이므로

$N(165)=12$

$\sqrt{36}<\sqrt{45}<\sqrt{49}$에서 $6<\sqrt{45}<7$이므로

$N(45)=6$

$\sqrt{64}<\sqrt{74}<\sqrt{81}$에서 $8<\sqrt{74}<9$이므로

$N(74)=8$

$\therefore N(165)-N(45)+N(74)=12-6+8=14$ **답** ③

0084 $\sqrt{x}$, $\sqrt{3x}$가 자연수일 때 $f(x)\neq g(x)$이므로

$\sqrt{x}$가 자연수일 때 두 자리 자연수 x는 4^2, 5^2, 6^2, 7^2, 8^2, 9^2으로

6개, $\sqrt{3x}$가 자연수일 때 두 자리 자연수 x는 3×2^2, 3×3^2,

3×4^2, 3×5^2으로 4개이다.

따라서 $f(x)\neq g(x)$를 만족시키는 자연수 x의 개수는

$6+4=10$ **답** ⑤

0085 $\sqrt{0.\dot{1}}=\sqrt{\dfrac{1}{9}}=\dfrac{1}{3}$ ➡ 유리수

$4-\sqrt{2}$ ➡ 무리수

π ➡ 무리수

$\sqrt{(-2)^2}=2$ ➡ 유리수

$\sqrt{0.04}=\sqrt{0.2^2}=0.2$ ➡ 유리수

$0.123123\cdots=0.\dot{1}2\dot{3}=\dfrac{123}{999}=\dfrac{41}{333}$ ➡ 유리수

따라서 무리수는 $4-\sqrt{2}$, π의 2개이다. **답** 2개

0086 각 정사각형의 한 변의 길이를 구해 보면 다음과 같다.

ㄱ. $\sqrt{3}$ ㄴ. $\sqrt{9}=3$ ㄷ. $\sqrt{20}$

ㄹ. $\sqrt{25}=5$ ㅁ. $\sqrt{\dfrac{13}{4}}$

따라서 한 변의 길이가 유리수인 것은 ㄴ, ㄹ이다. **답** ㄴ, ㄹ

0087 조건 ㈎에서 $5\leq x\leq50$인 자연수 x는 46개이다.

$\sqrt{x}$가 유리수이면 x는 제곱수이므로 주어진 범위에서 제곱수는

9, 16, 25, 36, 49로 5개이다.

따라서 조건을 모두 만족시키는 x의 개수는

$46-5=41$ **답** 41

0088 $f(2)=\sqrt{\dfrac{2}{72}}=\sqrt{\dfrac{1}{36}}=\dfrac{1}{6}$, $f(4)=\sqrt{\dfrac{4}{72}}=\sqrt{\dfrac{1}{18}}$,

$f(6)=\sqrt{\dfrac{6}{72}}=\sqrt{\dfrac{1}{12}}$, $f(8)=\sqrt{\dfrac{8}{72}}=\sqrt{\dfrac{1}{9}}=\dfrac{1}{3}$,

$f(10)=\sqrt{\dfrac{10}{72}}=\sqrt{\dfrac{5}{36}}$

따라서 무리수는 $f(4)$, $f(6)$, $f(10)$의 3개이다. **답** 3개

0089 ㉠은 무리수이다.

3.14, 0, $\sqrt{0.\dot{4}}=\sqrt{\dfrac{4}{9}}=\dfrac{2}{3}$, $\sqrt{(-3)^2}=3$ ➡ 유리수

$\sqrt{1.25}$ ➡ 무리수 **답** ③

0090 ② 순환소수는 무한소수이지만 유리수이다.

따라서 옳지 않은 것은 ②이다. **답** ②

0091 ② 0은 무한소수로 나타낼 수 없다.

④ a가 제곱수이면 $\sqrt{a}$는 유리수이다.

⑤ $\sqrt{2}$, $\sqrt{8}$은 무리수이지만 $\sqrt{2\times8}=\sqrt{16}=4$로 유리수이다.

따라서 옳은 것은 ①, ③이다. **답** ①, ③

0092 ㄱ. $\sqrt{4}=2$와 같이 근호를 사용하여 나타낸 수가 유리수

일 수도 있다.

ㄴ. $\dfrac{1}{3}=0.333\cdots$과 같이 유한소수로 나타낼 수 없는 유리수도

있다.

ㄷ. 순환소수가 아닌 무한소수는 $\dfrac{(정수)}{(0이 \ 아닌 \ 정수)}$ 꼴로 나타낼

수 없으므로 모두 무리수이다.

ㅁ. 0의 제곱근은 0, 즉 유리수이다.

ㅂ. 유리수는 무리수가 될 수 없으므로 유리수가 되는 무리수는

존재하지 않는다.

따라서 옳은 것은 ㄷ, ㄹ, ㅁ이다. **답** ㄷ, ㄹ, ㅁ

0093 $a=1.769$, $b=1.822$이므로
$a+b=1.769+1.822=3.591$ **답** 3.591

0094 $\sqrt{70.1}=8.373$이므로 $a=70.1$
$\sqrt{72.3}=8.503$이므로 $b=72.3$
$\sqrt{71.2}=8.438$이므로 $c=71.2$
따라서 $\dfrac{a+b+c}{3}=\dfrac{70.1+72.3+71.2}{3}=71.2$이므로

$\sqrt{\dfrac{a+b+c}{3}}=\sqrt{71.2}=8.438$ **답** 8.438

0095 $\overline{AC}=\sqrt{2^2+2^2}=\sqrt{8}$이므로
①, ③ $\overline{AP}=\overline{AC}=\sqrt{8}$ $\therefore$ P$(-4+\sqrt{8})$
②, ④ $\overline{AQ}=\overline{AC}=\sqrt{8}$ $\therefore$ Q$(-4-\sqrt{8})$
⑤ $\overline{BP}=\overline{AP}-\overline{AB}=\sqrt{8}-2$ **답** ⑤

0096 ① 정사각형 ABCD의 넓이가 7이므로 $\overline{CB}=\sqrt{7}$
    $\therefore \overline{CP}=\overline{CB}=\sqrt{7}$
② 정사각형 EFGH의 넓이가 18이므로 $\overline{GH}=\sqrt{18}$
    $\therefore \overline{GS}=\overline{GH}=\sqrt{18}$
③ $\overline{CQ}=\overline{CD}=\overline{CB}=\sqrt{7}$이므로 Q$(-2+\sqrt{7})$
④ $\overline{GR}=\overline{GF}=\overline{GH}=\sqrt{18}$이므로 R$(6-\sqrt{18})$
⑤ $\overline{GS}=\sqrt{18}$이므로 S$(6+\sqrt{18})$
따라서 옳지 않은 것은 ③이다.   **답** ③

0097 $\overline{AP}=\overline{AC}=\sqrt{3^2+2^2}=\sqrt{13}$이므로 P$(2-\sqrt{13})$
$\overline{DQ}=\overline{DF}=\sqrt{1^2+3^2}=\sqrt{10}$이므로 Q$(4+\sqrt{10})$
$\therefore a-\sqrt{b}=2-\sqrt{13}$, $c+\sqrt{d}=4+\sqrt{10}$
따라서 $a=2$, $b=13$, $c=4$, $d=10$이므로
$a+b+c+d=2+13+4+10=29$ **답** 29

0098 오른쪽 그림과 같이 $\overline{OD}$, $\overline{OC}$를 그으면 △ODA에서 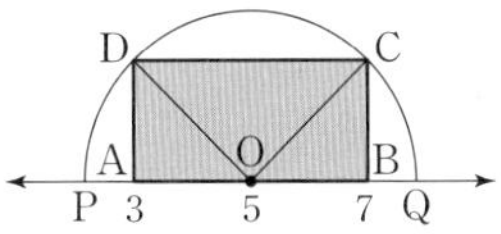
$\overline{OD}=\sqrt{2^2+2^2}=\sqrt{8}$
△OCB에서
$\overline{OC}=\sqrt{2^2+2^2}=\sqrt{8}$ … ❶
$\overline{OP}=\overline{OD}=\sqrt{8}$이므로 P$(5-\sqrt{8})$ … ❷
$\overline{OQ}=\overline{OC}=\sqrt{8}$이므로 Q$(5+\sqrt{8})$ … ❸
    답 P$(5-\sqrt{8})$, Q$(5+\sqrt{8})$

채점 기준	배점
❶ $\overline{OD}$, $\overline{OC}$의 길이 각각 구하기	40 %
❷ 점 P의 좌표 구하기	30 %
❸ 점 Q의 좌표 구하기	30 %

0099 ② 0과 1 사이에는 정수가 없다.
④ 1에 가장 가까운 무리수는 찾을 수 없다.
따라서 옳지 않은 것은 ②, ④이다.   **답** ②, ④

0100 다은: 0에 가장 가까운 유리수는 정할 수 없다.
청화: 두 유리수 1과 $\dfrac{3}{2}$ 사이에는 정수가 없다.
따라서 옳은 설명을 한 학생은 예림, 선아이다.   **답** 예림, 선아

0101 $\sqrt{4}<\sqrt{8}<\sqrt{9}$, 즉 $2<\sqrt{8}<3$이므로 $0<\sqrt{8}-2<1$
따라서 $\sqrt{8}-2$에 대응하는 점은 C이다.   **답** ③

0102 $\sqrt{9}<\sqrt{11}<\sqrt{16}$에서 $3<\sqrt{11}<4$이므로
$-4<-\sqrt{11}<-3$ $\therefore -2<2-\sqrt{11}<-1$
따라서 $2-\sqrt{11}$에 대응하는 점이 있는 구간은 ③이다.   **답** ③

0103 $\sqrt{9}<\sqrt{13}<\sqrt{16}$, 즉 $3<\sqrt{13}<4$
$\sqrt{4}<\sqrt{7}<\sqrt{9}$, 즉 $2<\sqrt{7}<3$ $\therefore -3<-\sqrt{7}<-2$
$\sqrt{1}<\sqrt{2}<\sqrt{4}$, 즉 $1<\sqrt{2}<2$ $\therefore 2<1+\sqrt{2}<3$
$\sqrt{4}<\sqrt{8}<\sqrt{9}$, 즉 $2<\sqrt{8}<3$이므로 $-3<-\sqrt{8}<-2$
$\therefore 0<3-\sqrt{8}<1$
따라서 점 A에 대응하는 수는 $-\sqrt{7}$이고 점 D에 대응하는 수는 $\sqrt{13}$이다.   **답** A: $-\sqrt{7}$, D: $\sqrt{13}$

0104 (i) $\sqrt{4}<\sqrt{5}<\sqrt{9}$, 즉 $2<\sqrt{5}<3$이므로
   $-3<-\sqrt{5}<-2$ $\therefore 0<3-\sqrt{5}<1$
   따라서 $3-\sqrt{5}$에 대응하는 점이 있는 구간은 B이다. … ❶
(ii) $\sqrt{16}<\sqrt{24}<\sqrt{25}$, 즉 $4<\sqrt{24}<5$이므로 $\sqrt{24}$에 대응하는 점이 있는 구간은 F이다. … ❷
(iii) $\sqrt{4}<\sqrt{7}<\sqrt{9}$, 즉 $2<\sqrt{7}<3$이므로 $1<-1+\sqrt{7}<2$
   따라서 $-1+\sqrt{7}$에 대응하는 점이 있는 구간은 C이다. … ❸
(i), (ii), (iii)에서 구하는 구간은 차례대로 구간 B, 구간 F, 구간 C이다. … ❹
    답 구간 B, 구간 F, 구간 C

채점 기준	배점
❶ $3-\sqrt{5}$에 대응하는 점이 있는 구간 구하기	30 %
❷ $\sqrt{24}$에 대응하는 점이 있는 구간 구하기	30 %
❸ $-1+\sqrt{7}$에 대응하는 점이 있는 구간 구하기	30 %
❹ 구간을 차례대로 구하기	10 %

0105 ① $\sqrt{3}+0.01=1.732+0.01=1.742<\sqrt{5}$
② $\sqrt{5}-0.1=2.236-0.1=2.136>\sqrt{3}$
③ $\dfrac{\sqrt{3}+\sqrt{5}}{2}=\dfrac{1.732+2.236}{2}=1.984$
   $\therefore \sqrt{3}<\dfrac{\sqrt{3}+\sqrt{5}}{2}<\sqrt{5}$
④ $\sqrt{3}<2<\sqrt{5}$
⑤ $\sqrt{5}-2=2.236-2=0.236<\sqrt{3}$
따라서 $\sqrt{3}$과 $\sqrt{5}$ 사이에 있는 수가 아닌 것은 ⑤이다.   **답** ⑤

0106 $\sqrt{16}<\sqrt{22}<\sqrt{25}$, 즉 $4<\sqrt{22}<5$이고 $6=\sqrt{36}$이다.

① $4<\sqrt{22}<5$에서 $5<\sqrt{22}+1<6$

② $5=\sqrt{25}$ ∴ $\sqrt{22}<5<6$

③ $2<\sqrt{7}<3$에서 $5<3+\sqrt{7}<6$

④ $\dfrac{\sqrt{22}+6}{2}$ 은 $\sqrt{22}$와 6의 평균이므로 $\sqrt{22}$와 6 사이에 있는 수이다.

⑤ $4<\sqrt{17}<5$에서 $6<2+\sqrt{17}<7$이므로 $2+\sqrt{17}$은 $\sqrt{22}$와 6 사이에 있는 수가 아니다.

따라서 두 수 $\sqrt{22}$와 6 사이에 있는 수가 아닌 것은 ⑤이다.

답 ⑤

0107 $11<\sqrt{a}<12$에서 $\sqrt{121}<\sqrt{a}<\sqrt{144}$

∴ $121<a<144$ ⋯ ❶

따라서 구하는 자연수 a는

$122, 123, 124, \cdots, 143$의 22개이다. ⋯ ❷

답 22

채점 기준	배점
❶ a의 값의 범위 구하기	50 %
❷ 자연수 a의 개수 구하기	50 %

0108 $\sqrt{1}<\sqrt{3}<\sqrt{4}$, 즉 $1<\sqrt{3}<2$이므로

$-2<\sqrt{3}-3<-1$, $4<3+\sqrt{3}<5$

따라서 $\sqrt{3}-3$과 $3+\sqrt{3}$ 사이에 있는 정수는 $-1, 0, 1, 2, 3, 4$

이므로 그 합은 $-1+0+1+2+3+4=9$ 답 ⑤

0109 $\sqrt{1}<\sqrt{3}<\sqrt{4}$, 즉 $1<\sqrt{3}<2$이므로 $-2<-\sqrt{3}<-1$

∴ $1<3-\sqrt{3}<2$

$\sqrt{1}<\sqrt{2}<\sqrt{4}$, 즉 $1<\sqrt{2}<2$이므로 $-2<-\sqrt{2}<-1$

∴ $2<4-\sqrt{2}<3$

$\sqrt{4}<\sqrt{5}<\sqrt{9}$, 즉 $2<\sqrt{5}<3$이므로 $-3<-\sqrt{5}<-2$

∴ $-2<1-\sqrt{5}<-1$

$\sqrt{4}<\sqrt{7}<\sqrt{9}$, 즉 $2<\sqrt{7}<3$이므로 $-3<-\sqrt{7}<-2$

∴ $-1<2-\sqrt{7}<0$

따라서 네 점 A, B, C, D에 대응하는 수는 각각

$1-\sqrt{5}, 2-\sqrt{7}, 3-\sqrt{3}, 4-\sqrt{2}$

이고, 주어진 네 수의 대소를 비교하면

$1-\sqrt{5}<2-\sqrt{7}<3-\sqrt{3}<4-\sqrt{2}$

답 $1-\sqrt{5}<2-\sqrt{7}<3-\sqrt{3}<4-\sqrt{2}$

다른 풀이 $3-\sqrt{3}=3-1.\times\times\times=1.\times\times\times$

$4-\sqrt{2}=4-1.\times\times\times=2.\times\times\times$

$1-\sqrt{5}=1-2.\times\times\times=-1.\times\times\times$

$2-\sqrt{7}=2-2.\times\times\times=-0.\times\times\times$

따라서 네 점 A, B, C, D에 대응하는 수는 각각

$1-\sqrt{5}, 2-\sqrt{7}, 3-\sqrt{3}, 4-\sqrt{2}$

이고, 주어진 네 수의 대소를 비교하면

$1-\sqrt{5}<2-\sqrt{7}<3-\sqrt{3}<4-\sqrt{2}$

0110 $\sqrt{9}<\sqrt{10}<\sqrt{16}$, 즉 $3<\sqrt{10}<4$이므로

$-4<-\sqrt{10}<-3$

$\sqrt{1}<\sqrt{2}<\sqrt{4}$, 즉 $1<\sqrt{2}<2$이므로

$-2<-\sqrt{2}<-1$ ∴ $0<2-\sqrt{2}<1$

$\sqrt{4}<\sqrt{6}<\sqrt{9}$, 즉 $2<\sqrt{6}<3$이므로 $-3<\sqrt{6}-5<-2$

$\sqrt{4}<\sqrt{8}<\sqrt{9}$, 즉 $2<\sqrt{8}<3$이므로 $-1<-3+\sqrt{8}<0$

따라서 네 점 A, B, C, D에 대응하는 수는 각각

$-\sqrt{10}, \sqrt{6}-5, -3+\sqrt{8}, 2-\sqrt{2}$

이므로 가장 큰 수는 $2-\sqrt{2}$, 가장 작은 수는 $-\sqrt{10}$이다.

답 가장 큰 수: $2-\sqrt{2}$, 가장 작은 수: $-\sqrt{10}$

C step 실력 완성! 본문 28 ~ 31쪽

0111 현우: $\dfrac{25}{4}$의 제곱근은 $\pm\dfrac{5}{2}$의 2개이고, 두 제곱근의 합은 0이다.

진아: $9^2=81$의 제곱근은 ±9이다.

사랑: 제곱근 0.81은 $\sqrt{0.81}=\sqrt{(0.9)^2}=0.9$이다.

승유: $\sqrt{256}=16$의 양의 제곱근은 4이다.

하은: $\left(-\dfrac{1}{6}\right)^2=\dfrac{1}{36}$의 음의 제곱근은 $-\dfrac{1}{6}$이다.

따라서 잘못 말한 학생은 승유이다. 답 ④

0112 닮음비가 $1:3$이므로 넓이의 비는 $1:9$

작은 정사각형의 한 변의 길이를 x로 놓으면

$x^2+9x^2=60$, $x^2=6$

∴ $x=\sqrt{6}$

따라서 작은 정사각형의 한 변의 길이는 $\sqrt{6}$이다. 답 ⑤

0113 ① $(-\sqrt{2})^2=(-\sqrt{2})\times(-\sqrt{2})=2$

② $\sqrt{5^2}=\sqrt{25}=5$

③ $-\sqrt{3^2}=-\sqrt{9}=-3$

④ $\sqrt{(-6)^2}=\sqrt{36}=6$

⑤ $-\sqrt{(-7)^2}=-\sqrt{49}=-7$

따라서 옳지 않은 것은 ⑤이다. 답 ⑤

0114 $-\sqrt{\dfrac{16}{25}}\times\sqrt{225}+\sqrt{(-8)^2}=-\dfrac{4}{5}\times15+8=-12+8$

$=-4$ 답 ④

0115 $-b>0$, $b-a<0$이므로

$(\sqrt{3a})^2+\sqrt{(-b)^2}+\sqrt{(b-a)^2}$

$=3a+(-b)-(b-a)=4a-2b$ 답 ③

0116 (i) $180x=2^2\times3^2\times5\times x$이므로 $x=5\times($자연수$)^2$ 꼴이어야 한다.

(ii) $\dfrac{320}{x}=\dfrac{2^6\times5}{x}$이므로 x는 320의 약수이면서 $5\times($자연수$)^2$ 꼴이어야 한다.

(i), (ii)에서 가장 작은 두 자리 자연수 x는

$5\times2^2=20$ 🅐 ③

0117 $\sqrt{\dfrac{70-n}{2}}$이 정수가 되려면 $\dfrac{70-n}{2}$이 35보다 작은 $($정수$)^2$ 꼴이어야 하므로

$\dfrac{70-n}{2}=0$에서 $n=70$

$\dfrac{70-n}{2}=1^2=1$에서 $n=68$

$\dfrac{70-n}{2}=2^2=4$에서 $n=62$

$\dfrac{70-n}{2}=3^2=9$에서 $n=52$

$\dfrac{70-n}{2}=4^2=16$에서 $n=38$

$\dfrac{70-n}{2}=5^2=25$에서 $n=20$

따라서 모든 자연수 n은 20, 38, 52, 62, 68, 70으로 6개이다.   🅐 6

0118 ③ $\sqrt{9}<\sqrt{10}<\sqrt{16}=4$

따라서 옳지 않은 것은 ③이다.   🅐 ③

0119 ① $\dfrac{1}{a^2}>1$ ② $\dfrac{1}{a}>1$ ③ $\sqrt{\dfrac{1}{a}}>1$

④ $0<\sqrt{a}<1$ ⑤ $0<a^2<1$

그런데 $0<a<1$일 때, $\sqrt{a}>a^2$이므로 a^2의 값이 가장 작다.   🅐 ⑤

0120 $\sqrt{9}=3$이므로 $f(9)=2$

$\sqrt{9}<\sqrt{15}<\sqrt{16}$에서 $3<\sqrt{15}<4$이므로

$f(15)=3$

$\sqrt{16}<\sqrt{24}<\sqrt{25}$에서 $4<\sqrt{24}<5$이므로

$f(24)=4$

$\sqrt{36}<\sqrt{37}<\sqrt{49}$에서 $6<\sqrt{37}<7$이므로

$f(37)=6$

∴ $f(9)+f(15)+f(24)+f(37)=2+3+4+6=15$ 🅐 ②

0121 $\sqrt{0.64}=\sqrt{0.8^2}=0.8$, $\sqrt{\dfrac{1}{4}}=\sqrt{\left(\dfrac{1}{2}\right)^2}=\dfrac{1}{2}$,

$1-\sqrt{9}=1-3=-2$, $0.0\dot{6}=\dfrac{6}{90}=\dfrac{1}{15}$

따라서 무리수는 $-\sqrt{13}$, $5+\sqrt{2}$로 2개이다.   🅐 2개

0122 ② $a=\sqrt{3}$일 때, $a-\sqrt{3}=0$

④ 0과 1 사이에는 정수가 없다.

⑤ 수직선은 유리수와 무리수에 대응하는 점들로 완전히 메울 수 있다.

따라서 옳은 것은 ①, ③이다.   🅐 ①, ③

0123 $\sqrt{5.46}=2.337$이므로 $a=2.337$

$\sqrt{5.28}=2.298$이므로 $b=5.28$

∴ $1000a-100b=2337-528=1809$ 🅐 1809

0124 한 변의 길이가 1인 정사각형의 대각선의 길이는 $\sqrt{2}$이므로

① A$(-\sqrt{2})$ ② B$(-1+\sqrt{2})$ ③ C$(2-\sqrt{2})$

④ D$(1+\sqrt{2})$ ⑤ E$(2+\sqrt{2})$

따라서 각 점에 대응하는 수로 옳지 않은 것은 ①이다.   🅐 ①

0125 $\overline{AP}=\overline{AC}=\sqrt{3^2+3^2}=\sqrt{18}$이므로 점 P에 대응하는 수는

$a=-1+\sqrt{18}$

$4<\sqrt{18}<5$에서 $3<-1+\sqrt{18}<4$ ∴ $3<a<4$

① $2<\sqrt{5}<3$이므로 $\sqrt{5}<a$

② $\dfrac{9}{2}=4.5$이므로 $a<\dfrac{9}{2}<5$

③ $3<a<4$이므로 $\dfrac{3}{2}<\dfrac{a}{2}<2$, $\dfrac{9}{2}<\dfrac{a}{2}+3<5$

   ∴ $a<\dfrac{a}{2}+3<5$

④ $3<a<4$이므로 $4<a+1<5$ ∴ $a<a+1<5$

⑤ $3<a<4$이므로 $-4<-a<-3$ ∴ $5<-a+9<6$

따라서 a와 5 사이에 있지 않은 것은 ①, ⑤이다.   🅐 ①, ⑤

0126 $\sqrt{9}<\sqrt{10}<\sqrt{16}$, 즉 $3<\sqrt{10}<4$이므로

$2<\sqrt{10}-1<3$

$\sqrt{1}<\sqrt{3}<\sqrt{4}$, 즉 $1<\sqrt{3}<2$이므로

$-1<\sqrt{3}-2<0$

$\sqrt{9}=3$

$\sqrt{4}<\sqrt{8}<\sqrt{9}$, 즉 $2<\sqrt{8}<3$이므로

$3<\sqrt{8}+1<4$

따라서 주어진 수의 대소를 비교하면

$-1<\sqrt{3}-2<\sqrt{10}-1<\sqrt{9}<\sqrt{8}+1$

이므로 세 번째 오는 수는 $\sqrt{10}-1$이다.   🅐 ①

0127 $\sqrt{100+x}-\sqrt{200-y}$가 가장 작은 정수가 되려면 $\sqrt{100+x}$는 가장 작은 자연수이고 $\sqrt{200-y}$는 가장 큰 자연수가 되어야 한다.

$100+x$가 100보다 큰 (자연수)^2 꼴 중에서 가장 작은 수가 되어야 하므로

$100+x=121$ $\therefore x=21$

$200-y$가 200보다 작은 (자연수)^2 꼴 중에서 가장 큰 수가 되어야 하므로

$200-y=196$ $\therefore y=4$

$\therefore x-y=21-4=17$ 🅐 ④

0128 $f(n)=\sqrt{0.\dot{n}}=\sqrt{\dfrac{n}{9}}=\sqrt{\dfrac{n}{3^2}}$이므로 $\sqrt{\dfrac{n}{3^2}}$이 유리수가 되도록 하는 10 미만의 자연수 n은 1^2, 2^2, 3^2의 3개이다.

따라서 $f(1)$, $f(2)$, $f(3)$, $\cdots$, $f(9)$ 중에서 무리수의 개수는

$9-3=6$ 🅐 6

0129 $a<0$이므로

$-3a>0$, $\dfrac{3}{4}a<0$, $8a<0$, $0.5a<0$ ··· ❶

$\therefore$ (주어진 식)

$\quad =\sqrt{(-3a)^2}\times\sqrt{\left(\dfrac{3}{4}a\right)^2}-\sqrt{(8a)^2}\times\sqrt{(0.5a)^2}$

$\quad =-3a\times\left(-\dfrac{3}{4}a\right)-(-8a)\times(-0.5a)$

$\quad =\dfrac{9}{4}a^2-4a^2=-\dfrac{7}{4}a^2$ ··· ❷

🅐 $-\dfrac{7}{4}a^2$

채점 기준	배점
❶ $-3a$, $\dfrac{3}{4}a$, $8a$, $0.5a$의 부호 각각 구하기	40 %
❷ 주어진 식 간단히 하기	60 %

0130 $4<\sqrt{18}<5$이므로 두 정수 m, n에 대하여 $m+\sqrt{18}$과 $n-\sqrt{18}$을 수직선 위에 나타내면 다음 그림과 같다.   ··· ❶

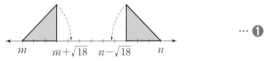

m과 $m+\sqrt{18}$ 사이에 있는 정수는 4개, $m+\sqrt{18}$과 $n-\sqrt{18}$ 사이에 있는 정수는 3개, $n-\sqrt{18}$과 n 사이에 있는 정수는 4개이므로 m과 n 사이에 있는 정수의 개수는

$4+3+4=11$ ··· ❷

따라서 $n=m+12$이므로 $n-m=12$ ··· ❸

🅐 12

채점 기준	배점
❶ $m+\sqrt{18}$과 $n-\sqrt{18}$을 수직선 위에 각각 나타내기	40 %
❷ m, n 사이에 있는 정수의 개수 구하기	40 %
❸ $n-m$의 값 구하기	20 %

02 근호를 포함한 식의 계산

I. 실수와 그 계산

step 1 개념 익히고, 🍳

본문 33, 35쪽

0131 🅐 (1) $\sqrt{15}$ (2) $2\sqrt{30}$ (3) $\sqrt{42}$
(4) $-20\sqrt{21}$ (5) $12\sqrt{22}$ (6) $\sqrt{6}$

0132 (1) $\dfrac{\sqrt{14}}{\sqrt{7}}=\sqrt{\dfrac{14}{7}}=\sqrt{2}$

(2) $\dfrac{\sqrt{66}}{\sqrt{11}}=\sqrt{\dfrac{66}{11}}=\sqrt{6}$

(3) $\sqrt{56}\div\sqrt{8}=\dfrac{\sqrt{56}}{\sqrt{8}}=\sqrt{\dfrac{56}{8}}=\sqrt{7}$

(4) $\sqrt{3}\div\sqrt{15}=\dfrac{\sqrt{3}}{\sqrt{15}}=\sqrt{\dfrac{3}{15}}=\sqrt{\dfrac{1}{5}}=\dfrac{1}{\sqrt{5}}$

🅐 (1) $\sqrt{2}$ (2) $\sqrt{6}$ (3) $\sqrt{7}$ (4) $\dfrac{1}{\sqrt{5}}$

0133 🅐 (1) 3, 3 (2) 5, 5 (3) 10, 10

0134 (1) $\sqrt{63}=\sqrt{3^2\times7}=3\sqrt{7}$
(2) $\sqrt{50}=\sqrt{5^2\times2}=5\sqrt{2}$
(3) $-\sqrt{98}=-\sqrt{7^2\times2}=-7\sqrt{2}$
(4) $-\sqrt{162}=-\sqrt{9^2\times2}=-9\sqrt{2}$

🅐 (1) $3\sqrt{7}$ (2) $5\sqrt{2}$ (3) $-7\sqrt{2}$ (4) $-9\sqrt{2}$

0135 (1) $6\sqrt{2}=\sqrt{6^2\times2}=\sqrt{72}$
(2) $5\sqrt{3}=\sqrt{5^2\times3}=\sqrt{75}$
(3) $-3\sqrt{10}=-\sqrt{3^2\times10}=-\sqrt{90}$
(4) $-4\sqrt{7}=-\sqrt{4^2\times7}=-\sqrt{112}$

🅐 (1) $\sqrt{72}$ (2) $\sqrt{75}$ (3) $-\sqrt{90}$ (4) $-\sqrt{112}$

0136 🅐 (1) 5, 3, 5 (2) 18, 2, 2, 10

0137 (1) $\sqrt{\dfrac{7}{36}}=\sqrt{\dfrac{7}{6^2}}=\dfrac{\sqrt{7}}{6}$

(2) $\sqrt{\dfrac{6}{98}}=\sqrt{\dfrac{3}{49}}=\sqrt{\dfrac{3}{7^2}}=\dfrac{\sqrt{3}}{7}$

(3) $\sqrt{0.03}=\sqrt{\dfrac{3}{100}}=\sqrt{\dfrac{3}{10^2}}=\dfrac{\sqrt{3}}{10}$

(4) $\sqrt{0.24}=\sqrt{\dfrac{24}{100}}=\sqrt{\dfrac{6}{25}}=\sqrt{\dfrac{6}{5^2}}=\dfrac{\sqrt{6}}{5}$

🅐 (1) $\dfrac{\sqrt{7}}{6}$ (2) $\dfrac{\sqrt{3}}{7}$ (3) $\dfrac{\sqrt{3}}{10}$ (4) $\dfrac{\sqrt{6}}{5}$

16 정답과 해설

0138

(1) $\dfrac{1}{\sqrt{6}}=\dfrac{\sqrt{6}}{\sqrt{6}\times\sqrt{6}}=\dfrac{\sqrt{6}}{6}$

(2) $\dfrac{5}{\sqrt{5}}=\dfrac{5\times\sqrt{5}}{\sqrt{5}\times\sqrt{5}}=\dfrac{5\sqrt{5}}{5}=\sqrt{5}$

(3) $\dfrac{\sqrt{2}}{\sqrt{7}}=\dfrac{\sqrt{2}\times\sqrt{7}}{\sqrt{7}\times\sqrt{7}}=\dfrac{\sqrt{14}}{7}$

(4) $\dfrac{3}{2\sqrt{6}}=\dfrac{3\times\sqrt{6}}{2\sqrt{6}\times\sqrt{6}}=\dfrac{3\sqrt{6}}{12}=\dfrac{\sqrt{6}}{4}$

(5) $\dfrac{3}{\sqrt{18}}=\dfrac{3}{3\sqrt{2}}=\dfrac{1}{\sqrt{2}}=\dfrac{\sqrt{2}}{\sqrt{2}\times\sqrt{2}}=\dfrac{\sqrt{2}}{2}$

(6) $\dfrac{2}{\sqrt{27}}=\dfrac{2}{3\sqrt{3}}=\dfrac{2\times\sqrt{3}}{3\sqrt{3}\times\sqrt{3}}=\dfrac{2\sqrt{3}}{9}$

(7) $\dfrac{3\sqrt{2}}{\sqrt{5}}=\dfrac{3\sqrt{2}\times\sqrt{5}}{\sqrt{5}\times\sqrt{5}}=\dfrac{3\sqrt{10}}{5}$

(8) $\dfrac{\sqrt{3}}{2\sqrt{11}}=\dfrac{\sqrt{3}\times\sqrt{11}}{2\sqrt{11}\times\sqrt{11}}=\dfrac{\sqrt{33}}{22}$

🅓 (1) $\dfrac{\sqrt{6}}{6}$　(2) $\sqrt{5}$　(3) $\dfrac{\sqrt{14}}{7}$　(4) $\dfrac{\sqrt{6}}{4}$

(5) $\dfrac{\sqrt{2}}{2}$　(6) $\dfrac{2\sqrt{3}}{9}$　(7) $\dfrac{3\sqrt{10}}{5}$　(8) $\dfrac{\sqrt{33}}{22}$

0139

(1) $2\sqrt{3}+5\sqrt{3}=(2+5)\sqrt{3}=7\sqrt{3}$

(2) $3\sqrt{2}+7\sqrt{2}-4\sqrt{2}=(3+7-4)\sqrt{2}=6\sqrt{2}$

(3) $10\sqrt{5}-3\sqrt{5}-8\sqrt{5}=(10-3-8)\sqrt{5}=-\sqrt{5}$

(4) $4\sqrt{5}+8\sqrt{3}+4\sqrt{3}-7\sqrt{5}=(4-7)\sqrt{5}+(8+4)\sqrt{3}$
$=-3\sqrt{5}+12\sqrt{3}$

(5) $2\sqrt{13}-5\sqrt{7}-\sqrt{7}+8\sqrt{13}=(2+8)\sqrt{13}+(-5-1)\sqrt{7}$
$=10\sqrt{13}-6\sqrt{7}$

🅓 (1) $7\sqrt{3}$　(2) $6\sqrt{2}$　(3) $-\sqrt{5}$

(4) $-3\sqrt{5}+12\sqrt{3}$　(5) $10\sqrt{13}-6\sqrt{7}$

0140　🅓 ㈎: 2, ㈏: 3, ㈐: 3, ㈑: 7, ㈒: 2

0141

(1) $\sqrt{50}-\sqrt{32}=5\sqrt{2}-4\sqrt{2}=\sqrt{2}$

(2) $\sqrt{48}+\sqrt{75}-2\sqrt{12}-\sqrt{3}+5\sqrt{3}-4\sqrt{3}=5\sqrt{3}$

(3) $4\sqrt{80}-\sqrt{5}+3\sqrt{45}=16\sqrt{5}-\sqrt{5}+9\sqrt{5}=24\sqrt{5}$

(4) $\sqrt{27}-\sqrt{18}+\sqrt{50}-\sqrt{108}=3\sqrt{3}-3\sqrt{2}+5\sqrt{2}-6\sqrt{3}$
$=2\sqrt{2}-3\sqrt{3}$

(5) $\sqrt{72}-\sqrt{32}-\sqrt{12}+2\sqrt{27}=6\sqrt{2}-4\sqrt{2}-2\sqrt{3}+6\sqrt{3}$
$=2\sqrt{2}+4\sqrt{3}$

🅓 (1) $\sqrt{2}$　(2) $5\sqrt{3}$　(3) $24\sqrt{5}$　(4) $2\sqrt{2}-3\sqrt{3}$　(5) $2\sqrt{2}+4\sqrt{3}$

0142

(1) $\sqrt{2}(5+2\sqrt{3})=\sqrt{2}\times5+\sqrt{2}\times2\sqrt{3}$
$=5\sqrt{2}+2\sqrt{6}$

(2) $\sqrt{7}(3\sqrt{2}-2\sqrt{14})=\sqrt{7}\times3\sqrt{2}-\sqrt{7}\times2\sqrt{14}$
$=3\sqrt{14}-2\sqrt{98}$
$=3\sqrt{14}-14\sqrt{2}$

(3) $(\sqrt{6}-\sqrt{12})\sqrt{2}+\sqrt{3}=\sqrt{6}\times\sqrt{2}-\sqrt{12}\times\sqrt{2}+\sqrt{3}$
$=\sqrt{12}-\sqrt{24}+\sqrt{3}$
$=2\sqrt{3}-2\sqrt{6}+\sqrt{3}$
$=3\sqrt{3}-2\sqrt{6}$

(4) $(\sqrt{27}+\sqrt{15})\div\sqrt{3}=(\sqrt{27}+\sqrt{15})\times\dfrac{1}{\sqrt{3}}$
$=\sqrt{27}\times\dfrac{1}{\sqrt{3}}+\sqrt{15}\times\dfrac{1}{\sqrt{3}}$
$=\sqrt{9}+\sqrt{5}=3+\sqrt{5}$

(5) $(\sqrt{75}-\sqrt{60})\div\sqrt{5}=(\sqrt{75}-\sqrt{60})\times\dfrac{1}{\sqrt{5}}$
$=\sqrt{75}\times\dfrac{1}{\sqrt{5}}-\sqrt{60}\times\dfrac{1}{\sqrt{5}}$
$=\sqrt{15}-\sqrt{12}=\sqrt{15}-2\sqrt{3}$

🅓 (1) $5\sqrt{2}+2\sqrt{6}$　(2) $3\sqrt{14}-14\sqrt{2}$　(3) $3\sqrt{3}-2\sqrt{6}$
(4) $3+\sqrt{5}$　　　(5) $\sqrt{15}-2\sqrt{3}$

0143　🅓 ㈎: $\sqrt{2}$, ㈏: 2, ㈐: 12, ㈑: 3

0144

(1) $(\sqrt{15}-3)-(\sqrt{11}-3)=\sqrt{15}-3-\sqrt{11}+3$
$=\sqrt{15}-\sqrt{11}>0$
$\therefore\sqrt{15}-3>\sqrt{11}-3$

(2) $(4+\sqrt{2})-(\sqrt{2}+3)=4+\sqrt{2}-\sqrt{2}-3=1>0$
$\therefore4+\sqrt{2}>\sqrt{2}+3$

(3) $(2-\sqrt{20})-(1-\sqrt{5})=2-2\sqrt{5}-1+\sqrt{5}=1-\sqrt{5}<0$
$\therefore2-\sqrt{20}<1-\sqrt{5}$

(4) $(2+\sqrt{8})-(3+\sqrt{2})=2+2\sqrt{2}-3-\sqrt{2}=-1+\sqrt{2}>0$
$\therefore2+\sqrt{8}>3+\sqrt{2}$

🅓 (1) $>$　(2) $>$　(3) $<$　(4) $>$

B step 기출 & 변형하면… 　본문 36~48쪽

0145　$3\sqrt{6}\times\left(-\sqrt{\dfrac{7}{6}}\right)\times(-4\sqrt{2})$
$=12\sqrt{6\times\dfrac{7}{6}\times2}=12\sqrt{14}$　　🅓 ⑤

0146　$4\sqrt{\dfrac{6}{5}}\times\sqrt{\dfrac{15}{2}}=4\sqrt{\dfrac{6}{5}\times\dfrac{15}{2}}=4\sqrt{9}=12$
$\therefore a=12$
$3\sqrt{2}\times2\sqrt{5}\times\sqrt{10}=6\sqrt{2\times5\times10}=6\sqrt{100}=60$
$\therefore b=60$
$\therefore a+b=12+60=72$　　🅓 ⑤

0147 $3 \times \sqrt{7} \times \sqrt{k} = 3\sqrt{7k}$, $\sqrt{3} \times \sqrt{27} = \sqrt{3 \times 27} = \sqrt{81} = 9$이므로

$3\sqrt{7k} = 9$, $\sqrt{7k} = 3$, $7k = 9$

$\therefore k = \dfrac{9}{7}$ 답 $\dfrac{9}{7}$

0148 $\sqrt{3} \times \sqrt{5} \times \sqrt{a} \times \sqrt{20} \times \sqrt{3a} = \sqrt{3 \times 5 \times a \times 20 \times 3a}$
$$= \sqrt{900 \times a^2}$$
$$= \sqrt{(30a)^2}$$
$$= 30a \ (\because a > 0) \quad \cdots \text{❶}$$

따라서 $30a = 120$이므로 $a = 4$ $\cdots$ ❷

답 4

채점 기준	배점
❶ 주어진 식의 좌변을 간단히 나타내기	80 %
❷ a의 값 구하기	20 %

0149 ① $\sqrt{18} \div 2\sqrt{6} = \dfrac{\sqrt{18}}{2\sqrt{6}} = \dfrac{1}{2}\sqrt{\dfrac{18}{6}} = \dfrac{\sqrt{3}}{2}$

② $2\sqrt{2} \div \sqrt{6} = \dfrac{2\sqrt{2}}{\sqrt{6}} = 2\sqrt{\dfrac{2}{6}} = 2\sqrt{\dfrac{1}{3}}$

③ $\sqrt{24} \div 2\sqrt{8} = \dfrac{\sqrt{24}}{2\sqrt{8}} = \dfrac{1}{2}\sqrt{\dfrac{24}{8}} = \dfrac{\sqrt{3}}{2}$

④ $2\sqrt{\dfrac{6}{7}} \div \dfrac{4\sqrt{2}}{\sqrt{7}} = 2\sqrt{\dfrac{6}{7}} \times \dfrac{\sqrt{7}}{4\sqrt{2}} = \dfrac{2}{4}\sqrt{\dfrac{6}{7} \times \dfrac{7}{2}} = \dfrac{\sqrt{3}}{2}$

⑤ $\dfrac{\sqrt{6}}{\sqrt{5}} \div \dfrac{2\sqrt{2}}{\sqrt{5}} = \dfrac{\sqrt{6}}{\sqrt{5}} \times \dfrac{\sqrt{5}}{2\sqrt{2}} = \dfrac{1}{2}\sqrt{\dfrac{6}{5} \times \dfrac{5}{2}} = \dfrac{\sqrt{3}}{2}$

따라서 계산 결과가 나머지 넷과 다른 것은 ②이다.   답 ②

0150 ① $\sqrt{27} \div \sqrt{3} = \dfrac{\sqrt{27}}{\sqrt{3}} = \sqrt{\dfrac{27}{3}} = \sqrt{9} = 3$

② $2\sqrt{40} \div 4\sqrt{8} = \dfrac{2\sqrt{40}}{4\sqrt{8}} = \dfrac{1}{2}\sqrt{\dfrac{40}{8}} = \dfrac{\sqrt{5}}{2}$

③ $6\sqrt{6} \div 3\sqrt{3} = \dfrac{6\sqrt{6}}{3\sqrt{3}} = 2\sqrt{\dfrac{6}{3}} = 2\sqrt{2}$

④ $\dfrac{\sqrt{45}}{\sqrt{15}} \div \dfrac{\sqrt{6}}{2\sqrt{14}} = \dfrac{\sqrt{45}}{\sqrt{15}} \times \dfrac{2\sqrt{14}}{\sqrt{6}} = 2\sqrt{\dfrac{45}{15} \times \dfrac{14}{6}} = 2\sqrt{7}$

⑤ $\sqrt{24} \div \sqrt{12} \div \dfrac{1}{\sqrt{18}} = \sqrt{24} \times \dfrac{1}{\sqrt{12}} \times \sqrt{18}$
$$= \sqrt{24 \times \dfrac{1}{12} \times 18} = \sqrt{36} = 6$$

따라서 옳지 않은 것은 ④이다.   답 ④

0151 $3\sqrt{2} \div \dfrac{\sqrt{5}}{\sqrt{14}} \div \dfrac{1}{\sqrt{35}} = 3\sqrt{2} \times \dfrac{\sqrt{14}}{\sqrt{5}} \times \sqrt{35}$
$$= 3\sqrt{2 \times \dfrac{14}{5} \times 35}$$
$$= 3\sqrt{14^2} = 42$$

답 42

0152 $\sqrt{a} = \sqrt{\dfrac{16}{3}} \div \sqrt{\dfrac{5}{12}} \div \sqrt{\dfrac{8}{15}} = \sqrt{\dfrac{16}{3}} \times \sqrt{\dfrac{12}{5}} \times \sqrt{\dfrac{15}{8}}$
$$= \sqrt{\dfrac{16}{3} \times \dfrac{12}{5} \times \dfrac{15}{8}} = \sqrt{24} \quad \cdots \text{❶}$$

$\sqrt{b} = \sqrt{80} \div \sqrt{8} \div \sqrt{15} = \sqrt{80} \times \dfrac{1}{\sqrt{8}} \times \dfrac{1}{\sqrt{15}}$
$$= \sqrt{80 \times \dfrac{1}{8} \times \dfrac{1}{15}} = \sqrt{\dfrac{2}{3}} \quad \cdots \text{❷}$$

$\sqrt{a} \div \sqrt{b} = \sqrt{24} \div \sqrt{\dfrac{2}{3}} = \sqrt{24} \times \sqrt{\dfrac{3}{2}}$
$$= \sqrt{24 \times \dfrac{3}{2}} = \sqrt{36} = 6$$

따라서 $\sqrt{a}$는 $\sqrt{b}$의 6배이다. $\cdots$ ❸

답 6배

채점 기준	배점
❶ $\sqrt{a}$의 값 구하기	30 %
❷ $\sqrt{b}$의 값 구하기	30 %
❸ $\sqrt{a}$가 $\sqrt{b}$의 몇 배인지 구하기	40 %

0153 $\sqrt{75} = \sqrt{5^2 \times 3} = 5\sqrt{3}$ $\therefore a = 5$

$4\sqrt{2} = \sqrt{4^2 \times 2} = \sqrt{32}$ $\therefore b = 32$

$\therefore a + b = 5 + 32 = 37$ 답 ②

0154 $\sqrt{50} = \sqrt{5^2 \times 2} = 5\sqrt{2}$이므로 $a = 5$

$6\sqrt{5} = \sqrt{6^2 \times 5} = \sqrt{180}$이므로 $b = 180$

$\therefore \sqrt{ab} = \sqrt{5 \times 180} = \sqrt{900} = 30$ 답 ⑤

0155 $6\sqrt{3} = \sqrt{6^2 \times 3} = \sqrt{108}$이므로

$48 + 6x = 108$, $6x = 60$ $\therefore x = 10$ 답 ③

0156 $\sqrt{63x} - \sqrt{80y} = z$에서

$\sqrt{3^2 \times 7x} - \sqrt{4^2 \times 5y} = z$, $3\sqrt{7x} - 4\sqrt{5y} = z$

z가 자연수이므로 $\sqrt{7x}$, $\sqrt{5y}$는 자연수가 되어야 한다. 이 때 x, y는 한 자리 자연수이므로

$x = 7$, $y = 5$ $\cdots$ ❶

$\therefore z = 3\sqrt{7^2} - 4\sqrt{5^2} = 21 - 20 = 1$ $\cdots$ ❷

답 $x = 7$, $y = 5$, $z = 1$

채점 기준	배점
❶ x, y의 값 각각 구하기	60 %
❷ z의 값 구하기	40 %

0157 $\sqrt{0.12} = \sqrt{\dfrac{12}{100}} = \sqrt{\dfrac{3}{25}} = \sqrt{\dfrac{3}{5^2}} = \dfrac{\sqrt{3}}{5}$

$\therefore k = \dfrac{1}{5}$ 답 ②

0158 ㄱ. $\sqrt{0.48}=\sqrt{\dfrac{48}{100}}=\sqrt{\dfrac{4^2\times3}{10^2}}=\dfrac{4\sqrt{3}}{10}=\dfrac{2\sqrt{3}}{5}$

ㄴ. $\sqrt{\dfrac{15}{27}}=\sqrt{\dfrac{5}{9}}=\sqrt{\dfrac{5}{3^2}}=\dfrac{\sqrt{5}}{3}$

ㄷ. $\sqrt{0.45}=\sqrt{\dfrac{45}{100}}=\sqrt{\dfrac{3^2\times5}{10^2}}=\dfrac{3\sqrt{5}}{10}$

ㄹ. $-\sqrt{\dfrac{35}{112}}=-\sqrt{\dfrac{5}{16}}=-\sqrt{\dfrac{5}{4^2}}=-\dfrac{\sqrt{5}}{4}$

따라서 옳은 것은 ㄷ, ㄹ이다. 　　　　　　　　　　　📑 ⑤

0159 $\dfrac{5\sqrt{2}}{\sqrt{12}}=\dfrac{\sqrt{5^2\times2}}{\sqrt{12}}=\dfrac{\sqrt{50}}{\sqrt{12}}=\sqrt{\dfrac{50}{12}}=\sqrt{\dfrac{25}{6}}$

$\therefore a=\dfrac{25}{6}$

$\dfrac{5\sqrt{3}}{6}=\dfrac{\sqrt{5^2\times3}}{\sqrt{6^2}}=\dfrac{\sqrt{75}}{\sqrt{36}}=\sqrt{\dfrac{75}{36}}=\sqrt{\dfrac{25}{12}}$

$\therefore b=\dfrac{25}{12}$

$\therefore \dfrac{b}{a}=b\div a=\dfrac{25}{12}\div\dfrac{25}{6}=\dfrac{25}{12}\times\dfrac{6}{25}=\dfrac{1}{2}$ 　📑 $\dfrac{1}{2}$

0160 $\sqrt{\dfrac{150}{49}}=\sqrt{\dfrac{2\times3\times5^2}{7^2}}=\dfrac{5\sqrt{6}}{7}$이므로 $a=\dfrac{5}{7}$

$\sqrt{0.005}=\sqrt{\dfrac{50}{10000}}=\sqrt{\dfrac{5^2\times2}{100^2}}=\dfrac{5\sqrt{2}}{100}=\dfrac{\sqrt{2}}{20}$이므로 $b=\dfrac{1}{20}$

$\therefore ab=\dfrac{5}{7}\times\dfrac{1}{20}=\dfrac{1}{28}$ 　　　　　　📑 $\dfrac{1}{28}$

0161 ① $\sqrt{581}=\sqrt{5.81\times100}=10\sqrt{5.81}=10\times2.410$
$\qquad=24.10$

② $\sqrt{5810}=\sqrt{58.1\times100}=10\sqrt{58.1}=10\times7.622=76.22$

③ $\sqrt{0.581}=\sqrt{\dfrac{58.1}{100}}=\dfrac{\sqrt{58.1}}{10}=\dfrac{7.622}{10}=0.7622$

④ $\sqrt{0.0581}=\sqrt{\dfrac{5.81}{100}}=\dfrac{\sqrt{5.81}}{10}=\dfrac{2.410}{10}=0.2410$

⑤ $\sqrt{0.00581}=\sqrt{\dfrac{58.1}{10000}}=\dfrac{\sqrt{58.1}}{100}=\dfrac{7.622}{100}=0.07622$

따라서 옳지 않은 것은 ⑤이다. 　　　　　　　📑 ⑤

0162 $\sqrt{2220}=\sqrt{100\times22.2}=10\sqrt{22.2}$
$\qquad=10\times4.712=47.12$

$\sqrt{241000}=\sqrt{10000\times24.1}=100\sqrt{24.1}$
$\qquad=100\times4.909=490.9$

$\sqrt{0.234}=\sqrt{\dfrac{23.4}{100}}=\dfrac{\sqrt{23.4}}{10}=\dfrac{4.837}{10}=0.4837$

$\sqrt{0.00223}=\sqrt{\dfrac{22.3}{10000}}=\dfrac{\sqrt{22.3}}{100}=\dfrac{4.722}{100}=0.04722$

이때 $\sqrt{210}$, $\sqrt{0.00023}$은 주어진 제곱근표를 이용하여 그 값을 구할 수 없다. 　　　　📑 $\sqrt{210}$, $\sqrt{0.00023}$

0163 $286=100\times2.86$
$\qquad=100\times\sqrt{8.17}$
$\qquad=\sqrt{10000}\times\sqrt{8.17}$
$\qquad=\sqrt{81700}$

$\therefore a=81700$ 　　　　　　　　　　📑 81700

0164 $\dfrac{1}{\sqrt{500}}=\sqrt{\dfrac{1}{500}}=\sqrt{\dfrac{20}{10000}}=\dfrac{\sqrt{20}}{100}$
$\qquad=\dfrac{4.472}{100}=0.04472$ 　　　　　📑 0.04472

0165 $\sqrt{45}=\sqrt{3^2\times5}=(\sqrt{3})^2\times\sqrt{5}=a^2b$ 　📑 ③

0166 $\sqrt{0.24}=\sqrt{\dfrac{24}{100}}=\sqrt{\dfrac{6}{25}}=\dfrac{\sqrt{6}}{5}=\dfrac{a}{5}$ 　📑 ①

0167 $\sqrt{0.025}+\sqrt{250000}=\sqrt{\dfrac{2.5}{100}}+\sqrt{25\times10000}$
$\qquad=\dfrac{\sqrt{2.5}}{10}+100\sqrt{25}$
$\qquad=\dfrac{a}{10}+100b$ 　　　　　　📑 ③

0168 $\sqrt{0.3}=\sqrt{\dfrac{30}{100}}=\dfrac{\sqrt{30}}{10}=\dfrac{a}{10}$ 　　　… ❶

$\sqrt{400000}=\sqrt{40\times10000}=100\sqrt{40}=100b$ 　… ❷

따라서 $\sqrt{0.3}+\sqrt{400000}=\dfrac{a}{10}+100b$이므로

$x=\dfrac{1}{10}$, $y=100$ 　　　　　　　　… ❸

$\therefore xy=\dfrac{1}{10}\times100=10$ 　　　　　… ❹

📑 10

채점 기준	배점
❶ $\sqrt{0.3}$을 a를 사용하여 나타내기	30 %
❷ $\sqrt{400000}$을 b를 사용하여 나타내기	30 %
❸ x, y의 값 각각 구하기	20 %
❹ xy의 값 구하기	20 %

0169 ① $\dfrac{1}{\sqrt{7}}=\dfrac{\sqrt{7}}{\sqrt{7}\times\sqrt{7}}=\dfrac{\sqrt{7}}{7}$

② $\dfrac{\sqrt{3}}{\sqrt{7}}=\dfrac{\sqrt{3}\times\sqrt{7}}{\sqrt{7}\times\sqrt{7}}=\dfrac{\sqrt{21}}{7}$

③ $\dfrac{\sqrt{5}}{\sqrt{12}}=\dfrac{\sqrt{5}}{2\sqrt{3}}=\dfrac{\sqrt{5}\times\sqrt{3}}{2\sqrt{3}\times\sqrt{3}}=\dfrac{\sqrt{15}}{6}$

④ $\dfrac{9}{2\sqrt{3}}=\dfrac{9\times\sqrt{3}}{2\sqrt{3}\times\sqrt{3}}=\dfrac{9\sqrt{3}}{6}=\dfrac{3\sqrt{3}}{2}$

⑤ $\dfrac{5\sqrt{3}}{\sqrt{2}\sqrt{5}}=\dfrac{5\sqrt{3}}{\sqrt{10}}=\dfrac{5\sqrt{3}\times\sqrt{10}}{\sqrt{10}\times\sqrt{10}}=\dfrac{5\sqrt{30}}{10}=\dfrac{\sqrt{30}}{2}$

따라서 옳지 않은 것은 ⑤이다. 　　　　　　📑 ⑤

0170 $\dfrac{8\sqrt{a}}{3\sqrt{6}}=\dfrac{8\sqrt{a}\times\sqrt{6}}{3\sqrt{6}\times\sqrt{6}}=\dfrac{8\sqrt{6a}}{18}=\dfrac{4\sqrt{6a}}{9}$이므로

$\dfrac{4\sqrt{6a}}{9}=\dfrac{8\sqrt{3}}{9}$에서 $4\sqrt{6a}=8\sqrt{3}$

$\sqrt{6a}=2\sqrt{3}$, $\sqrt{6a}=\sqrt{12}$

$6a=12$ $\therefore a=2$ 답 ①

0171 $\sqrt{\dfrac{45}{98}}=\dfrac{\sqrt{45}}{\sqrt{98}}=\dfrac{3\sqrt{5}}{7\sqrt{2}}=\dfrac{3\sqrt{5}\times\sqrt{2}}{7\sqrt{2}\times\sqrt{2}}=\dfrac{3\sqrt{10}}{14}$

따라서 $a=7$, $b=3$, $c=\dfrac{3}{14}$이므로

$abc=7\times3\times\dfrac{3}{14}=\dfrac{9}{2}$ 답 $\dfrac{9}{2}$

0172 $\dfrac{\sqrt{5}}{2\sqrt{3}}=\dfrac{\sqrt{5}\times\sqrt{3}}{2\sqrt{3}\times\sqrt{3}}=\dfrac{\sqrt{15}}{6}$이므로 $a=15$

$\dfrac{6\sqrt{2}}{\sqrt{135}}=\dfrac{6\sqrt{2}}{3\sqrt{15}}=\dfrac{2\sqrt{2}}{\sqrt{15}}=\dfrac{2\sqrt{2}\times\sqrt{15}}{\sqrt{15}\times\sqrt{15}}=\dfrac{2\sqrt{30}}{15}$이므로

$b=\dfrac{2}{15}$

$\therefore ab=15\times\dfrac{2}{15}=2$ 답 2

0173 $\dfrac{\sqrt{3}}{4}\times\dfrac{2}{\sqrt{14}}\div\dfrac{1}{2\sqrt{2}}=\dfrac{\sqrt{3}}{4}\times\dfrac{2}{\sqrt{14}}\times2\sqrt{2}$

$=\dfrac{\sqrt{3}}{\sqrt{7}}=\dfrac{\sqrt{21}}{7}$ 답 $\dfrac{\sqrt{21}}{7}$

0174 ① $5\sqrt{2}\times\sqrt{6}\div\sqrt{10}=5\sqrt{2}\times\sqrt{6}\times\dfrac{1}{\sqrt{10}}=\dfrac{5\sqrt{6}}{\sqrt{5}}=\sqrt{30}$

② $\sqrt{75}\div\sqrt{18}\times\sqrt{6}=5\sqrt{3}\times\dfrac{1}{3\sqrt{2}}\times\sqrt{6}=5$

③ $\dfrac{3}{\sqrt{2}}\times\dfrac{\sqrt{35}}{\sqrt{3}}\div\dfrac{\sqrt{7}}{\sqrt{10}}=\dfrac{3}{\sqrt{2}}\times\dfrac{\sqrt{35}}{\sqrt{3}}\times\dfrac{\sqrt{10}}{\sqrt{7}}=\dfrac{15}{\sqrt{3}}=5\sqrt{3}$

④ $\sqrt{0.4}\times\sqrt{\dfrac{5}{8}}\div\dfrac{7}{\sqrt{20}}=\dfrac{2}{\sqrt{10}}\times\dfrac{\sqrt{5}}{2\sqrt{2}}\times\dfrac{2\sqrt{5}}{7}=\dfrac{\sqrt{5}}{7}$

⑤ $\dfrac{2\sqrt{3}}{3}\times\sqrt{\dfrac{5}{12}}\div\dfrac{\sqrt{5}}{9}=\dfrac{2\sqrt{3}}{3}\times\dfrac{\sqrt{5}}{2\sqrt{3}}\times\dfrac{9}{\sqrt{5}}=3$

따라서 옳지 않은 것은 ④이다.   답 ④

0175 $\sqrt{18}\div\sqrt{72}\times\sqrt{48}=3\sqrt{2}\times\dfrac{1}{6\sqrt{2}}\times4\sqrt{3}=2\sqrt{3}$

$\therefore a=2$ 답 2

0176 $\dfrac{\sqrt{98}}{3}\div(-6\sqrt{3})\times A=-\dfrac{7\sqrt{2}}{2}$에서

$\dfrac{7\sqrt{2}}{3}\times\left(-\dfrac{1}{6\sqrt{3}}\right)\times A=-\dfrac{7\sqrt{2}}{2}$, $-\dfrac{7\sqrt{6}}{54}\times A=-\dfrac{7\sqrt{2}}{2}$

$\therefore A=-\dfrac{7\sqrt{2}}{2}\div\left(-\dfrac{7\sqrt{6}}{54}\right)=-\dfrac{7\sqrt{2}}{2}\times\left(-\dfrac{54}{7\sqrt{6}}\right)$

$=\dfrac{27}{\sqrt{3}}=9\sqrt{3}$ 답 ⑤

0177 $\overline{AB}$를 한 변으로 하는 정사각형의 넓이가 24이므로
$\overline{AB}=\sqrt{24}=2\sqrt{6}$

$\overline{BC}$를 한 변으로 하는 정사각형의 넓이가 50이므로
$\overline{BC}=\sqrt{50}=5\sqrt{2}$

$\therefore \triangle ABC=\dfrac{1}{2}\times\overline{AB}\times\overline{BC}=\dfrac{1}{2}\times2\sqrt{6}\times5\sqrt{2}$

$=5\sqrt{12}=10\sqrt{3}$ 답 $10\sqrt{3}$

0178 $\overline{AD}=a$ cm라 하면 $\triangle ABD$에서

$a^2+a^2=(3\sqrt{6})^2$, $a^2=27$

$\therefore a=3\sqrt{3}\ (\because a>0)$

오른쪽 그림과 같이 꼭짓점 E에서 $\overline{AD}$에 내린
수선의 발을 H라 하면

$\overline{AH}=\overline{DH}=\dfrac{1}{2}\overline{AD}=\dfrac{3}{2}\sqrt{3}\,(\text{cm})$

$\triangle EAH$에서

$\overline{EH}=\sqrt{(3\sqrt{3})^2-\left(\dfrac{3}{2}\sqrt{3}\right)^2}$

$=\sqrt{\dfrac{81}{4}}=\dfrac{9}{2}\,(\text{cm})$ 답 ①

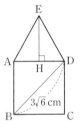

0179 (삼각형의 넓이)$=\dfrac{1}{2}\times\sqrt{72}\times\sqrt{32}$

$=\dfrac{1}{2}\times6\sqrt{2}\times4\sqrt{2}=24$ ⋯ ❶

직사각형의 세로의 길이를 x라 하면
(직사각형의 넓이)$=\sqrt{54}\times x=3\sqrt{6}x$ ⋯ ❷
삼각형의 넓이와 직사각형의 넓이가 같으므로
$24=3\sqrt{6}x$

$\therefore x=\dfrac{24}{3\sqrt{6}}=\dfrac{8}{\sqrt{6}}=\dfrac{8\sqrt{6}}{6}=\dfrac{4\sqrt{6}}{3}$

따라서 직사각형의 세로의 길이는 $\dfrac{4\sqrt{6}}{3}$이다.   ⋯ ❸

답 $\dfrac{4\sqrt{6}}{3}$

채점 기준	배점
❶ 삼각형의 넓이 구하기	30 %
❷ 미지수를 사용하여 직사각형의 넓이 나타내기	30 %
❸ 직사각형의 세로의 길이 구하기	40 %

0180 $S_1=12$이므로

$S_2=\dfrac{1}{3}S_1=\dfrac{1}{3}\times12=4$

$S_3=\dfrac{1}{3}S_2=\dfrac{1}{3}\times4=\dfrac{4}{3}$

$S_4=\dfrac{1}{3}S_3=\dfrac{1}{3}\times\dfrac{4}{3}=\dfrac{4}{9}$

$S_5=\dfrac{1}{3}S_4=\dfrac{1}{3}\times\dfrac{4}{9}=\dfrac{4}{27}$

즉, 다섯 번째 정사각형의 넓이는 $\dfrac{4}{27}$이다.

따라서 다섯 번째 정사각형의 한 변의 길이는

$$\sqrt{\frac{4}{27}}=\frac{2}{3\sqrt{3}}=\frac{2\sqrt{3}}{9}$$

∴ (다섯 번째 정사각형의 둘레의 길이)

$$=4\times\frac{2\sqrt{3}}{9}$$

$$=\frac{8\sqrt{3}}{9}$$

답 $\dfrac{8\sqrt{3}}{9}$

0181 원뿔의 높이를 $x\,\mathrm{cm}$라 하면

$$\frac{1}{3}\times\pi\times(4\sqrt{2})^2\times x=64\sqrt{5}\pi,\ \frac{32}{3}x=64\sqrt{5}$$

$$\therefore x=64\sqrt{5}\times\frac{3}{32}=6\sqrt{5}$$

따라서 원뿔의 높이는 $6\sqrt{5}\,\mathrm{cm}$이다.

답 $6\sqrt{5}\,\mathrm{cm}$

0182 사각뿔의 높이를 $x\,\mathrm{cm}$라 하면

$$\frac{1}{3}\times(2\sqrt{5})^2\times x=40\sqrt{3},\ \frac{20}{3}x=40\sqrt{3}$$

$$\therefore x=40\sqrt{3}\times\frac{20}{3}=6\sqrt{3}$$

따라서 사각뿔의 높이는 $6\sqrt{3}\,\mathrm{cm}$이다.

답 $6\sqrt{3}\,\mathrm{cm}$

0183 전개도로 만들어지는 원기둥의 밑면의 반지름의 길이를 $r\,\mathrm{cm}$라 하면

$$2\pi r=4\sqrt{3}\pi\qquad\therefore r=2\sqrt{3}$$

따라서 구하는 원기둥의 부피는

$$\pi\times(2\sqrt{3})^2\times4\sqrt{6}=\pi\times12\times4\sqrt{6}$$
$$=48\sqrt{6}\pi\,(\mathrm{cm}^3)$$

답 ④

0184 (직육면체의 부피)$=2\sqrt{2}\times\sqrt{6}\times x=4\sqrt{3}x$

(원기둥의 부피)$=\pi\times2^2\times\sqrt{15}=4\sqrt{15}\pi$

따라서 $4\sqrt{3}x=4\sqrt{15}\pi$이므로

$$x=\sqrt{5}\pi$$

답 $\sqrt{5}\pi$

0185 $\dfrac{5\sqrt{2}}{2}+\dfrac{\sqrt{7}}{5}-\dfrac{3\sqrt{2}}{4}+\dfrac{3\sqrt{7}}{10}$

$$=\left(\frac{10}{4}-\frac{3}{4}\right)\sqrt{2}+\left(\frac{2}{10}+\frac{3}{10}\right)\sqrt{7}$$

$$=\frac{7\sqrt{2}}{4}+\frac{\sqrt{7}}{2}$$

따라서 $a=\dfrac{7}{4}$, $b=\dfrac{1}{2}$이므로

$$a+b=\frac{7}{4}+\frac{1}{2}=\frac{9}{4}$$

답 ③

0186 $\sqrt{98}-\sqrt{80}+\sqrt{45}-\sqrt{32}=7\sqrt{2}-4\sqrt{5}+3\sqrt{5}-4\sqrt{2}$
$$=3\sqrt{2}-\sqrt{5}$$

따라서 $a=3$, $b=-1$이므로

$$a+b=3+(-1)=2$$

답 2

0187 $\dfrac{\sqrt{75}-9}{\sqrt{3}}-\dfrac{\sqrt{50}-\sqrt{6}}{\sqrt{2}}$

$$=\frac{5\sqrt{3}-9}{\sqrt{3}}-\frac{5\sqrt{2}-\sqrt{6}}{\sqrt{2}}$$

$$=\frac{(5\sqrt{3}-9)\times\sqrt{3}}{\sqrt{3}\times\sqrt{3}}-\frac{(5\sqrt{2}-\sqrt{6})\times\sqrt{2}}{\sqrt{2}\times\sqrt{2}}$$

$$=\frac{15-9\sqrt{3}}{3}-\frac{10-2\sqrt{3}}{2}$$

$$=5-3\sqrt{3}-5+\sqrt{3}$$

$$=-2\sqrt{3}$$

답 $-2\sqrt{3}$

0188 $\dfrac{b}{a}+\dfrac{a}{b}=\dfrac{\sqrt{8}}{\sqrt{3}}+\dfrac{\sqrt{3}}{\sqrt{8}}=\dfrac{2\sqrt{2}}{\sqrt{3}}+\dfrac{\sqrt{3}}{2\sqrt{2}}$

$$=\frac{2\sqrt{6}}{3}+\frac{\sqrt{6}}{4}=\frac{11\sqrt{6}}{12}$$

답 ⑤

0189 $\sqrt{2}(\sqrt{10}+\sqrt{18})-\sqrt{5}(3-2\sqrt{5})=2\sqrt{5}+6-3\sqrt{5}+10$
$$=-\sqrt{5}+16$$

따라서 $a=-1$, $b=16$이므로

$$a+b=-1+16=15$$

답 15

0190 $\sqrt{5}x-\sqrt{2}y=\sqrt{5}(\sqrt{5}+\sqrt{2})-\sqrt{2}(\sqrt{5}-\sqrt{2})$
$$=5+\sqrt{10}-\sqrt{10}+2$$
$$=7$$

답 7

0191 $\sqrt{2}\left(\dfrac{1}{\sqrt{2}}+2\right)-\sqrt{3}\left(\sqrt{6}-\dfrac{6}{\sqrt{3}}\right)=1+2\sqrt{2}-\sqrt{18}+6$
$$=1+2\sqrt{2}-3\sqrt{2}+6$$
$$=7-\sqrt{2}$$

답 ④

0192 $\sqrt{3}\left(\dfrac{15}{\sqrt{21}}-\dfrac{10}{\sqrt{15}}\right)-\sqrt{5}\left(\dfrac{1}{\sqrt{35}}-6\right)$

$$=\frac{15}{\sqrt{7}}-\frac{10}{\sqrt{5}}-\frac{1}{\sqrt{7}}+6\sqrt{5}$$

··· ❶

$$=\frac{15\sqrt{7}}{7}-2\sqrt{5}-\frac{\sqrt{7}}{7}+6\sqrt{5}=2\sqrt{7}+4\sqrt{5}$$

··· ❷

답 $2\sqrt{7}+4\sqrt{5}$

채점 기준	배점
❶ 분배법칙을 이용하여 괄호 풀기	40 %
❷ 제곱근의 덧셈과 뺄셈 계산하기	60 %

0193 $\dfrac{10-\sqrt{72}}{\sqrt{20}}=\dfrac{10-6\sqrt{2}}{2\sqrt{5}}=\dfrac{5-3\sqrt{2}}{\sqrt{5}}$

$$=\frac{(5-3\sqrt{2})\times\sqrt{5}}{\sqrt{5}\times\sqrt{5}}$$

$$=\frac{5\sqrt{5}-3\sqrt{10}}{5}$$

$$=\sqrt{5}-\frac{3\sqrt{10}}{5}$$

따라서 $a=1$, $b=-\dfrac{3}{5}$이므로

$a+b=1+\left(-\dfrac{3}{5}\right)=\dfrac{2}{5}$ 답 $\dfrac{2}{5}$

0194 $\dfrac{\sqrt{12}-\sqrt{5}}{\sqrt{5}}-\dfrac{\sqrt{20}-\sqrt{3}}{\sqrt{3}}$

$=\dfrac{(\sqrt{12}-\sqrt{5})\times\sqrt{5}}{\sqrt{5}\times\sqrt{5}}-\dfrac{(\sqrt{20}-\sqrt{3})\times\sqrt{3}}{\sqrt{3}\times\sqrt{3}}$

$=\dfrac{2\sqrt{15}-5}{5}-\dfrac{2\sqrt{15}-3}{3}$

$=\dfrac{2\sqrt{15}}{5}-1-\dfrac{2\sqrt{15}}{3}+1=-\dfrac{4\sqrt{15}}{15}$ 답 $-\dfrac{4\sqrt{15}}{15}$

0195 $\dfrac{\sqrt{3}-4\sqrt{5}}{\sqrt{45}}+\dfrac{\sqrt{27}-2\sqrt{5}}{\sqrt{3}}$

$=\dfrac{\sqrt{3}-4\sqrt{5}}{3\sqrt{5}}+\dfrac{3\sqrt{3}-2\sqrt{5}}{\sqrt{3}}$

$=\dfrac{(\sqrt{3}-4\sqrt{5})\times\sqrt{5}}{3\sqrt{5}\times\sqrt{5}}+\dfrac{(3\sqrt{3}-2\sqrt{5})\times\sqrt{3}}{\sqrt{3}\times\sqrt{3}}$

$=\dfrac{\sqrt{15}-20}{15}+\dfrac{9-2\sqrt{15}}{3}$

$=\dfrac{\sqrt{15}}{15}-\dfrac{4}{3}+3-\dfrac{2\sqrt{15}}{3}$

$=\dfrac{5}{3}-\dfrac{3}{5}\sqrt{15}$

따라서 $a=\dfrac{5}{3}$, $b=-\dfrac{3}{5}$이므로

$ab=\dfrac{5}{3}\times\left(-\dfrac{3}{5}\right)=-1$ 답 -1

0196 $x=\dfrac{10+\sqrt{10}}{\sqrt{5}}=\dfrac{(10+\sqrt{10})\times\sqrt{5}}{\sqrt{5}\times\sqrt{5}}$

$=\dfrac{10\sqrt{5}+5\sqrt{2}}{5}=2\sqrt{5}+\sqrt{2}$ ··· ❶

$y=\dfrac{10-\sqrt{10}}{\sqrt{5}}=\dfrac{(10-\sqrt{10})\times\sqrt{5}}{\sqrt{5}\times\sqrt{5}}$

$=\dfrac{10\sqrt{5}-5\sqrt{2}}{5}=2\sqrt{5}-\sqrt{2}$ ··· ❷

$x-y=(2\sqrt{5}+\sqrt{2})-(2\sqrt{5}-\sqrt{2})=2\sqrt{2}$

$x+y=(2\sqrt{5}+\sqrt{2})+(2\sqrt{5}-\sqrt{2})=4\sqrt{5}$ ··· ❸

$\therefore \dfrac{x-y}{x+y}=\dfrac{2\sqrt{2}}{4\sqrt{5}}=\dfrac{\sqrt{2}}{2\sqrt{5}}=\dfrac{\sqrt{10}}{10}$ ··· ❹

답 $\dfrac{\sqrt{10}}{10}$

채점 기준	배점
❶ x의 분모를 유리화하기	20 %
❷ y의 분모를 유리화하기	20 %
❸ $x-y$, $x+y$의 값 각각 구하기	30 %
❹ $\dfrac{x-y}{x+y}$의 값 구하기	30 %

0197 $\dfrac{12}{\sqrt{6}}-\dfrac{5}{\sqrt{5}}+\dfrac{1}{\sqrt{2}}(2\sqrt{3}-\sqrt{10})$

$=\dfrac{12}{\sqrt{6}}-\dfrac{5}{\sqrt{5}}+\dfrac{2\sqrt{3}}{\sqrt{2}}-\dfrac{\sqrt{10}}{\sqrt{2}}$

$=\dfrac{12\sqrt{6}}{6}-\dfrac{5\sqrt{5}}{5}+\dfrac{2\sqrt{6}}{2}-\sqrt{5}$

$=2\sqrt{6}-\sqrt{5}+\sqrt{6}-\sqrt{5}=3\sqrt{6}-2\sqrt{5}$ 답 $3\sqrt{6}-2\sqrt{5}$

0198 $\sqrt{2}\left(\dfrac{7}{\sqrt{14}}-\dfrac{12}{\sqrt{6}}\right)-\sqrt{27}+\sqrt{63}$

$=\dfrac{7}{\sqrt{7}}-\dfrac{12}{\sqrt{3}}-3\sqrt{3}+3\sqrt{7}$

$=\sqrt{7}-4\sqrt{3}-3\sqrt{3}+3\sqrt{7}=-7\sqrt{3}+4\sqrt{7}$

따라서 $a=-7$, $b=4$이므로

$a+2b=-7+2\times4=1$ 답 1

0199 $\sqrt{6}A-\sqrt{2}B=\sqrt{6}\left(\dfrac{1}{\sqrt{2}}+\dfrac{3\sqrt{6}}{2}\right)-\sqrt{2}\left(\dfrac{3}{\sqrt{2}}-\dfrac{9}{\sqrt{6}}\right)$

$=\sqrt{3}+9-3+\dfrac{9}{\sqrt{3}}$

$=\sqrt{3}+9-3+3\sqrt{3}$

$=6+4\sqrt{3}$ 답 $6+4\sqrt{3}$

0200 $(\sqrt{3}+\sqrt{2})\bigstar\dfrac{1}{\sqrt{2}}=(\sqrt{3}+\sqrt{2})\times\dfrac{1}{\sqrt{2}}-\sqrt{2}(\sqrt{3}+\sqrt{2})+1$

$=\dfrac{(\sqrt{3}+\sqrt{2})\times\sqrt{2}}{\sqrt{2}\times\sqrt{2}}-\sqrt{6}-2+1$

$=\dfrac{\sqrt{6}+2}{2}-\sqrt{6}-1$

$=\dfrac{\sqrt{6}}{2}+1-\sqrt{6}-1=-\dfrac{\sqrt{6}}{2}$ 답 ①

0201 $\sqrt{2}a(\sqrt{8}-2)+\dfrac{2-\sqrt{32}}{\sqrt{2}}$

$=4a-2a\sqrt{2}+\dfrac{2\sqrt{2}-8}{2}$

$=4a-2a\sqrt{2}+\sqrt{2}-4$

$=(4a-4)+(-2a+1)\sqrt{2}$

유리수가 되려면 $-2a+1=0$이어야 하므로

$a=\dfrac{1}{2}$ 답 $\dfrac{1}{2}$

0202 $\sqrt{56}\left(\dfrac{3}{\sqrt{7}}-\dfrac{1}{\sqrt{14}}\right)-\dfrac{4}{\sqrt{8}}(a-\sqrt{18})$

$=2\sqrt{14}\left(\dfrac{3}{\sqrt{7}}-\dfrac{1}{\sqrt{14}}\right)-\sqrt{2}(a-\sqrt{18})$

$=6\sqrt{2}-2-a\sqrt{2}+6$

$=4+(6-a)\sqrt{2}$

유리수가 되려면 $6-a=0$이어야 하므로 $a=6$ 답 ⑤

0203 (1) $A = 5(k-\sqrt{5}) - 3\sqrt{5} + 2k\sqrt{5} - 11$
$\qquad = (5k-11) + (2k-8)\sqrt{5}$ ...... ㉠
A가 유리수이므로 $2k-8=0$이어야 한다.
$\qquad \therefore k=4$
(2) ㉠에 $k=4$를 대입하면
$A = 5k-11 = 5 \times 4 - 11 = 9$ 　　　　**답** (1) 4　(2) 9

0204 $A = \dfrac{a}{\sqrt{2}}(\sqrt{32}-\sqrt{80}) - \sqrt{10}\left(\dfrac{3\sqrt{5}}{\sqrt{2}}+3\right)$
$\qquad = 4a - 2a\sqrt{10} - 15 - 3\sqrt{10}$
$\qquad = (4a-15) - (2a+3)\sqrt{10}$ ...... ㉠ ··· ❶
A가 유리수이므로 $2a+3=0$이어야 한다.
$\qquad \therefore a = -\dfrac{3}{2}$ 　　　　　　　　　　··· ❷
㉠에 $a = -\dfrac{3}{2}$을 대입하면
$A = 4a-15 = 4 \times \left(-\dfrac{3}{2}\right) - 15 = -21$ ··· ❸
$\qquad \therefore A + a = -21 + \left(-\dfrac{3}{2}\right) = -\dfrac{45}{2}$ ··· ❹

답 $-\dfrac{45}{2}$

채점 기준	배점
❶ A를 간단히 하기	50 %
❷ a의 값 구하기	20 %
❸ A의 값 구하기	20 %
❹ $A+a$의 값 구하기	10 %

0205 $4 < \sqrt{20} < 5$이므로 $a=4$
$2 < \sqrt{5} < 3$에서 $5 < 3+\sqrt{5} < 6$이므로
$b = (3+\sqrt{5}) - 5 = \sqrt{5} - 2$
$\therefore a + \sqrt{5}b = 4 + \sqrt{5}(\sqrt{5}-2)$
$\qquad\qquad = 4 + 5 - 2\sqrt{5} = 9 - 2\sqrt{5}$ 　**답** $9-2\sqrt{5}$

0206 $1 < \sqrt{2} < 2$이므로 $a = \sqrt{2}-1$　　$\therefore \sqrt{2} = a+1$
이때 $9 < \sqrt{98} < 10$이므로 $\sqrt{98}$의 소수 부분은
$\sqrt{98} - 9 = 7\sqrt{2} - 9 = 7(a+1) - 9$
$\qquad\qquad = 7a - 2$ 　　　　　　　　　**답** ④

0207 $5 < \sqrt{32} < 6$이므로 $\sqrt{32}$의 정수 부분은 5이다.
$\therefore f(32) = \sqrt{32} - 5 = 4\sqrt{2} - 5$
$4 < \sqrt{18} < 5$이므로 $\sqrt{18}$의 정수 부분은 4이다.
$\therefore f(18) = \sqrt{18} - 4 = 3\sqrt{2} - 4$
$\therefore f(32) - f(18) = (4\sqrt{2}-5) - (3\sqrt{2}-4)$
$\qquad\qquad = \sqrt{2} - 1$ 　　　　　　　**답** $\sqrt{2}-1$

0208 $1 < \sqrt{2} < 2$에서 $5 < 4+\sqrt{2} < 6$
즉, $4+\sqrt{2}$의 정수 부분은 5이므로 $<4+\sqrt{2}> = 5$
$1 < \sqrt{2} < 2$에서 $-2 < -\sqrt{2} < -1$
$\therefore 2 < 4-\sqrt{2} < 3$

즉, $4-\sqrt{2}$의 정수 부분은 2, 소수 부분은
$(4-\sqrt{2}) - 2 = 2 - \sqrt{2}$이므로
$\ll 4-\sqrt{2} \gg = 2 - \sqrt{2}$
$\therefore <4+\sqrt{2}> + \ll 4-\sqrt{2} \gg = 5 + (2-\sqrt{2}) = 7 - \sqrt{2}$
따라서 $a=7$, $b=-1$이므로
$a - b = 7 - (-1) = 8$ 　　　　　　　　**답** ⑤

0209 $\overline{PA} = \overline{PQ} = \sqrt{6^2+6^2} = \sqrt{72} = 6\sqrt{2}$이므로 점 A에 대응하는 수는 $-4-6\sqrt{2}$
$\overline{RB} = \overline{RS} = \sqrt{4^2+4^2} = \sqrt{32} = 4\sqrt{2}$이므로 점 B에 대응하는 수는 $-2+4\sqrt{2}$
$\therefore \overline{AB} = -2+4\sqrt{2} - (-4-6\sqrt{2})$
$\qquad = -2+4\sqrt{2} + 4 + 6\sqrt{2}$
$\qquad = 2 + 10\sqrt{2}$ 　　　　　　　**답** $2+10\sqrt{2}$

0210 정사각형 ABCD의 넓이가 5이므로
$\overline{BP} = \overline{BA} = \sqrt{5}$
$\therefore a = -3 - \sqrt{5}$ 　　　　　　　　　··· ❶
정사각형 EFGH의 넓이가 10이므로
$\overline{FQ} = \overline{FG} = \sqrt{10}$
$\therefore b = 1 + \sqrt{10}$ 　　　　　　　　　··· ❷
$\therefore \sqrt{2}a + b = \sqrt{2}(-3-\sqrt{5}) + 1 + \sqrt{10}$
$\qquad = -3\sqrt{2} - \sqrt{10} + 1 + \sqrt{10}$
$\qquad = -3\sqrt{2} + 1$ 　　　　　　　　　··· ❸

답 $-3\sqrt{2}+1$

채점 기준	배점
❶ a의 값 구하기	40 %
❷ b의 값 구하기	40 %
❸ $\sqrt{2}a+b$의 값 구하기	20 %

0211

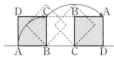

(ⅰ) 처음 90°만큼 회전시켰을 때
　점 A는 점 B를 중심으로 하고 반지름의 길이가 정사각형의 한 변의 길이와 같은 원의 둘레 위를 움직인다.
　$\overline{AB} = 1$이므로 점 A가 처음 90°만큼 움직인 거리는
　$2\pi \times 1 \times \dfrac{90}{360} = \dfrac{1}{2}\pi$

(ⅱ) 두 번째로 90°만큼 회전시켰을 때
　점 A는 점 C를 중심으로 하고 반지름의 길이가 정사각형의 대각선의 길이와 같은 원의 둘레 위를 움직인다.
　$\overline{AC} = \sqrt{2}$이므로 점 A가 두 번째로 90°만큼 움직인 거리는
　$2\pi \times \sqrt{2} \times \dfrac{90}{360} = \dfrac{\sqrt{2}}{2}\pi$

(ⅰ), (ⅱ)에 의하여 반 바퀴 회전시켰을 때, 점 A가 움직인 거리는
$\dfrac{1}{2}\pi + \dfrac{\sqrt{2}}{2}\pi = \dfrac{1+\sqrt{2}}{2}\pi$ 　　　**답** $\dfrac{1+\sqrt{2}}{2}\pi$

0212 정사각형 P의 넓이가 10이므로 두 정사각형 Q, R의 넓이는 각각 20, 40이다.

따라서 세 정사각형 P, Q, R의 한 변의 길이는 각각 $\sqrt{10}$, $2\sqrt{5}$, $2\sqrt{10}$이므로

$a=\sqrt{10}$, $b=\sqrt{10}+2\sqrt{5}$,

$c=(\sqrt{10}+2\sqrt{5})+2\sqrt{10}=2\sqrt{5}+3\sqrt{10}$

$\therefore a+b+c=\sqrt{10}+(\sqrt{10}+2\sqrt{5})+(2\sqrt{5}+3\sqrt{10})$

$\qquad\qquad =4\sqrt{5}+5\sqrt{10}$ 🔁 $4\sqrt{5}+5\sqrt{10}$

0213 ① $\sqrt{18}-(5-\sqrt{2})=3\sqrt{2}-5+\sqrt{2}$

$\qquad\qquad\qquad\qquad =4\sqrt{2}-5$

$\qquad\qquad\qquad\qquad =\sqrt{32}-\sqrt{25}>0$

$\qquad \therefore \sqrt{18}>5-\sqrt{2}$

② $(3-\sqrt{3})-(4-2\sqrt{3})=-1+\sqrt{3}>0$

$\qquad \therefore 3-\sqrt{3}>4-2\sqrt{3}$

③ $(5\sqrt{2}-2\sqrt{3})-(3\sqrt{2}+\sqrt{3})=2\sqrt{2}-3\sqrt{3}$

$\qquad\qquad\qquad\qquad\qquad =\sqrt{8}-\sqrt{27}<0$

$\qquad \therefore 5\sqrt{2}-2\sqrt{3}<3\sqrt{2}+\sqrt{3}$

④ $(2\sqrt{6}-\sqrt{3})-(3\sqrt{3}+\sqrt{6})=\sqrt{6}-4\sqrt{3}$

$\qquad\qquad\qquad\qquad\qquad =\sqrt{6}-\sqrt{48}<0$

$\qquad \therefore 2\sqrt{6}-\sqrt{3}<3\sqrt{3}+\sqrt{6}$

⑤ $(3\sqrt{3}-4\sqrt{2})-(-\sqrt{12}+\sqrt{8})$

$\qquad =3\sqrt{3}-4\sqrt{2}+2\sqrt{3}-2\sqrt{2}$

$\qquad =5\sqrt{3}-6\sqrt{2}$

$\qquad =\sqrt{75}-\sqrt{72}>0$

$\qquad \therefore 3\sqrt{3}-4\sqrt{2}>-\sqrt{12}+\sqrt{8}$

따라서 두 실수의 대소 관계가 옳지 않은 것은 ③이다.

🔁 ③

0214 ① $(2\sqrt{5}-1)-(\sqrt{5}+1)=\sqrt{5}-2=\sqrt{5}-\sqrt{4}>0$

$\qquad \therefore 2\sqrt{5}-1>\sqrt{5}+1$

② $2-(\sqrt{8}-1)=3-\sqrt{8}=\sqrt{9}-\sqrt{8}>0$

$\qquad \therefore 2>\sqrt{8}-1$

③ $7-\sqrt{6}-(1+\sqrt{6})=6-2\sqrt{6}=\sqrt{36}-\sqrt{24}>0$

$\qquad \therefore 7-\sqrt{6}>1+\sqrt{6}$

④ $\sqrt{32}-\sqrt{3}-(\sqrt{3}+\sqrt{8})=4\sqrt{2}-\sqrt{3}-\sqrt{3}-2\sqrt{2}$

$\qquad\qquad\qquad\qquad\qquad =2\sqrt{2}-2\sqrt{3}=\sqrt{8}-\sqrt{12}<0$

$\qquad \therefore \sqrt{32}-\sqrt{3}<\sqrt{3}+\sqrt{8}$

⑤ $\sqrt{20}-6-(4-\sqrt{80})=2\sqrt{5}-6-4+4\sqrt{5}$

$\qquad\qquad\qquad\qquad\qquad =6\sqrt{5}-10=\sqrt{180}-\sqrt{100}>0$

$\qquad \therefore \sqrt{20}-6>4-\sqrt{80}$

따라서 부등호가 나머지 넷과 다른 것은 ④이다.   🔁 ④

0215 $a-b=\sqrt{125}-(\sqrt{27}+3\sqrt{5})=5\sqrt{5}-(3\sqrt{3}+3\sqrt{5})$

$\qquad\qquad =2\sqrt{5}-3\sqrt{3}=\sqrt{20}-\sqrt{27}<0$

이므로 $a<b$

$b-c=(\sqrt{27}+3\sqrt{5})-(\sqrt{243}-\sqrt{5})$

$\qquad =(3\sqrt{3}+3\sqrt{5})-(9\sqrt{3}-\sqrt{5})$

$\qquad =4\sqrt{5}-6\sqrt{3}=\sqrt{80}-\sqrt{108}<0$

이므로 $b<c$

$\therefore a<b<c$ 🔁 ①

0216 $A=\sqrt{2}(\sqrt{6}+\sqrt{2})=2\sqrt{3}+2$,

$B=\dfrac{\sqrt{15}+3\sqrt{6}}{\sqrt{3}}=\dfrac{(\sqrt{15}+3\sqrt{6})\times\sqrt{3}}{\sqrt{3}\times\sqrt{3}}$

$\qquad =\dfrac{3\sqrt{5}+9\sqrt{2}}{3}=\sqrt{5}+3\sqrt{2}$,

$C=2+\sqrt{18}=2+3\sqrt{2}$이므로

$A-C=(2\sqrt{3}+2)-(2+3\sqrt{2})$

$\qquad =2\sqrt{3}+2-2-3\sqrt{2}$

$\qquad =2\sqrt{3}-3\sqrt{2}$

$\qquad =\sqrt{12}-\sqrt{18}<0$

$\therefore A<C$

$B-C=(\sqrt{5}+3\sqrt{2})-(2+3\sqrt{2})$

$\qquad =\sqrt{5}+3\sqrt{2}-2-3\sqrt{2}$

$\qquad =\sqrt{5}-2$

$\qquad =\sqrt{5}-\sqrt{4}>0$

$\therefore B>C$

$\therefore A<C<B$ 🔁 ②

0217 세 정사각형의 한 변의 길이는 각각

$\sqrt{32}=4\sqrt{2}\,(\text{cm})$, $\sqrt{50}=5\sqrt{2}\,(\text{cm})$,

$\sqrt{18}=3\sqrt{2}\,(\text{cm})$

$\therefore \overline{AB}=4\sqrt{2}+5\sqrt{2}+3\sqrt{2}$

$\qquad\quad =12\sqrt{2}\,(\text{cm})$ 🔁 $12\sqrt{2}$ cm

0218 세 정사각형의 한 변의 길이는 각각

$\sqrt{12}=2\sqrt{3}\,(\text{cm})$, $\sqrt{27}=3\sqrt{3}\,(\text{cm})$, $\sqrt{75}=5\sqrt{3}\,(\text{cm})$

오른쪽 그림에서

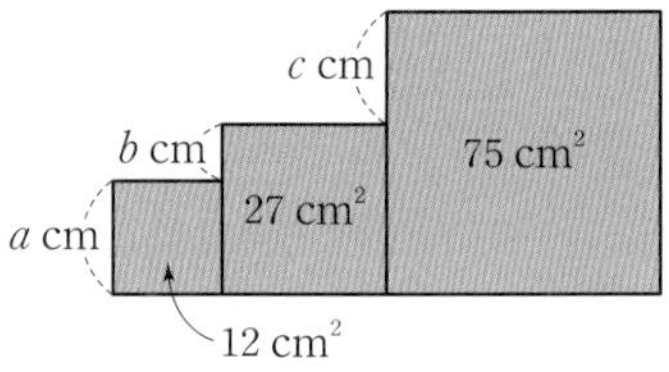

(둘레의 길이)

$=(2\sqrt{3}+3\sqrt{3}+5\sqrt{3})\times 2$

$\quad +(a+b+c)+5\sqrt{3}$

$=20\sqrt{3}+5\sqrt{3}+5\sqrt{3}$

$=30\sqrt{3}\,(\text{cm})$

따라서 $p=30$, $q=3$이므로

$p+q=30+3=33$ 🔁 33

0219 (밑면의 가로의 길이)$=\sqrt{216}-\sqrt{6}\times 2$

$\qquad\qquad\qquad\qquad\quad =6\sqrt{6}-2\sqrt{6}=4\sqrt{6}\,(\text{cm})$

(밑면의 세로의 길이)$=\sqrt{150}-\sqrt{6}\times 2$

$\qquad\qquad\qquad\qquad\quad =5\sqrt{6}-2\sqrt{6}=3\sqrt{6}\,(\text{cm})$

이때 직육면체의 높이는 $\sqrt{6}$ cm이므로 직육면체의 부피는
$4\sqrt{6} \times 3\sqrt{6} \times \sqrt{6} = 72\sqrt{6}$ (cm³) **답** $72\sqrt{6}$ cm³

0220 사다리꼴의 높이를 x라 하면
(사다리꼴의 넓이) $= \dfrac{1}{2} \times (\sqrt{18} + \sqrt{50}) \times x$
$\qquad\qquad\qquad = \dfrac{1}{2} \times (3\sqrt{2} + 5\sqrt{2}) \times x$
$\qquad\qquad\qquad = 4\sqrt{2}x$ … ❶
(정사각형의 넓이) $= (4\sqrt{5})^2 = 80$ … ❷
따라서 $4\sqrt{2}x = 80$이므로
$x = 10\sqrt{2}$ … ❸
답 $10\sqrt{2}$

채점 기준	배점
❶ 사다리꼴의 넓이를 식으로 나타내기	40 %
❷ 정사각형의 넓이 구하기	30 %
❸ 사다리꼴의 높이 구하기	30 %

0221 삼각형 ABC의 넓이는 한 변의 길이가 $3\sqrt{2}$인 정사각형에서 삼각형 DBA, 삼각형 BEC, 삼각형 ACF의 넓이를 뺀 것과 같으므로

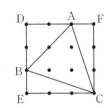

$(3\sqrt{2})^2 - \dfrac{1}{2} \times 2\sqrt{2} \times 2\sqrt{2} - \dfrac{1}{2} \times 3\sqrt{2}$
$\qquad\qquad \times \sqrt{2} - \dfrac{1}{2} \times 3\sqrt{2} \times \sqrt{2}$
$= 18 - 4 - 3 - 3 = 8$ **답** 8

0222 오각형 ABCDE의 넓이는 삼각형 ABC의 넓이와 사각형 AFGH의 넓이의 합에서 삼각형 AEH, 삼각형 CFD, 삼각형 DGE의 넓이를 뺀 것과 같다.
이때

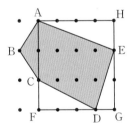

$\triangle ABC = \dfrac{1}{2} \times 2\sqrt{7} \times \sqrt{3} = \sqrt{21}$,
$\square AFGH = 3\sqrt{7} \times 4\sqrt{3} = 12\sqrt{21}$,
$\triangle AEH = \dfrac{1}{2} \times 4\sqrt{3} \times \sqrt{7} = 2\sqrt{21}$,
$\triangle CFD = \dfrac{1}{2} \times 3\sqrt{3} \times \sqrt{7} = \dfrac{3\sqrt{21}}{2}$,
$\triangle DGE = \dfrac{1}{2} \times \sqrt{3} \times 2\sqrt{7} = \sqrt{21}$
이므로 오각형 ABCDE의 넓이는
$(\sqrt{21} + 12\sqrt{21}) - \left(2\sqrt{21} + \dfrac{3\sqrt{21}}{2} + \sqrt{21}\right) = \dfrac{17\sqrt{21}}{2}$
답 $\dfrac{17\sqrt{21}}{2}$

0223 $2\sqrt{6} : \sqrt{200} = x : 1$에서 $\sqrt{200}x = 2\sqrt{6}$
$\therefore x = \dfrac{2\sqrt{6}}{\sqrt{200}} = \dfrac{2\sqrt{6}}{10\sqrt{2}} = \dfrac{\sqrt{3}}{5}$ **답** ②

0224 $\sqrt{12} \times \sqrt{15} = 2\sqrt{3} \times (\sqrt{3} \times \sqrt{5}) = 6\sqrt{5}$이므로
$a = 6$
$\sqrt{45} \times \sqrt{35} = 3\sqrt{5} \times (\sqrt{5} \times \sqrt{7}) = 15\sqrt{7}$이므로
$b = 15$
$\therefore a + b = 6 + 15 = 21$ **답** 21

0225 ① $\sqrt{1220} = 10\sqrt{12.2}$　② $\sqrt{99.9} = 3\sqrt{11.1}$
③ $\sqrt{1330} = 10\sqrt{13.3}$　④ $\sqrt{0.103} = \dfrac{\sqrt{10.3}}{10}$
⑤ $\sqrt{4.88} = 2\sqrt{1.22} = 2 \times 1.105$ **답** ⑤

0226 $\sqrt{450} = \sqrt{2 \times 3^2 \times 5^2}$
$\qquad\qquad = \sqrt{2} \times (\sqrt{3})^2 \times (\sqrt{5})^2$
$\qquad\qquad = 5ab^2$ **답** ④

0227 $\dfrac{\sqrt{2} - \sqrt{3}}{\sqrt{6}} = \dfrac{(\sqrt{2} - \sqrt{3}) \times \sqrt{6}}{\sqrt{6} \times \sqrt{6}} = \dfrac{\sqrt{12} - \sqrt{18}}{6}$
$\qquad\qquad = \dfrac{2\sqrt{3} - 3\sqrt{2}}{6} = \dfrac{\sqrt{3}}{3} - \dfrac{\sqrt{2}}{2}$
$\dfrac{2}{4\sqrt{3}} = \dfrac{2 \times \sqrt{3}}{4\sqrt{3} \times \sqrt{3}} = \dfrac{2\sqrt{3}}{12} = \dfrac{\sqrt{3}}{6}$
$\therefore \dfrac{\sqrt{2} - \sqrt{3}}{\sqrt{6}} - \dfrac{2}{4\sqrt{3}} = \dfrac{\sqrt{3}}{3} - \dfrac{\sqrt{2}}{2} - \dfrac{\sqrt{3}}{6} = \dfrac{\sqrt{3}}{6} - \dfrac{\sqrt{2}}{2}$ **답** ②

0228 $f(1) + f(3) + f(5) + f(7) + f(9) + f(11)$
$= \left(\dfrac{1}{\sqrt{3}} - \dfrac{1}{\sqrt{1}}\right) + \left(\dfrac{1}{\sqrt{5}} - \dfrac{1}{\sqrt{3}}\right) + \left(\dfrac{1}{\sqrt{7}} - \dfrac{1}{\sqrt{5}}\right)$
$\quad + \left(\dfrac{1}{\sqrt{9}} - \dfrac{1}{\sqrt{7}}\right) + \left(\dfrac{1}{\sqrt{11}} - \dfrac{1}{\sqrt{9}}\right) + \left(\dfrac{1}{\sqrt{13}} - \dfrac{1}{\sqrt{11}}\right)$
$= \dfrac{1}{\sqrt{13}} - 1 = \dfrac{\sqrt{13}}{13} - 1$ **답** ③

0229 (삼각형의 넓이) $= \dfrac{1}{2} \times 4\sqrt{3} \times \sqrt{24}$
$\qquad\qquad\qquad = \dfrac{1}{2} \times 4\sqrt{3} \times 2\sqrt{6}$
$\qquad\qquad\qquad = 12\sqrt{2}$ (cm²)
(직사각형의 넓이) $= x \times \sqrt{12} = x \times 2\sqrt{3} = 2\sqrt{3}x$ (cm²)
이때 삼각형의 넓이와 직사각형의 넓이가 같으므로
$12\sqrt{2} = 2\sqrt{3}x$
$\therefore x = \dfrac{12\sqrt{2}}{2\sqrt{3}} = 2\sqrt{6}$ **답** $2\sqrt{6}$

0230 $\sqrt{2}A - \sqrt{3}B = \sqrt{2}(\sqrt{2} + \sqrt{3}) - \sqrt{3}(\sqrt{6} - \sqrt{3})$
$\qquad\qquad\qquad = 2 + \sqrt{6} - 3\sqrt{2} + 3$
$\qquad\qquad\qquad = \sqrt{6} - 3\sqrt{2} + 5$ **답** ①

0231 $\sqrt{2}\left(\dfrac{3}{\sqrt{6}}+\dfrac{4}{\sqrt{12}}\right)-\dfrac{3}{4\sqrt{3}}-\sqrt{6}\div\dfrac{4\sqrt{2}}{3}$

$=\dfrac{3}{\sqrt{3}}+\dfrac{4}{\sqrt{6}}-\dfrac{3}{4\sqrt{3}}-\sqrt{6}\times\dfrac{3}{4\sqrt{2}}$

$=\sqrt{3}+\dfrac{2\sqrt{6}}{3}-\dfrac{\sqrt{3}}{4}-\dfrac{3\sqrt{3}}{4}$

$=\dfrac{2\sqrt{6}}{3}$

답 ①

0232 $\dfrac{a(1-\sqrt{3})}{2\sqrt{3}}-3\sqrt{3}(\sqrt{12}-2)$

$=\dfrac{a(1-\sqrt{3})\times\sqrt{3}}{2\sqrt{3}\times\sqrt{3}}-3\sqrt{3}(2\sqrt{3}-2)$

$=\dfrac{\sqrt{3}a-3a}{6}-18+6\sqrt{3}$

$=\dfrac{\sqrt{3}a}{6}-\dfrac{a}{2}-18+6\sqrt{3}$

$=\left(\dfrac{a}{6}+6\right)\sqrt{3}-\left(\dfrac{a}{2}+18\right)$

유리수가 되려면 $\dfrac{a}{6}+6=0$이어야 하므로

$a=-36$

답 ①

0233 $2\sqrt{3}=\sqrt{12}$이고 $-\sqrt{16}<-\sqrt{12}<-\sqrt{9}$이므로

$-4<-2\sqrt{3}<-3$

$\therefore 1<5-2\sqrt{3}<2$

따라서 정수 부분은 1이므로

$a=1$

소수 부분은 $(5-2\sqrt{3})-1=4-2\sqrt{3}$이므로

$b=4-2\sqrt{3}$

$\therefore a-b=1-(4-2\sqrt{3})=-3+2\sqrt{3}$

답 ②

0234 ① $(1-\sqrt{11})-(-2)=3-\sqrt{11}<0$

② $(6-\sqrt{5})-(2+\sqrt{5})=4-2\sqrt{5}$
$\qquad\qquad\qquad\qquad\quad=\sqrt{16}-\sqrt{20}<0$

③ $3\sqrt{5}+\sqrt{6}-(2\sqrt{11}+\sqrt{6})=3\sqrt{5}-2\sqrt{11}$
$\qquad\qquad\qquad\qquad\qquad\quad=\sqrt{45}-\sqrt{44}>0$

④ $2\sqrt{5}+1-(8-\sqrt{5})=3\sqrt{5}-7$
$\qquad\qquad\qquad\qquad\quad=\sqrt{45}-\sqrt{49}<0$

⑤ $(3\sqrt{3}-4\sqrt{2})-(-\sqrt{12}+\sqrt{8})$
$\quad=3\sqrt{3}-4\sqrt{2}+2\sqrt{3}-2\sqrt{2}$
$\quad=5\sqrt{3}-6\sqrt{2}$
$\quad=\sqrt{75}-\sqrt{72}>0$

따라서 옳은 것은 ④이다.

답 ④

0235 잘라낸 사각뿔과 원래의 사각뿔은 닮음이고

닮음비는 $1:4$이므로 부피의 비는 $1:64$

따라서 잘라내고 남은 입체도형의 부피는 원래의 사각뿔의 부

피의 $\dfrac{63}{64}$이므로

$\left(\dfrac{1}{3}\times\sqrt{12}\times\sqrt{8}\times\sqrt{18}\right)\times\dfrac{63}{64}$

$=\left(\dfrac{1}{3}\times2\sqrt{3}\times2\sqrt{2}\times3\sqrt{2}\right)\times\dfrac{63}{64}$

$=8\sqrt{3}\times\dfrac{63}{64}=\dfrac{63\sqrt{3}}{8}$

답 ⑤

0236 $x+\sqrt{2}+x=2$에서 $2x=2-\sqrt{2}$

$\therefore x=\dfrac{2-\sqrt{2}}{2}$

따라서 길을 제외한 화단과 촬영지의 넓이의 합은

$(\sqrt{3}+2\sqrt{6})\times2\sqrt{6}-2\times2+\sqrt{2}\left(2-\dfrac{2-\sqrt{2}}{2}\right)$

$=(\sqrt{3}+2\sqrt{6})\times2\sqrt{6}-2\times2+\sqrt{2}\times\dfrac{2+\sqrt{2}}{2}$

$=6\sqrt{2}+24-4+\sqrt{2}+1$

$=7\sqrt{2}+21(\mathrm{m}^2)$

답 $(7\sqrt{2}+21)\ \mathrm{m}^2$

0237 $a>0,\ b>0$이므로

$\sqrt{4ab}-a\sqrt{\dfrac{b}{a}}+\dfrac{\sqrt{9b}}{b\sqrt{a}}=\sqrt{4ab}-\sqrt{a^2\times\dfrac{b}{a}}+\dfrac{\sqrt{9b}}{\sqrt{b^2\times a}}$

$\qquad\qquad\qquad\qquad\quad=2\sqrt{ab}-\sqrt{ab}+\sqrt{\dfrac{9b}{ab^2}}$

$\qquad\qquad\qquad\qquad\quad=2\sqrt{ab}-\sqrt{ab}+\sqrt{\dfrac{9}{ab}}$

$\qquad\qquad\qquad\qquad\quad=\sqrt{ab}+\dfrac{3}{\sqrt{ab}}$ ··· ❶

$ab=3$을 위의 식에 대입하면

(주어진 식)$=\sqrt{3}+\dfrac{3}{\sqrt{3}}=\sqrt{3}+\sqrt{3}=2\sqrt{3}$ ··· ❷

답 $2\sqrt{3}$

채점 기준	배점
❶ 근호 밖의 양수를 제곱하여 근호 안으로 넣고 주어진 식을 간단히 하기	70 %
❷ ❶의 식에 $ab=3$을 대입하여 식의 값 구하기	30 %

0238 $\dfrac{\sqrt{12}-\sqrt{8}}{\sqrt{2}}*\dfrac{1}{\sqrt{3}}$

$=\left(\dfrac{\sqrt{12}-\sqrt{8}}{\sqrt{2}}\right)\times\dfrac{1}{\sqrt{3}}-\sqrt{3}\times\left(\dfrac{\sqrt{12}-\sqrt{8}}{\sqrt{2}}\right)$ ··· ❶

$=(\sqrt{6}-2)\times\dfrac{1}{\sqrt{3}}-\sqrt{3}(\sqrt{6}-2)$

$=\sqrt{2}-\dfrac{2\sqrt{3}}{3}-3\sqrt{2}+2\sqrt{3}$

$=\dfrac{4\sqrt{3}}{3}-2\sqrt{2}$ ··· ❷

답 $\dfrac{4\sqrt{3}}{3}-2\sqrt{2}$

채점 기준	배점
❶ 새로운 연산 기호에 따라 식으로 나타내기	40 %
❷ 식의 값 구하기	60 %

03 다항식의 곱셈

Ⅱ. 다항식의 곱셈과 인수분해

step A 개념 익히고,

본문 55, 57쪽

0239 탭 (1) $3xy-15x+2y-10$
(2) $-3ac+ad-6bc+2bd$
(3) $3x^2+5xy-2y^2+3x-y$

0240 탭 (1) x^2+6x+9　　　(2) $16x^2+8x+1$
(3) $4a^2+20ab+25b^2$　　(4) $\dfrac{1}{9}a^2+\dfrac{2}{3}a+1$
(5) $a^2-12ab+36b^2$　　(6) $9x^2+6xy+y^2$
(7) $25x^2-20xy+4y^2$　　(8) $x^2-\dfrac{2}{7}x+\dfrac{1}{49}$

0241 탭 (1) 3, 9　　　(2) 10, 100

0242 탭 (1) x^2-16　　　(2) $25x^2-9y^2$
(3) $9-16x^2$　　(4) $\dfrac{1}{9}x^2-\dfrac{1}{4}$

0243 탭 (1) $a^2+11a+18$　　　(2) x^2+6x-7
(3) $a^2-8a+15$　　(4) $x^2-\dfrac{1}{6}x-\dfrac{1}{6}$
(5) $x^2+3xy-10y^2$

0244 탭 (1) 3, 4　　　(2) 5, 2

0245 탭 (1) $2x^2+9x+4$　　　(2) $6a^2-a-12$
(3) $6x^2-23x+7$　　(4) $6x^2+13xy-15y^2$
(5) $10x^2+\dfrac{4}{3}xy-\dfrac{1}{2}y^2$

0246 탭 (1) 3, 5　　　(2) 2, 7

0247 탭 (1) 10, $x^2+2xy+y^2$　　　(2) 4, 3

0248 탭 (1) 3, 9, 10609　　　(2) 2, 400, 9604
(3) 60, 60, 3600, 3596　　(4) 5, 5, 25, 24.99
(5) 80, 80, 320, 6723
(6) 200, 200, 40000, 39402

0249 (1) $\dfrac{1}{\sqrt{5}-2}=\dfrac{\sqrt{5}+2}{(\sqrt{5}-2)(\sqrt{5}+2)}=\dfrac{\sqrt{5}+2}{5-4}=\sqrt{5}+2$

(2) $\dfrac{1}{\sqrt{3}+1}=\dfrac{\sqrt{3}-1}{(\sqrt{3}+1)(\sqrt{3}-1)}=\dfrac{\sqrt{3}-1}{3-1}=\dfrac{\sqrt{3}-1}{2}$

(3) $\dfrac{\sqrt{3}}{2-\sqrt{3}}=\dfrac{\sqrt{3}(2+\sqrt{3})}{(2-\sqrt{3})(2+\sqrt{3})}=\dfrac{2\sqrt{3}+3}{4-3}=2\sqrt{3}+3$

(4) $\dfrac{3-\sqrt{5}}{3+\sqrt{5}}=\dfrac{(3-\sqrt{5})^2}{(3+\sqrt{5})(3-\sqrt{5})}=\dfrac{9-6\sqrt{5}+5}{9-5}$
$\quad=\dfrac{14-6\sqrt{5}}{4}=\dfrac{7-3\sqrt{5}}{2}$

(5) $\dfrac{1}{\sqrt{10}+3}=\dfrac{\sqrt{10}-3}{(\sqrt{10}+3)(\sqrt{10}-3)}=\dfrac{\sqrt{10}-3}{10-9}=\sqrt{10}-3$

(6) $\dfrac{\sqrt{6}+\sqrt{3}}{\sqrt{6}-\sqrt{3}}=\dfrac{(\sqrt{6}+\sqrt{3})^2}{(\sqrt{6}-\sqrt{3})(\sqrt{6}+\sqrt{3})}=\dfrac{6+2\sqrt{6}\times\sqrt{3}+3}{6-3}$
$\quad=\dfrac{9+6\sqrt{2}}{3}=3+2\sqrt{2}$

(7) $\dfrac{\sqrt{2}}{3-2\sqrt{2}}=\dfrac{\sqrt{2}(3+2\sqrt{2})}{(3-2\sqrt{2})(3+2\sqrt{2})}=\dfrac{3\sqrt{2}+4}{9-8}=3\sqrt{2}+4$

(8) $\dfrac{5}{\sqrt{7}+2\sqrt{3}}=\dfrac{5(\sqrt{7}-2\sqrt{3})}{(\sqrt{7}+2\sqrt{3})(\sqrt{7}-2\sqrt{3})}=\dfrac{5(\sqrt{7}-2\sqrt{3})}{7-12}$
$\quad=\dfrac{5(\sqrt{7}-2\sqrt{3})}{-5}=2\sqrt{3}-\sqrt{7}$

탭 (1) $\sqrt{5}+2$　(2) $\dfrac{\sqrt{3}-1}{2}$　(3) $2\sqrt{3}+3$　(4) $\dfrac{7-3\sqrt{5}}{2}$
(5) $\sqrt{10}-3$　(6) $3+2\sqrt{2}$　(7) $3\sqrt{2}+4$　(8) $2\sqrt{3}-\sqrt{7}$

0250 탭 (1) $2xy$, 4, 12　　　(2) $4xy$, 8, 8

0251 탭 (1) $2xy$, 1, 17　　　(2) $4xy$, 2, 16

0252 탭 (1) $2xy$, -2, 18　　　(2) $4xy$, -4, 16

step B 기출 & 변형하면…

본문 58 ~ 67쪽

0253 주어진 식을 전개한 식에서 ab항은
$4a\times(-5b)+2b\times2a=-20ab+4ab=-16ab$
따라서 ab의 계수는 -16이다.　　　　　　　탭 ②

0254 주어진 식을 전개한 식에서 y항은
$-5y\times(-1)+(-4)\times ay=5y-4ay=(5-4a)y$
xy항은
$x\times ay+(-5y)\times x=(a-5)xy$
이때 y의 계수와 xy의 계수가 같으므로
$5-4a=a-5,\ -5a=-10$　　∴ $a=2$　　　탭 ①

0255 $(5x+7y)(-x+3y)=-5x^2+15xy-7xy+21y^2$
$\qquad\qquad\qquad\qquad\qquad =-5x^2+8xy+21y^2$
따라서 $A=-5$, $B=8$, $C=21$이므로
$A-B+C=-5-8+21=8$　　　　　　　　　　탭 ③

0256 $(x+3y)(Ax+5y)=Ax^2+5xy+3Axy+15y^2$
$\qquad\qquad\qquad\quad =Ax^2+(5+3A)xy+15y^2$
따라서 $A=2$, $B=5+3A=5+6=11$이므로
$AB=2\times11=22$ ⬤ 22

0257 $(3x+A)^2=9x^2+6Ax+A^2$
$\qquad\qquad\quad =9x^2+Bx+25$
이므로 $A^2=25$, $6A=B$
이때 $A>0$이므로
$A=5$, $B=6A=6\times5=30$
$\therefore A+B=5+30=35$ ⬤ ⑤

0258 $(Ax-3)^2=A^2x^2-6Ax+9$
$\qquad\qquad\quad =49x^2+Bx+C$
이므로 $A^2=49$, $-6A=B$, $9=C$
이때 $A>0$이므로 $A=7$, $B=-42$, $C=9$
$\therefore A-B+C=7-(-42)+9=58$ ⬤ 58

0259 $(2a+b)^2=4a^2+4ab+b^2$
① $(2a-b)^2=4a^2-4ab+b^2$
② $(-2a+b)^2=4a^2-4ab+b^2$
③ $(-2a-b)^2=4a^2+4ab+b^2$
④ $-(2a+b)^2=-(4a^2+4ab+b^2)=-4a^2-4ab-b^2$
⑤ $-(2a-b)^2=-(4a^2-4ab+b^2)=-4a^2+4ab-b^2$
따라서 $(2a+b)^2$과 전개식이 같은 것은 ③이다. ⬤ ③

0260 $(4x+3y)^2+(x-5y)^2$
$=(16x^2+24xy+9y^2)+(x^2-10xy+25y^2)$
$=17x^2+14xy+34y^2$ ⬤ $17x^2+14xy+34y^2$

0261 $(4x+3y)(4x-3y)=16x^2-9y^2$
따라서 $a=16$, $b=-9$이므로
$a+b=16+(-9)=7$ ⬤ 7

0262 $\left(-\dfrac{1}{2}a+3b\right)\left(-\dfrac{1}{2}a-3b\right)=\left(-\dfrac{1}{2}a\right)^2-(3b)^2$
$\qquad\qquad\qquad\qquad\qquad\qquad =\dfrac{1}{4}a^2-9b^2$ ⬤ ④

0263 $(-y-4x)(4x-y)=(-y-4x)(-y+4x)$
$\qquad\qquad\qquad\qquad =(-y)^2-(4x)^2$
$\qquad\qquad\qquad\qquad =y^2-16x^2$ ··· ❶
따라서 $A=-16$, $B=0$, $C=1$이므로 ··· ❷
$A+B-C=-16+0-1=-17$ ··· ❸
⬤ -17

채점 기준	배점
❶ $(-y-4x)(4x-y)$를 전개하여 나타내기	60 %
❷ A, B, C의 값 각각 구하기	30 %
❸ $A+B-C$의 값 구하기	10 %

0264 ③ $(-3a+5)(3a+5)=(5-3a)(5+3a)$
$\qquad\qquad\qquad\qquad\quad =25-9a^2$ ⬤ ③

0265 $(x-4)(x+7)=x^2+3x-28$이므로
$A=3$, $B=-28$
$\therefore A-B=3-(-28)=31$ ⬤ 31

0266 $\left(x-\dfrac{2}{5}y\right)\left(x-\dfrac{1}{3}y\right)=x^2+\left(-\dfrac{2}{5}-\dfrac{1}{3}\right)xy+\dfrac{2}{15}y^2$
$\qquad\qquad\qquad\qquad\qquad =x^2-\dfrac{11}{15}xy+\dfrac{2}{15}y^2$
따라서 $a=-\dfrac{11}{15}$, $b=\dfrac{2}{15}$이므로
$\dfrac{b}{a}=b\div a=\dfrac{2}{15}\div\left(-\dfrac{11}{15}\right)$
$\qquad =\dfrac{2}{15}\times\left(-\dfrac{15}{11}\right)=-\dfrac{2}{11}$ ⬤ $-\dfrac{2}{11}$

0267 $(x+a)(x-8)=x^2+(a-8)x-8a=x^2+bx-32$
이므로 $a-8=b$, $-8a=-32$
따라서 $a=4$, $b=-4$이므로
$a-b=4-(-4)=8$ ⬤ ⑤

0268 $(x-5)(x+a)+(7-x)(3-x)$
$=x^2+(-5+a)x-5a+x^2-10x+21$
$=2x^2+(-15+a)x-5a+21$ ··· ❶
이때 x의 계수와 상수항이 같으므로
$-15+a=-5a+21$, $6a=36$ $\therefore a=6$ ··· ❷
⬤ 6

채점 기준	배점
❶ 주어진 식을 전개하여 간단히 하기	60 %
❷ a의 값 구하기	40 %

0269 $(3x+2)(5x-7)=15x^2-11x-14$
따라서 $a=15$, $b=-11$, $c=-14$이므로
$a-b+c=15-(-11)+(-14)=12$ ⬤ ③

0270 $\left(4x+\dfrac{3}{2}y\right)(8x-5y)=32x^2-8xy-\dfrac{15}{2}y^2$
따라서 xy의 계수는 -8, y^2의 계수는 $-\dfrac{15}{2}$이므로 구하는
곱은 $-8\times\left(-\dfrac{15}{2}\right)=60$ ⬤ ④

0271 $(2x+a)(bx-5)=2bx^2+(-10+ab)x-5a$
$\qquad\qquad\qquad\qquad =10x^2+cx-15$
이므로 $2b=10$, $-10+ab=c$, $-5a=-15$
따라서 $a=3$, $b=5$, $c=5$이므로
$a-b+c=3-5+5=3$ ⬤ ①

0272 $(3x+a)(x-5)=3x^2+(a-15)x-5a$
$\qquad\qquad\qquad =3x^2-10x-25$
이므로 $a-15=-10,\ -5a=-25$ $\qquad \therefore a=5$ $\qquad\cdots$ ❶
따라서 바르게 계산한 식은
$(3x+5)(5x-1)=15x^2+22x-5$ $\qquad\cdots$ ❷

$\qquad\qquad\qquad\qquad\qquad$ 🔘 $15x^2+22x-5$

채점 기준	배점
❶ a의 값 구하기	50 %
❷ 바르게 계산한 답 구하기	50 %

0273 화단의 넓이는 오른쪽 그림의 색칠
한 부분의 넓이와 같으므로
$(5a-1)(4a-1)$
$=20a^2-9a+1$

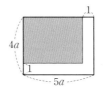

$\qquad\qquad\qquad\qquad\qquad$ 🔘 $20a^2-9a+1$

0274 색칠한 부분은 가로, 세로의 길이가 각각 $4x-y$,
$6x-2y$인 직사각형과 가로, 세로의 길이가 각각 y, $2y$인 직사
각형이므로 그 넓이의 합은
$(4x-y)(6x-2y)+y\times 2y$
$=24x^2-14xy+2y^2+2y^2$
$=24x^2-14xy+4y^2$ $\qquad\qquad\qquad$ 🔘 ④

0275 $\overline{BF}=\overline{AB}=3a-2$이므로
$\overline{FC}=\overline{BC}-\overline{BF}=4a+3-(3a-2)=a+5$
이때 $\overline{HC}=\overline{GH}=\overline{FC}=a+5$이므로
$\overline{DH}=\overline{DC}-\overline{HC}=3a-2-(a+5)=2a-7$
따라서 직사각형 EGHD의 넓이는
$(a+5)(2a-7)=2a^2+3a-35$ $\qquad$ 🔘 $2a^2+3a-35$

0276 가장 큰 반원의 반지름의 길이는 $2x+3y$이므로
(색칠한 부분의 넓이)
$=$(가장 큰 반원의 넓이)$-$(반원 O의 넓이)
$\qquad\qquad\qquad\qquad\qquad -$(반원 O′의 넓이)
$=\dfrac{1}{2}\pi\times(2x+3y)^2-\dfrac{1}{2}\pi\times(2x)^2-\dfrac{1}{2}\pi\times(3y)^2$
$=\dfrac{1}{2}\pi(4x^2+12xy+9y^2)-2\pi x^2-\dfrac{9}{2}\pi y^2$
$=6\pi xy$ $\qquad\qquad\qquad\qquad\qquad$ 🔘 $6\pi xy$

0277 $3x-2=A$로 놓으면
$(3x+4y-2)(3x-4y-2)=(A+4y)(A-4y)$
$\qquad\qquad\qquad\qquad\qquad =A^2-16y^2=(3x-2)^2-16y^2$
$\qquad\qquad\qquad\qquad\qquad =9x^2-12x+4-16y^2$
따라서 상수항을 포함한 모든 항의 계수의 합은
$9+(-12)+4+(-16)=-15$ $\qquad\qquad$ 🔘 ②

다른 풀이 상수항을 포함한 모든 항의 계수의 합은 $x=1,\ y=1$
일 때의 식의 값과 같으므로
$(3+4-2)(3-4-2)=5\times(-3)=-15$

0278 $2x+4=A$로 놓으면
$(2x-3y+4)(2x+3y+4)=(A-3y)(A+3y)$
$\qquad\qquad\qquad\qquad\qquad =A^2-9y^2$
$\qquad\qquad\qquad\qquad\qquad =(2x+4)^2-9y^2$
$\qquad\qquad\qquad\qquad\qquad =4x^2+16x+16-9y^2$
$\qquad\qquad\qquad\qquad\qquad\qquad\qquad$ 🔘 ④

0279 $3x+y=A$로 놓으면
$(3x+y-5)^2=(A-5)^2=A^2-10A+25$
$\qquad\qquad\qquad =(3x+y)^2-10(3x+y)+25$
$\qquad\qquad\qquad =9x^2+6xy+y^2-30x-10y+25$
따라서 x^2의 계수는 9, xy의 계수는 6이므로
$a=9,\ b=6$
$\therefore a+b=9+6=15$ $\qquad\qquad\qquad$ 🔘 ②

0280 $4x+3=A$로 놓으면
$(4x-ay+3)^2=(A-ay)^2$
$\qquad\qquad\qquad =A^2-2ayA+a^2y^2$
$\qquad\qquad\qquad =(4x+3)^2-2ay(4x+3)+a^2y^2$
$\qquad\qquad\qquad =16x^2+24x+9-8axy-6ay+a^2y^2$
xy의 계수가 16이므로
$-8a=16$ $\qquad \therefore a=-2$
y의 계수는 $-6a=-6\times(-2)=12$이므로 $b=12$
$\therefore a-b=-2-12=-14$ $\qquad\qquad$ 🔘 ①

0281 $(x+1)(x+4)(x-2)(x-5)$
$=\{(x+1)(x-2)\}\{(x+4)(x-5)\}$
$=(x^2-x-2)(x^2-x-20)$
$x^2-x=A$로 놓으면
$(x^2-x-2)(x^2-x-20)=(A-2)(A-20)$
$\qquad\qquad\qquad\qquad\qquad =A^2-22A+40$
$\qquad\qquad\qquad\qquad\qquad =(x^2-x)^2-22(x^2-x)+40$
$\qquad\qquad\qquad\qquad\qquad =x^4-2x^3+x^2-22x^2+22x+40$
$\qquad\qquad\qquad\qquad\qquad =x^4-2x^3-21x^2+22x+40$
$\qquad\qquad\qquad\qquad$ 🔘 $x^4-2x^3-21x^2+22x+40$

0282 $x^2+5x-2=0$에서 $x^2+5x=2$ $\qquad\cdots$ ❶
$\therefore (x-1)(x-2)(x+6)(x+7)$
$\quad =\{(x-1)(x+6)\}\{(x-2)(x+7)\}$
$\quad =(x^2+5x-6)(x^2+5x-14)$ $\qquad\cdots$ ❷
$\quad =(2-6)(2-14)$
$\quad =-4\times(-12)=48$ $\qquad\qquad\qquad\cdots$ ❸
$\qquad\qquad\qquad\qquad\qquad\qquad\qquad$ 🔘 48

채점 기준	배점
❶ x^2+5x의 값 구하기	30 %
❷ x^2+5x가 나오도록 주어진 식을 두 개씩 짝 지어 전개하기	40 %
❸ 주어진 식의 값 구하기	30 %

0283 ③ $1003 \times 993 = (1000+3)(1000-7)$
　　　　　$\Rightarrow (x+a)(x+b)=x^2+(a+b)x+ab$
따라서 옳지 않은 것은 ③이다.　　　　　답 ③

0284 ① $201^2=(200+1)^2 \Rightarrow (a+b)^2=a^2+2ab+b^2$
② $999^2=(1000-1)^2 \Rightarrow (a-b)^2=a^2-2ab+b^2$
③ $102 \times 107 = (100+2)(100+7)$
　　$\Rightarrow (x+a)(x+b)=x^2+(a+b)x+ab$
④ $5.7 \times 6.3 = (6-0.3)(6+0.3)$
　　$\Rightarrow (a-b)(a+b)=a^2-b^2$
⑤ $98^2=(100-2)^2 \Rightarrow (a-b)^2=a^2-2ab+b^2$
따라서 주어진 곱셈 공식을 이용하여 계산하면 가장 편리한 것은 ①이다.　　　　　답 ①

0285 $(3-1)(3+1)(3^2+1)(3^4+1)$
$=(3^2-1)(3^2+1)(3^4+1)$
$=(3^4-1)(3^4+1)$
$=3^8-1$
$\therefore a=8$　　　　　답 ③

0286 $4=5-1$이므로
$4(5+1)(5^2+1)(5^4+1)(5^8+1)(5^{16}+1)$
$=(5-1)(5+1)(5^2+1)(5^4+1)(5^8+1)(5^{16}+1)$
$=(5^2-1)(5^2+1)(5^4+1)(5^8+1)(5^{16}+1)$
$=(5^4-1)(5^4+1)(5^8+1)(5^{16}+1)$
$=(5^8-1)(5^8+1)(5^{16}+1)$
$=(5^{16}-1)(5^{16}+1)=5^{32}-1$
따라서 $a=32$, $b=1$이므로
$a-b=32-1=31$　　　　　답 ④

0287 $97 \times 103 \times (10^4+9)+81$
$=(100-3)(100+3)(10^4+9)+81$
$=(10^4-9)(10^4+9)+81$
$=10^8-81+81=10^8$
$\therefore a=8$　　　　　답 8

0288 $7 \times 9 \times 11 \times 101 = 7 \times (10-1)(10+1)(10^2+1)$
　　　　　　　　$=7 \times (10^2-1)(10^2+1)$
　　　　　　　　$=7 \times (10^4-1)$
　　　　　　　　$=a(10^b-1)$
따라서 $a=7$, $b=4$이므로
$a+b=7+4=11$　　　　　답 11

0289 $(\sqrt{5}-3\sqrt{2})(\sqrt{5}-4\sqrt{2})$
$=(\sqrt{5})^2+(-4-3)\sqrt{10}+(-3\sqrt{2})\times(-4\sqrt{2})$
$=5-7\sqrt{10}+24=29-7\sqrt{10}$
따라서 $a=29$, $b=-7$이므로
$\sqrt{a-b}=\sqrt{29-(-7)}=\sqrt{36}=6$　　　　　답 ⑤

0290 $(\sqrt{5}+2)^2-(2\sqrt{5}+3)(2\sqrt{5}-3)$
$=5+4\sqrt{5}+4-(20-9)=-2+4\sqrt{5}$　　　　　답 ③

0291 $\dfrac{\sqrt{5}+2}{\sqrt{5}-2}=\dfrac{(\sqrt{5}+2)^2}{(\sqrt{5}-2)(\sqrt{5}+2)}=\dfrac{5+4\sqrt{5}+4}{5-4}$
　　　　$=9+4\sqrt{5}$
따라서 $a=9$, $b=4$이므로
$a+b=9+4=13$　　　　　답 ③

0292 $\dfrac{3+2\sqrt{2}}{3-2\sqrt{2}}-\dfrac{4+2\sqrt{2}}{3+2\sqrt{2}}$
$=\dfrac{(3+2\sqrt{2})^2}{(3-2\sqrt{2})(3+2\sqrt{2})}-\dfrac{(4+2\sqrt{2})(3-2\sqrt{2})}{(3+2\sqrt{2})(3-2\sqrt{2})}$
$=17+12\sqrt{2}-(4-2\sqrt{2})$
$=13+14\sqrt{2}$　　　　　… ❶
따라서 $a=13$, $b=14$이므로　　　　　… ❷
$b-a=14-13=1$　　　　　… ❸
　　　　　답 1

채점 기준	배점
❶ 분모를 유리화하여 주어진 식 계산하기	70 %
❷ a, b의 값 각각 구하기	20 %
❸ $b-a$의 값 구하기	10 %

0293 $x+\dfrac{1}{x}=7+4\sqrt{3}+\dfrac{1}{7+4\sqrt{3}}$
　　　　　　$=7+4\sqrt{3}+\dfrac{7-4\sqrt{3}}{(7+4\sqrt{3})(7-4\sqrt{3})}$
　　　　　　$=7+4\sqrt{3}+7-4\sqrt{3}=14$　　　　　답 14

0294 $x+\dfrac{1}{x}$
$=\dfrac{5-2\sqrt{6}}{5+2\sqrt{6}}+\dfrac{5+2\sqrt{6}}{5-2\sqrt{6}}$
$=\dfrac{(5-2\sqrt{6})^2}{(5+2\sqrt{6})(5-2\sqrt{6})}+\dfrac{(5+2\sqrt{6})^2}{(5-2\sqrt{6})(5+2\sqrt{6})}$
$=49-20\sqrt{6}+49+20\sqrt{6}=98$　　　　　답 ④

0295 $(x-y)^2=x^2+y^2-2xy$이므로
$4^2=26-2xy$, $2xy=10$　　　$\therefore xy=5$　　　　　답 ⑤

0296 $x^2+y^2=(x-y)^2+2xy$이므로
$8=2^2+2xy$, $2xy=4$　　　$\therefore xy=2$
$\therefore (x+y)^2=x^2+2xy+y^2$
　　　　　　$=8+2\times2=12$　　　　　답 12

0297 $\dfrac{y}{x}+\dfrac{x}{y}=\dfrac{x^2+y^2}{xy}=\dfrac{(x+y)^2-2xy}{xy}$

$\qquad\qquad =\dfrac{(5\sqrt{2})^2-2\times6}{6}=\dfrac{19}{3}$ **답** ①

0298 $x^2+y^2=(x-y)^2+2xy$

$\qquad\qquad =(2\sqrt{5})^2+2\times(-4)$

$\qquad\qquad =20-8=12$

$(x+y)^2=(x-y)^2+4xy$

$\qquad\qquad =(2\sqrt{5})^2+4\times(-4)$

$\qquad\qquad =20-16=4$

$\therefore x^2+y^2+(x+y)^2=12+4=16$ **답** 16

참고 $x^2+y^2=12$이므로

$(x+y)^2=x^2+2xy+y^2$

$\qquad\qquad =(x^2+y^2)+2xy$

$\qquad\qquad =12+2\times(-4)=4$

0299 $(x-y)^2=x^2-2xy+y^2$이므로

$2xy=x^2+y^2-(x-y)^2=5-(-1)^2=4$

$\therefore xy=2$

$\therefore x^4+y^4=(x^2+y^2)^2-2x^2y^2$

$\qquad\qquad =5^2-2\times2^2=17$ **답** 17

0300 $x^2+y^2=(x+y)^2-2xy=3^2-2\times1=7$

$\therefore x^4+y^4=(x^2+y^2)^2-2x^2y^2=7^2-2\times1=47$ **답** 47

0301 $x^2+\dfrac{1}{x^2}=\left(x-\dfrac{1}{x}\right)^2+2=6^2+2=38$ **답** ⑤

0302 $a^2+\dfrac{1}{a^2}=\left(a+\dfrac{1}{a}\right)^2-2=(-2)^2-2=2$,

$b^2+\dfrac{1}{b^2}=\left(b-\dfrac{1}{b}\right)^2+2=3^2+2=11$

$\therefore a^2+b^2+\dfrac{1}{a^2}+\dfrac{1}{b^2}=\left(a^2+\dfrac{1}{a^2}\right)+\left(b^2+\dfrac{1}{b^2}\right)$

$\qquad\qquad\qquad\qquad =2+11=13$ **답** 13

0303 $\left(x+\dfrac{1}{x}\right)^2=\left(x-\dfrac{1}{x}\right)^2+4$

$\qquad\qquad =(2\sqrt{6})^2+4$

$\qquad\qquad =24+4=28$ **답** ③

0304 $\left(x-\dfrac{1}{x}\right)^2=\left(x+\dfrac{1}{x}\right)^2-4=(1+\sqrt{3})^2-4$

$\qquad\qquad =1+2\sqrt{3}+3-4=2\sqrt{3}$ **답** ③

0305 $x^2-6x+1=0$에서 $x\neq0$이므로 양변을 x로 나누면

$x-6+\dfrac{1}{x}=0$ $\therefore x+\dfrac{1}{x}=6$

따라서 $\left(x-\dfrac{1}{x}\right)^2=\left(x+\dfrac{1}{x}\right)^2-4=6^2-4=32$이므로

$x-\dfrac{1}{x}=\pm\sqrt{32}=\pm4\sqrt{2}$ **답** ④

참고 $x^2-6x+1=0$에 $x=0$을 대입하면 등식이 성립하지 않으므로 $x\neq0$이다. 따라서 등식의 양변을 x로 나누어 $x+\dfrac{1}{x}$의 값을 얻을 수 있다.

0306 $x^2+4x+1=0$에서 $x\neq0$이므로 양변을 x로 나누면

$x+4+\dfrac{1}{x}=0$ $\therefore x+\dfrac{1}{x}=-4$ $\cdots$ ❶

$\therefore x^2+x+\dfrac{1}{x}+\dfrac{1}{x^2}-5=x^2+\dfrac{1}{x^2}+x+\dfrac{1}{x}-5$

$\qquad\qquad =\left(x+\dfrac{1}{x}\right)^2-2+x+\dfrac{1}{x}-5$ $\cdots$ ❷

$\qquad\qquad =(-4)^2-2+(-4)-5$

$\qquad\qquad =5$ $\cdots$ ❸

답 5

채점 기준	배점
❶ $x+\dfrac{1}{x}$의 값 구하기	30 %
❷ 주어진 식 변형하기	40 %
❸ 주어진 식의 값 구하기	30 %

0307 $(x+2y)(x-2y)=x^2-4y^2$

$\qquad\qquad =(5+\sqrt{10})^2-4(\sqrt{2}+\sqrt{5})^2$

$\qquad\qquad =35+10\sqrt{10}-4(7+2\sqrt{10})$

$\qquad\qquad =35+10\sqrt{10}-28-8\sqrt{10}$

$\qquad\qquad =7+2\sqrt{10}$ **답** ③

0308 $x=\dfrac{3-\sqrt{7}}{3+\sqrt{7}}=\dfrac{(3-\sqrt{7})^2}{(3+\sqrt{7})(3-\sqrt{7})}$

$\qquad\qquad =\dfrac{16-6\sqrt{7}}{2}=8-3\sqrt{7}$

$y=\dfrac{3+\sqrt{7}}{3-\sqrt{7}}=\dfrac{(3+\sqrt{7})^2}{(3-\sqrt{7})(3+\sqrt{7})}$

$\qquad\qquad =\dfrac{16+6\sqrt{7}}{2}=8+3\sqrt{7}$

$\therefore x+y=(8-3\sqrt{7})+(8+3\sqrt{7})=16$

$\qquad xy=(8-3\sqrt{7})(8+3\sqrt{7})=1$

$\therefore \dfrac{1}{x^2}+\dfrac{1}{y^2}=\dfrac{x^2+y^2}{x^2y^2}=\dfrac{(x+y)^2-2xy}{(xy)^2}$

$\qquad\qquad =\dfrac{16^2-2\times1}{1}$

$\qquad\qquad =254$ **답** 254

0309 $x=\sqrt{3}+5$에서 $x-5=\sqrt{3}$이므로

$(x-5)^2=3$

$x^2-10x+25=3$, $x^2-10x=-22$

$\therefore x^2-10x+15=-22+15=-7$ **답** ④

다른 풀이 $x=\sqrt{3}+5$이므로

$x^2-10x+15=(\sqrt{3}+5)^2-10(\sqrt{3}+5)+15$

$\qquad\qquad =3+10\sqrt{3}+25-10\sqrt{3}-50+15$

$\qquad\qquad =-7$

0310 $x=(\sqrt{2}-4)(2\sqrt{2}+3)=4-5\sqrt{2}-12$
$\qquad\qquad =-8-5\sqrt{2}$ ··· ❶

$x+8=-5\sqrt{2}$이므로 $(x+8)^2=50$

$x^2+16x+64=50,\ x^2+16x=-14$ ··· ❷

$\therefore\ x^2+16x+10=-14+10=-4$ ··· ❸

🅐 -4

채점 기준	배점
❶ x의 값 구하기	40 %
❷ x^2+16x의 값 구하기	40 %
❸ $x^2+16x+10$의 값 구하기	20 %

0311 $x=\dfrac{3+\sqrt{6}}{3-\sqrt{6}}=\dfrac{(3+\sqrt{6})^2}{(3-\sqrt{6})(3+\sqrt{6})}$

$\qquad =\dfrac{15+6\sqrt{6}}{3}=5+2\sqrt{6}$

$x-5=2\sqrt{6}$이므로 $(x-5)^2=24$

$x^2-10x+25=24,\ x^2-10x=-1$

$\therefore\ x^2-10x+9=-1+9=8$ 🅐 ②

0312 $\dfrac{1}{\sqrt{5}-2}=\dfrac{\sqrt{5}+2}{(\sqrt{5}-2)(\sqrt{5}+2)}=\sqrt{5}+2$

$2<\sqrt{5}<3$에서 $4<\sqrt{5}+2<5$이므로 소수 부분은

$x=(\sqrt{5}+2)-4=\sqrt{5}-2$

$x+2=\sqrt{5}$이므로 $(x+2)^2=(\sqrt{5})^2$ $\therefore\ x^2+4x=1$

$\therefore\ x^2+4x+3=1+3=4$ 🅐 4

C step **실력 완성!** 🌱 본문 68 ~ 71쪽

0313 ③ $\left(2x+\dfrac{1}{2}\right)\left(2x-\dfrac{1}{2}\right)=4x^2-\dfrac{1}{4}$

따라서 옳지 않은 것은 ③이다. 🅐 ③

0314 $(x-3)^2=x^2-6x+9=x^2-ax+9$이므로

$a=6$ 🅐 ①

0315 $(-2x+3)(-3-2x)=(2x-3)(2x+3)$
$\qquad\qquad\qquad\qquad =4x^2-9$

따라서 x의 계수는 0이다. 🅐 ③

다른풀이 주어진 식을 전개한 식에서 x항은

$-2x\times(-3)+3\times(-2x)=6x-6x=0$

따라서 x의 계수는 0이다.

0316 $(-5x-3y)^2+(-2x-y)(2x-y)$

$=\{-(5x+3y)\}^2-(2x+y)(2x-y)$

$=(25x^2+30xy+9y^2)-(4x^2-y^2)$

$=21x^2+30xy+10y^2$ 🅐 ⑤

0317 $(t+7)(t-4)=t^2+3t-28$

따라서 $m=3,\ n=-28$이므로

$mn=-84$ 🅐 ①

0318 $(2x-y)(x-3y)=2x^2-7xy+3y^2$

따라서 xy의 계수는 -7, y^2의 계수는 3이므로 그 합은

$-7+3=-4$ 🅐 ①

0319 $\overline{\text{AD}}=a,\ \overline{\text{DC}}=b$이므로

$\overline{\text{BF}}=\overline{\text{AD}}-\overline{\text{GD}}=a-b\ (\because\ \overline{\text{GD}}=\overline{\text{DC}})$

이때 $\overline{\text{AE}}=\overline{\text{EH}}=\overline{\text{BF}}=a-b$이므로

$\overline{\text{EB}}=\overline{\text{AB}}-\overline{\text{AE}}=b-(a-b)\ (\because\ \overline{\text{AB}}=\overline{\text{DC}})$

$\qquad =2b-a$

따라서 직사각형 EBFH의 넓이는

$(a-b)(2b-a)=-a^2+3ab-2b^2$ 🅐 ⑤

0320 $(x-2)^2=50$에서 $x^2-4x+4=50$

$\therefore\ x^2-4x=46$

$\therefore\ (x+3)(x+5)(x-7)(x-9)$

$=\{(x+3)(x-7)\}\{(x+5)(x-9)\}$

$=(x^2-4x-21)(x^2-4x-45)$

$=(46-21)\times(46-45)=25$ 🅐 ⑤

0321 $\dfrac{8195\times8197+1}{8196}=\dfrac{(8196-1)(8196+1)+1}{8196}$

$\qquad\qquad\qquad\quad =\dfrac{8196^2-1^2+1}{8196}$

$\qquad\qquad\qquad\quad =\dfrac{8196^2}{8196}=8196$ 🅐 8196

0322 $\dfrac{a\sqrt{3}+b}{\sqrt{3}-2}=\dfrac{(a\sqrt{3}+b)(\sqrt{3}+2)}{(\sqrt{3}-2)(\sqrt{3}+2)}$

$\qquad\qquad =\dfrac{3a+(2a+b)\sqrt{3}+2b}{3-4}$

$\qquad\qquad =-(3a+2b)-(2a+b)\sqrt{3}$

이 수가 유리수가 되려면 $2a+b=0$이어야 한다.

즉, $b=-2a$이므로

$\dfrac{b}{a}=\dfrac{-2a}{a}=-2$ 🅐 ②

0323 (주어진 식)

$=\dfrac{1}{\sqrt{2}+\sqrt{1}}+\dfrac{1}{\sqrt{3}+\sqrt{2}}+\dfrac{1}{\sqrt{4}+\sqrt{3}}+\cdots+\dfrac{1}{\sqrt{25}+\sqrt{24}}$

$=(\sqrt{2}-\sqrt{1})+(\sqrt{3}-\sqrt{2})+(\sqrt{4}-\sqrt{3})$

$\qquad\qquad\qquad\qquad +\cdots+(\sqrt{25}-\sqrt{24})$

$=-\sqrt{1}+\sqrt{25}=-1+5=4$ 🅐 4

0324
$$\frac{1}{4}a^2+\frac{1}{4}b^2=\frac{1}{4}(a^2+b^2)=\frac{1}{4}\{(a-b)^2+2ab\}$$
$$=\frac{1}{4}\{(-6)^2+2\times8\}$$
$$=13 \qquad \text{🅐 ②}$$

0325
$$(3x+1)(3y+1)=9xy+3(x+y)+1$$
$$=3(x+y)+19=28$$
이므로 $3(x+y)=9 \qquad \therefore x+y=3$
$$\therefore x^2-xy+y^2=(x+y)^2-3xy$$
$$=3^2-3\times2=3 \qquad \text{🅐 ②}$$

0326 $x^2+2x-1=0$에서 $x\neq0$이므로 양변을 x로 나누면
$$x+2-\frac{1}{x}=0 \qquad \therefore x-\frac{1}{x}=-2$$
따라서 $x^2+\frac{1}{x^2}=\left(x-\frac{1}{x}\right)^2+2=(-2)^2+2=6$이므로
$$x^2-5x+\frac{5}{x}+\frac{1}{x^2}=x^2+\frac{1}{x^2}-5\left(x-\frac{1}{x}\right)$$
$$=6-5\times(-2)=16 \qquad \text{🅐 ②}$$

0327
$$x=\frac{\sqrt{3}-1}{\sqrt{3}+1}=\frac{(\sqrt{3}-1)^2}{(\sqrt{3}+1)(\sqrt{3}-1)}$$
$$=\frac{4-2\sqrt{3}}{2}=2-\sqrt{3}$$
$$y=\frac{\sqrt{3}+1}{\sqrt{3}-1}=\frac{(\sqrt{3}+1)^2}{(\sqrt{3}-1)(\sqrt{3}+1)}$$
$$=\frac{4+2\sqrt{3}}{2}=2+\sqrt{3}$$
$$\therefore x+y=(2-\sqrt{3})+(2+\sqrt{3})=4$$
$$xy=(2-\sqrt{3})(2+\sqrt{3})=1$$
$$\therefore x^2+xy+y^2=(x+y)^2-2xy+xy$$
$$=(x+y)^2-xy=4^2-1=15 \qquad \text{🅐 15}$$

0328 $t=\sqrt{7}-3$에서 $t+3=\sqrt{7}$이므로 $(t+3)^2=7$
$$t^2+6t+9=7, \ t^2+6t=-2$$
$$\therefore t^2+8t+16=t^2+6t+2t+16$$
$$=14+2(\sqrt{7}-3)$$
$$=8+2\sqrt{7} \qquad \text{🅐 ④}$$

0329
주어진 식을 전개한 식에서 x항은
$$(3a-2)x-3\times2bx=(3a-6b-2)x$$
이므로 $3a-6b-2=13$
$$\therefore a-2b=5 \qquad\qquad \cdots\cdots ㉠$$
상수항은 $-3-3\times b^2=-3-3b^2$이므로
$$-3-3b^2=-15, \ b^2=4$$
$$\therefore b=-2 \ (\because b<0)$$

㉠에 $b=-2$를 대입하면 $a+4=5$
$$\therefore a=1$$
$$\therefore a-b=1-(-2)=3 \qquad \text{🅐 ④}$$

0330
$$x=\frac{1}{2\sqrt{6}-5}=\frac{2\sqrt{6}+5}{(2\sqrt{6}-5)(2\sqrt{6}+5)}$$
$$=\frac{2\sqrt{6}+5}{-1}=-2\sqrt{6}-5$$
$x+5=-2\sqrt{6}$이므로 $(x+5)^2=24$
$$x^2+10x+25=24, \ x^2+10x=-1$$
$$\therefore 4x^2+38x-3=4(x^2+10x)-2x-3$$
$$=4\times(-1)-2(-2\sqrt{6}-5)-3$$
$$=-4+4\sqrt{6}+10-3$$
$$=3+4\sqrt{6} \qquad \text{🅐 } 3+4\sqrt{6}$$

0331 서원: $(x+5)(x+A)=x^2+(A+5)x+5A$
$$=x^2+2x-B$$
이므로 $A+5=2, \ 5A=-B$
$$\therefore A=-3, \ B=15 \qquad \cdots ❶$$
혜수: $(4x-3)(Cx-5)=4Cx^2+(-20-3C)x+15$
$$=Dx^2-29x+15$$
이므로 $4C=D, \ -20-3C=-29$
$$\therefore C=3, \ D=12 \qquad \cdots ❷$$
$$\therefore A+B+C+D=-3+15+3+12=27 \qquad \cdots ❸$$
$$\text{🅐 27}$$

채점 기준	배점
❶ A, B의 값 각각 구하기	40 %
❷ C, D의 값 각각 구하기	40 %
❸ $A+B+C+D$의 값 구하기	20 %

0332
$$x^2+\frac{1}{x^2}=\left(x+\frac{1}{x}\right)^2-2=3^2-2=7, \qquad \cdots ❶$$
$$x^4+\frac{1}{x^4}=\left(x^2+\frac{1}{x^2}\right)^2-2=7^2-2=47 \text{이므로} \qquad \cdots ❷$$
$$x^4+x^2+x+\frac{1}{x}+\frac{1}{x^2}+\frac{1}{x^4}$$
$$=\left(x^4+\frac{1}{x^4}\right)+\left(x^2+\frac{1}{x^2}\right)+\left(x+\frac{1}{x}\right)$$
$$=47+7+3=57 \qquad \cdots ❸$$
$$\text{🅐 57}$$

채점 기준	배점
❶ $x^2+\frac{1}{x^2}$의 값 구하기	40 %
❷ $x^4+\frac{1}{x^4}$의 값 구하기	40 %
❸ $x^4+x^2+x+\frac{1}{x}+\frac{1}{x^2}+\frac{1}{x^4}$의 값 구하기	20 %

04 다항식의 인수분해

Ⅱ. 다항식의 곱셈과 인수분해

step 1 개념 익히고 본문 73, 75쪽

0333 답 (1) $x(x+3)$ (2) $ab(a+4)$
(3) $x^2(x-y+z)$ (4) $2y(x^2-3)$
(5) $x(a+2b-7)$ (6) $-5xy^2(1-2xy)$

0334 답 (1) $(x+8)^2$ (2) $(a-6b)^2$
(3) $(4x-3)^2$ (4) $\left(x-\dfrac{1}{5}\right)^2$

0335 (1) $x^2+2\times x\times 9+\square$ 이므로 $\square=9^2=81$
(2) $a^2-2\times a\times\dfrac{1}{2}+\square$ 이므로 $\square=\left(\dfrac{1}{2}\right)^2=\dfrac{1}{4}$
(3) $x^2+(\square)x+(\pm 4)^2$ 이므로 $\square=\pm 2\times 1\times 4=\pm 8$
(4) $a^2+(\square)ab+(\pm 7b)^2$ 이므로 $\square=\pm 2\times 1\times 7=\pm 14$
(5) $(2x)^2-2\times 2x\times 3+\square$ 이므로 $\square=3^2=9$
(6) $(3x)^2+(\square)xy+(\pm 4y)^2$ 이므로 $\square=\pm 2\times 3\times 4=\pm 24$

답 (1) 81 (2) $\dfrac{1}{4}$ (3) ± 8 (4) ± 14 (5) 9 (6) ± 24

0336 (6) $3a^2-27=3(a^2-9)=3(a+3)(a-3)$
(7) $6x^2-24y^2=6(x^2-4y^2)=6(x+2y)(x-2y)$
답 (1) $(x+3)(x-3)$ (2) $(4x+1)(4x-1)$
(3) $(2a+3b)(2a-3b)$ (4) $(5a+b)(5a-b)$
(5) $(6+x)(6-x)$ (6) $3(a+3)(a-3)$
(7) $6(x+2y)(x-2y)$ (8) $\left(\dfrac{1}{3}x+\dfrac{1}{2}y\right)\left(\dfrac{1}{3}x-\dfrac{1}{2}y\right)$

0337 답 (가): -3, (나): $-3x$, (다): $-6x$, (라): 3

0338 답 (1) $(x-1)(x-3)$ (2) $(x+5)(x-3)$
(3) $(x+3)(x-8)$ (4) $(x-5y)(x-6y)$

0339 답 (가): $3x$, (나): -1, (다): 4, (라): $-3x$, (마): 1, (바): $3x$

0340 답 (1) $(2x-3)(x+5)$ (2) $(3x+1)(x-2)$
(3) $(3x-1)(3x-2)$ (4) $(5x+9)(x-4)$
(5) $(2x-3y)(x+2y)$ (6) $(5x-2y)(2x-y)$

0341 (1) $x^2y-12xy+36y=y(x^2-12x+36)$
$\qquad\qquad\qquad\qquad =y(x-6)^2$
(2) $x^3-x=x(x^2-1)=x(x+1)(x-1)$

(3) $4a^3b-ab=ab(4a^2-1)=ab(2a+1)(2a-1)$
(4) $3xy^2-3xy-36x=3x(y^2-y-12)=3x(y-4)(y+3)$
답 (1) $y(x-6)^2$ (2) $x(x+1)(x-1)$
(3) $ab(2a+1)(2a-1)$ (4) $3x(y-4)(y+3)$

0342 (1) $a+b=A$ 로 놓으면
$(a+b)^2-6(a+b)+9=A^2-6A+9=(A-3)^2$
$\qquad\qquad\qquad\qquad\qquad =(a+b-3)^2$
(2) $a+2=A$ 로 놓으면
$(a+2)^2-4(a+2)-5=A^2-4A-5$
$\qquad\qquad\qquad\qquad =(A+1)(A-5)$
$\qquad\qquad\qquad\qquad =(a+2+1)(a+2-5)$
$\qquad\qquad\qquad\qquad =(a+3)(a-3)$
(3) $x+3=A$ 로 놓으면
$(x+3)^2-25=A^2-25=(A+5)(A-5)$
$\qquad\qquad\qquad =(x+3+5)(x+3-5)$
$\qquad\qquad\qquad =(x+8)(x-2)$
(4) $2x-y=A$ 로 놓으면
$(2x-y)(2x-y-4)+3=A(A-4)+3$
$\qquad\qquad\qquad\qquad\qquad =A^2-4A+3$
$\qquad\qquad\qquad\qquad\qquad =(A-3)(A-1)$
$\qquad\qquad\qquad\qquad\qquad =(2x-y-3)(2x-y-1)$
답 (1) $(a+b-3)^2$ (2) $(a+3)(a-3)$
(3) $(x+8)(x-2)$ (4) $(2x-y-3)(2x-y-1)$

0343 답 (1) $x+y$ (2) $b+1$

0344 답 (1) $x+3$ (2) $x-5$

0345 (1) $16\times 25-16\times 23=16\times(25-23)$
$\qquad\qquad\qquad\qquad\qquad =16\times 2=32$
(2) $95^2+10\times 95+25=95^2+2\times 95\times 5+5^2=(95+5)^2$
$\qquad\qquad\qquad\qquad\qquad\qquad =100^2=10000$
(3) $103^2-6\times 103+9=103^2-2\times 103\times 3+3^2$
$\qquad\qquad\qquad\qquad\qquad =(103-3)^2=100^2=10000$
(4) $(\sqrt{2}-1)^2-(\sqrt{2}+1)^2$
$\quad =(\sqrt{2}-1+\sqrt{2}+1)\times(\sqrt{2}-1-\sqrt{2}-1)$
$\quad =2\sqrt{2}\times(-2)=-4\sqrt{2}$
(5) $12\times 35^2-12\times 15^2=12\times(35^2-15^2)$
$\qquad\qquad\qquad\qquad\qquad =12\times(35+15)\times(35-15)$
$\qquad\qquad\qquad\qquad\qquad =12\times 50\times 20=12000$
답 (1) 32 (2) 10000 (3) 10000 (4) $-4\sqrt{2}$ (5) 12000

0346 (1) $x^2+8x+16=(x+4)^2=(46+4)^2$
$\qquad\qquad\qquad\qquad =50^2=2500$

(2) $xy^2-10xy+25x=x(y^2-10y+25)=x(y-5)^2$
$$=36(15-5)^2=3600$$
(3) $x^2-y^2=(x+y)(x-y)=(16.5+8.5)\times(16.5-8.5)$
$$=25\times 8=200$$
(4) $x^2+2x-15=(x+5)(x-3)=(35+5)\times(35-3)$
$$=40\times 32=1280$$
(5) $x^2-6x+9=(x-3)^2=(3+\sqrt{5}-3)^2$
$$=(\sqrt{5})^2=5$$
📵 (1) 2500　(2) 3600　(3) 200　(4) 1280　(5) 5

B step 기출 & 변형하면⋯ 본문 76 ~ 91쪽

0347 $x(x+2y)$의 인수는 1, x, $x+2y$, $x(x+2y)$이므로
인수가 아닌 것은 ③이다.
참고 모든 다항식에서 1과 자기 자신은 그 다항식의 인수이다.
📵 ③

0348 $x(x+1)(x-1)=(x^2+x)(x-1)$
$$=x(x^2-1)$$
따라서 $x(x+1)(x-1)$의 인수가 아닌 것은 ③이다.　📵 ③

0349 $2(x+1)(x-3)=2\times(x+1)\times(x-3)$
$$=(2x+2)\times(x-3)$$
$$=2\times(x^2-2x-3)$$
따라서 $2(x+1)(x-3)$의 인수가 아닌 것은 ④이다.　📵 ④

0350 $2ab(c+3)=ab\times(2c+6)=2a\times(bc+3b)$
$$=b\times 2a(c+3)$$
따라서 $2ab(c+3)$의 인수는 ㄱ, ㄷ, ㅁ이다.
📵 ㄱ, ㄷ, ㅁ

0351 $3x^3-15x^2y=3x^2(x-5y)$
따라서 주어진 다항식의 인수가 아닌 것은 ⑤이다.　📵 ⑤

0352 두 다항식을 각각 인수분해하면
$-x+3x^2=x(3x-1)$
$12x^2y-4xy=4xy(3x-1)$
따라서 두 다항식의 공통인 인수는 $x(3x-1)$이다.　📵 ③

0353 ① $2xy+y^2=y(2x+y)$
② $4xy^2-2xy=2xy(2y-1)$
③ $7a^2b^2+14a^2b^3=7a^2b^2(1+2b)$
④ $ax+ay-a=a(x+y-1)$
따라서 인수분해가 바르게 된 것은 ⑤이다.　📵 ⑤

0354 $(x-2)(x-5)-4(5-x)$
$=(x-2)(x-5)+4(x-5)$
$=(x-5)(x-2+4)=(x-5)(x+2)$　⋯ ❶
따라서 두 일차식은 $x-5$, $x+2$이므로 두 일차식의 합은
$(x-5)+(x+2)=2x-3$　⋯ ❷
📵 $2x-3$

채점 기준	배점
❶ 주어진 식 인수분해 하기	60 %
❷ 두 일차식의 합 구하기	40 %

0355 ㄱ. $x^2-8x+16=(x-4)^2$
ㄴ. $4a^2+4ab+b^2=(2a+b)^2$
따라서 완전제곱식으로 인수분해 할 수 있는 것은 ㄱ, ㄴ 이다.
📵 ①

0356 ① $(x-8y)^2$　　②　$(2x-3)^2$
③ $2x^2+4x+2=2(x^2+2x+1)=2(x+1)^2$
⑤ $x^2+5xy+\dfrac{25}{4}y^2=\left(x+\dfrac{5}{2}y\right)^2$
따라서 완전제곱식으로 인수분해 할 수 없는 것은 ④이다.
📵 ④

0357 $9x^2+Axy+\dfrac{1}{16}y^2=(3x)^2+Axy+\left(\pm\dfrac{1}{4}y\right)^2$
$$=\left(3x\pm\dfrac{1}{4}y\right)^2$$
이므로 $B=-\dfrac{1}{4}$ $(\because B<0)$
이때 $A=2\times 3\times\left(-\dfrac{1}{4}\right)=-\dfrac{3}{2}$이므로
$A+B=-\dfrac{3}{2}+\left(-\dfrac{1}{4}\right)=-\dfrac{7}{4}$　📵 $-\dfrac{7}{4}$

0358 $(5x+c)^2=25x^2+10cx+c^2$이므로
$a=25$, $b=10c$, $81=c^2$
이때 a, b, c는 양수이므로 $a=25$, $b=90$, $c=9$
$\therefore a+b+c=25+90+9=124$　📵 124

0359 $x^2-8x+a+10$에서 $a+10=\left(\dfrac{-8}{2}\right)^2$
$a+10=16$　$\therefore a=6$
$\dfrac{1}{16}x^2-bx+\dfrac{1}{9}=\left(\dfrac{1}{4}x\right)^2-bx+\left(\pm\dfrac{1}{3}\right)^2=\left(\dfrac{1}{4}x\pm\dfrac{1}{3}\right)^2$에서
$-b=\pm 2\times\dfrac{1}{4}\times\dfrac{1}{3}=\pm\dfrac{1}{6}$　$\therefore b=\dfrac{1}{6}$ $(\because b>0)$
$\therefore ab=6\times\dfrac{1}{6}=1$　📵 1

0360 ① $x^2+Ax+9=x^2+Ax+(\pm 3)^2$이므로
　$A=\pm 2\times 1\times 3=\pm 6$　$\therefore A=6$ $(\because A>0)$
② $x^2+\dfrac{1}{2}x+A=x^2+2\times x\times\dfrac{1}{4}+A$이므로
　$A=\left(\dfrac{1}{4}\right)^2=\dfrac{1}{16}$

③ $Ax^2-12x+9=Ax^2-2\times2x\times3+3^2$이므로
$A=2^2=4$

④ $25x^2+20x+A=(5x)^2+2\times5x\times2+A$이므로
$A=2^2=4$

⑤ $\frac{1}{9}x^2-Ax+\frac{1}{16}=\left(\frac{1}{3}x\right)^2-Ax+\left(\pm\frac{1}{4}\right)^2$이므로
$-A=\pm2\times\frac{1}{3}\times\frac{1}{4}=\pm\frac{1}{6}$
$\therefore A=\frac{1}{6} (\because A>0)$

따라서 A의 값이 가장 큰 것은 ①이다. 🅐 ①

0361 $25x^2+ax+1=(5x)^2+ax+1^2$이므로
$a=2\times5\times1=10 (\because a>0)$ 🅐 10

0362 $4x^2+(3k-2)x+25=(2x)^2+(3k-2)x+5^2$이 완전제곱식이 되려면 $3k-2=\pm2\times2\times5$이어야 한다.
즉, $3k-2=-20$ 또는 $3k-2=20$에서
$3k=-18$ 또는 $3k=22$ $\therefore k=-6$ 또는 $k=\frac{22}{3}$
따라서 모든 k의 값의 곱은 $(-6)\times\frac{22}{3}=-44$ 🅐 ①

0363 $3x^2-10x+A=3\left(x^2-\frac{10}{3}x+\frac{A}{3}\right)$이므로
$\frac{A}{3}=\left\{\left(-\frac{10}{3}\right)\times\frac{1}{2}\right\}^2=\frac{25}{9}$ $\therefore A=\frac{25}{3}$ 🅐 $\frac{25}{3}$

0364 $(2x-1)(2x+5)+k=4x^2+8x-5+k$
$=(2x)^2+2\times2x\times2-5+k$
이 식이 완전제곱식이 되려면
$-5+k=2^2, -5+k=4$ $\therefore k=9$ 🅐 ④

0365 $-4<a<3$이므로 $a-3<0, a+4>0$
$\therefore \sqrt{(a+3)^2-12a}+\sqrt{(a-4)^2+16a}$
$=\sqrt{a^2-6a+9}+\sqrt{a^2+8a+16}$
$=\sqrt{(a-3)^2}+\sqrt{(a+4)^2}$
$=-(a-3)+(a+4)$
$=-a+3+a+4=7$ 🅐 ③

0366 $0<a<b$이므로 $a>0, a+b>0, a-b<0$ $\cdots$ ❶
$\therefore \sqrt{a^2}+\sqrt{a^2+2ab+b^2}-\sqrt{a^2-2ab+b^2}$
$=\sqrt{a^2}+\sqrt{(a+b)^2}-\sqrt{(a-b)^2}$ $\cdots$ ❷
$=a+(a+b)-\{-(a-b)\}$
$=a+a+b+a-b=3a$ $\cdots$ ❸
🅐 $3a$

채점 기준	배점
❶ $a, a+b, a-b$의 부호 구하기	30 %
❷ 근호 안의 식 인수분해 하기	40 %
❸ 주어진 식 간단히 하기	30 %

0367 ① $49x^2-4=(7x)^2-2^2=(7x+2)(7x-2)$
② $25x^2-y^2=(5x)^2-y^2=(5x+y)(5x-y)$
③ $-4x^2+y^2=y^2-(2x)^2=(y+2x)(y-2x)$
④ $\frac{1}{16}x^2-y^2=\frac{1}{16}(x^2-16y^2)=\frac{1}{16}\{x^2-(4y)^2\}$
$=\frac{1}{16}(x+4y)(x-4y)$
⑤ $a^2-\frac{1}{9}b^2=a^2-\left(\frac{1}{3}b\right)^2=\left(a+\frac{1}{3}b\right)\left(a-\frac{1}{3}b\right)$

따라서 옳은 것은 ④이다. 🅐 ④

0368 $\frac{1}{4}x^2-\frac{4}{9}y^2=\left(\frac{1}{2}x+\frac{2}{3}y\right)\left(\frac{1}{2}x-\frac{2}{3}y\right)$이므로
$A=\frac{1}{2}, B=\frac{2}{3} (\because A>0, B>0)$
$\therefore AB=\frac{1}{2}\times\frac{2}{3}=\frac{1}{3}$ 🅐 ①

0369 $x^3-9x=x(x^2-9)=x(x+3)(x-3)$
따라서 인수인 것은 ③, ⑤이다. 🅐 ③, ⑤

(참고) 인수분해 할 때에는 가장 먼저 공통인수가 있는지 확인한 후 인수분해 공식을 이용한다.

0370 $x^8-256=(x^4)^2-16^2$
$=(x^4+16)(x^4-16)$
$=(x^4+16)(x^2+4)(x^2-4)$
$=(x^4+16)(x^2+4)(x+2)(x-2)$
따라서 x^8-256의 인수가 아닌 것은 ④이다. 🅐 ④

0371 ① $(x+3)(x-9)$ ② $(x+3)(x-1)$
③ $(x+3)(x-5)$ ④ $(x+3)(x+7)$
⑤ $(x-3)(x+8)$

따라서 $x+3$을 인수로 갖지 않는 것은 ⑤이다. 🅐 ⑤

0372 $x^2+xy-42y^2=(x-6y)(x+7y)$ 🅐 ①

0373 $(x-6)(x+2)-20=x^2-4x-12-20$
$=x^2-4x-32$
$=(x+4)(x-8)$
따라서 두 일차식은 $x+4, x-8$이므로 두 일차식의 합은
$(x+4)+(x-8)=2x-4$ 🅐 ②

0374 $x^2+Ax-12=(x+a)(x+b)=x^2+(a+b)x+ab$
이므로 $a+b=A, ab=-12$
곱이 -12인 두 정수는 $1, -12$ 또는 $2, -6$ 또는 $3, -4$ 또는 $4, -3$ 또는 $6, -2$ 또는 $12, -1$
이때 A의 값이 될 수 있는 것은 $-11, -4, -1, 1, 4, 11$
따라서 $M=11, m=-11$이므로
$M-m=11-(-11)=22$ 🅐 22

0375 $2x^2-5x+2=(2x-1)(x-2)$ 🔘 ③

0376 $6x^2-xy-35y^2=(2x-5y)(3x+7y)$이므로
$A=5, B=7$ $\therefore A+B=5+7=12$ 🔘 ④

0377 $(2x+b)(cx+5)=2cx^2+(10+bc)x+5b$
따라서 $6x^2+ax-10=2cx^2+(10+bc)x+5b$이므로
x^2의 계수에서
$6=2c$ $\therefore c=3$
상수항에서
$-10=5b$ $\therefore b=-2$
x의 계수에서
$a=10+bc=10+(-2)\times3=4$
$\therefore a+b+c=4+(-2)+3=5$ 🔘 5

0378 $(4x+3)(x-5)+30=4x^2-17x-15+30$
$\qquad\qquad\qquad\qquad =4x^2-17x+15$
$\qquad\qquad\qquad\qquad =(4x-5)(x-3)$
따라서 두 일차식은 $4x-5$, $x-3$이므로 두 일차식의 합은
$(4x-5)+(x-3)=5x-8$ 🔘 ③

0379 ④ $2x^2+x-1=(2x-1)(x+1)$
따라서 나머지 넷과 다른 것은 ④이다.   🔘 ④

0380 다은: $2x^2+5x-3=(2x-1)(x+3)$
현지: $25x^2-20xy+4y^2=(5x-2y)^2$
지혜: $3x^2-6xy-9y^2=3(x-3y)(x+y)$
민정: $-25x^2+16=(4-5x)(4+5x)$
따라서 바르게 말한 학생은 다은, 현지이다.   🔘 ①

0381 ①, ②, ③, ⑤ 5   ④ 4
따라서 나머지 넷과 다른 것은 ④이다.   🔘 ④

0382 $25x^2+10x+1=(5x+1)^2$ $\therefore a=1$
$x^2-144=(x+12)(x-12)$ $\therefore b=12$
$x^2-4x-12=(x+2)(x-6)$ $\therefore c=2$
$8x^2-10x+3=(2x-1)(4x-3)$ $\therefore d=4$ ··· ❶
$\therefore a+b+c+d=1+12+2+4=19$ ··· ❷
   🔘 19

채점 기준	배점
❶ a, b, c, d의 값 각각 구하기	80 %
❷ $a+b+c+d$의 값 구하기	20 %

0383 $x^2+4x-12=(x-2)(x+6)$
$3x^2-2x-8=(x-2)(3x+4)$
따라서 두 다항식의 공통인 인수는 $x-2$이다.   🔘 ②

0384 $6x^2+x-1=(3x-1)(2x+1)$
$6x^2+7x-3=(3x-1)(2x+3)$
따라서 두 다항식의 공통인 인수는 $3x-1$이므로
$a=3, b=-1$ $\therefore a+b=2$ 🔘 2

0385 $24x^2+22x-7=(4x-1)(6x+7)$
① $4x^2+3x-1=(x+1)(4x-1)$
② $8x^2-6x+1=(2x-1)(4x-1)$
③ $12x^2+5x-2=(3x+2)(4x-1)$
④ $(4x-3)(x-1)-5=4x^2-7x-2=(x-2)(4x+1)$
⑤ $16x^2(a-b)-(a-b)=(a-b)(16x^2-1)$
$\qquad\qquad\qquad\qquad =(a-b)(4x+1)(4x-1)$
따라서 주어진 다항식과 공통인 인수를 갖지 않는 것은 ④이다.
   🔘 ④

0386 ㄱ. $x^2-4x+4=(x-2)^2$
ㄴ. $2x^2-8=2(x-2)(x+2)$
ㄷ. $x^2-3x-10=(x+2)(x-5)$
ㄹ. $2x^2-3x-2=(2x+1)(x-2)$
따라서 $x+2$를 인수로 갖는 것은 ㄴ, ㄷ이다.   🔘 ㄴ, ㄷ

0387 $7x^2+kx-35=(x-7)(ax+b)$ (a, b는 상수)로 놓으면
$7x^2+kx-35=ax^2+(b-7a)x-7b$
이므로 $7=a, k=b-7a, -35=-7b$
$-35=-7b$에서 $b=5$
$\therefore k=b-7a=5-7\times7=-44$ 🔘 ②

0388 $12x^2-axy-2y^2=(3x-2y)(4x+my)$ (m은 상수)
로 놓으면
$12x^2-axy-2y^2=12x^2+(3m-8)xy-2my^2$
이므로 $-a=3m-8, -2=-2m$
$\therefore m=1, a=5$
따라서 $12x^2-5xy-2y^2=(3x-2y)(4x+y)$이므로 이 다항식의 인수인 것은 $4x+y$이다.   🔘 ④

0389 $x^2+2x+a=(x-5)(x+m)$ (m은 상수)로 놓으면
$x^2+2x+a=x^2+(m-5)x-5m$
이므로 $2=m-5, a=-5m$
$\therefore m=7, a=-35$
$4x^2+bx-25=(x-5)(4x+n)$ (n은 상수)로 놓으면
$4x^2+bx-25=4x^2+(n-20)x-5n$
이므로 $b=n-20, -25=-5n$
$\therefore n=5, b=-15$
$\therefore a-b=-35-(-15)=-20$ 🔘 ②

0390 $3x^2-12=3(x^2-4)=3(x+2)(x-2)$
$5x^2+7x-6=(x+2)(5x-3)$
이므로 두 다항식의 공통인 인수는 $x+2$이다.
따라서 $4x^2+ax+10$도 $x+2$를 인수로 가지므로
$4x^2+ax+10=(x+2)(4x+m)$ (m은 상수)
으로 놓으면
$4x^2+ax+10=4x^2+(m+8)x+2m$
즉, $a=m+8$, $10=2m$이므로
$m=5$, $a=13$ 🖺 13

0391 현민이는 상수항을 제대로 보았으므로
$(x-2)(x-9)=x^2-11x+18$
에서 처음 이차식의 상수항은 18이다.
현아는 x의 계수를 제대로 보았으므로
$(x-2)(x-7)=x^2-9x+14$
에서 처음 이차식의 x의 계수는 -9이다.
따라서 처음 이차식은 $x^2-9x+18$이므로 바르게 인수분해 하면
$x^2-9x+18=(x-3)(x-6)$ 🖺 ④

0392 나래는 상수항을 제대로 보았으므로
$(x-3)(x-4)=x^2-7x+12$
에서 처음 이차식의 상수항은 12이다.
현수는 x의 계수를 제대로 보았으므로
$(x+1)(x-9)=x^2-8x-9$
에서 처음 이차식의 x의 계수는 -8이다.
따라서 처음 이차식은 $x^2-8x+12$이므로 바르게 인수분해 하면
$x^2-8x+12=(x-2)(x-6)$ 🖺 $(x-2)(x-6)$

0393 유리는 상수항을 제대로 보았으므로
$(x+1)(5x-6)=5x^2-x-6$
에서 처음 이차식의 상수항은 -6이다.   … ❶
지석이는 x의 계수를 제대로 보았으므로
$(x-1)(5x+18)=5x^2+13x-18$
에서 처음 이차식의 x의 계수는 13이다.   … ❷
따라서 처음 이차식은 $5x^2+13x-6$이므로 바르게 인수분해 하면
$5x^2+13x-6=(x+3)(5x-2)$ … ❸
🖺 $(x+3)(5x-2)$

채점 기준	배점
❶ 처음 이차식의 상수항 구하기	30 %
❷ 처음 이차식의 x의 계수 구하기	30 %
❸ 처음 이차식을 바르게 인수분해 하기	40 %

0394 재민이는 상수항을 제대로 보았으므로
$(2x-1)(x+5)=2x^2+9x-5$
에서 처음 이차식의 상수항은 -5이다.
수연이는 x의 계수를 제대로 보았으므로
$(2x+3)(x-6)=2x^2-9x-18$
에서 처음 이차식의 x의 계수는 -9이다.
따라서 처음 이차식은 $2x^2-9x-5$이므로 바르게 인수분해 하면 $2x^2-9x-5=(2x+1)(x-5)$
즉, $a=1$, $b=5$이므로
$b-a=5-1=4$ 🖺 4

0395 정사각형을 잘라 낸 후의 도형의 넓이는 a^2-b^2
새로 만든 직사각형의 가로의 길이는 $a+b$, 세로의 길이는 $a-b$이므로 넓이는 $(a+b)(a-b)$
두 도형의 넓이가 서로 같으므로
$a^2-b^2=(a+b)(a-b)$
즉, 두 도형의 넓이가 서로 같음을 이용하여 설명할 수 있는 인수분해 공식은 ③이다.   🖺 ③

0396 A의 넓이는 $(3x)^2-2^2=(3x+2)(3x-2)$이고
B의 넓이는 A의 넓이와 같으므로 B의 가로의 길이는
$3x+2$ 🖺 $3x+2$

0397 $6x^2+23x+20=(2x+5)(3x+4)$
따라서 가로의 길이가 $(2x+5)$ cm이므로 세로의 길이는
$(3x+4)$ cm   🖺 ①

0398 $\frac{1}{2}\times\{(a-3)+(a+5)\}\times(높이)=3a^2+2a-1$
이므로 $\frac{1}{2}\times(2a+2)\times(높이)=(a+1)(3a-1)$
$(a+1)\times(높이)=(a+1)(3a-1)$
$\therefore$ (높이)$=3a-1$ 🖺 $3a-1$

0399 $25x^2+20x+4=(5x+2)^2$이고, $x>0$이므로 정사각형 모양의 타일의 한 변의 길이는 $5x+2$이다.
따라서 이 타일의 둘레의 길이는
$4\times(5x+2)=20x+8$ 🖺 ④

0400 넓이가 x^2인 정사각형이 2개, 넓이가 x인 직사각형이 5개, 넓이가 1인 정사각형이 3개 있으므로 모든 사각형의 넓이의 합은 $2x^2+5x+3$이다.   … ❶
큰 직사각형의 넓이가 $2x^2+5x+3$이므로
$2x^2+5x+3=(x+1)(2x+3)$
따라서 큰 직사각형의 가로, 세로의 길이는
$x+1$, $2x+3$ … ❷
이므로 둘레의 길이는
$2\{(x+1)+(2x+3)\}=2(3x+4)=6x+8$ … ❸
🖺 $6x+8$

채점 기준	배점
❶ 모든 사각형의 넓이의 합 구하기	30 %
❷ 큰 직사각형의 가로와 세로의 길이 각각 구하기	40 %
❸ 큰 직사각형의 둘레의 길이 구하기	30 %

0401 $(a-7b)x-(7b-a)y=(a-7b)x+(a-7b)y$
$$=(a-7b)(x+y)$$

📖 $(a-7b)(x+y)$

0402 $(x-3y)(x-1)-y(3y-x)$
$=(x-3y)(x-1)+y(x-3y)$
$=(x-3y)(x+y-1)$

📖 ①

0403 $A=(a-1)b^2+2(1-a)b+a-1$
$\quad\quad=(a-1)b^2-2(a-1)b+a-1$
$\quad\quad=(a-1)(b^2-2b+1)$
$\quad\quad=(a-1)(b-1)^2$
$B=b^2(a+2)-(a+2)$
$\quad=(a+2)(b^2-1)$
$\quad=(a+2)(b+1)(b-1)$
따라서 두 다항식의 공통인 인수는 $b-1$이다.

📖 ④

0404 $5xy(x-2y)-4xy(x+y)$
$=xy(5x-10y-4x-4y)$
$=xy(x-14y)$
따라서 인수가 아닌 것은 ④ $-14y$이다.

📖 ④

0405 $x+3=A$로 놓으면
$(x+3)^2-4(x+3)+4=A^2-4A+4=(A-2)^2$
$\quad\quad\quad\quad\quad\quad\quad\quad\quad=(x+3-2)^2=(x+1)^2$
$\therefore a=1$

📖 ③

0406 $x-2y=A$로 놓으면
$(x-2y)^2+2(x-2y-3)-9=A^2+2(A-3)-9$
$\quad\quad\quad\quad\quad\quad\quad\quad\quad\quad=A^2+2A-15$
$\quad\quad\quad\quad\quad\quad\quad\quad\quad\quad=(A-3)(A+5)$
$\quad\quad\quad\quad\quad\quad\quad\quad\quad\quad=(x-2y-3)(x-2y+5)$

📖 ②

0407 $x^2+2x=A$로 놓으면
$(x^2+2x-2)(x^2+2x-4)+1$
$=(A-2)(A-4)+1$
$=(A^2-6A+8)+1$
$=A^2-6A+9=(A-3)^2$
$=(x^2+2x-3)^2$
$=\{(x+3)(x-1)\}^2$
$=(x+3)^2(x-1)^2$

따라서 두 완전제곱식은 $(x+3)^2$, $(x-1)^2$이므로 그 합은
$(x+3)^2+(x-1)^2=(x^2+6x+9)+(x^2-2x+1)$
$\quad\quad\quad\quad\quad\quad\quad\quad\quad=2x^2+4x+10$

📖 $2x^2+4x+10$

0408 $x+4=A$, $x-1=B$로 놓으면
$6(x+4)^2+11(x+4)(x-1)-10(x-1)^2$
$=6A^2+11AB-10B^2$
$=(3A-2B)(2A+5B)$
$=\{3(x+4)-2(x-1)\}\{2(x+4)+5(x-1)\}$
$=(x+14)(7x+3)$
따라서 $a=14$, $b=7$, $c=3$이므로
$a-b-c=14-7-3=4$

📖 4

0409 $(x-1)(x-3)(x-5)(x-7)+15$
$=\{(x-1)(x-7)\}\{(x-3)(x-5)\}+15$
$=(x^2-8x+7)(x^2-8x+15)+15$
$x^2-8x=A$로 놓으면
$(x^2-8x+7)(x^2-8x+15)+15$
$=(A+7)(A+15)+15$
$=A^2+22A+120=(A+10)(A+12)$
$=(x^2-8x+10)(x^2-8x+12)$
$=(x^2-8x+10)(x-2)(x-6)$
따라서 주어진 다항식의 인수가 아닌 것은 ③, ⑤이다.

📖 ③, ⑤

0410 $x(x-2)(x-3)(x-5)+9$
$=\{x(x-5)\}\{(x-2)(x-3)\}+9$
$=(x^2-5x)(x^2-5x+6)+9$ … ❶
$x^2-5x=A$로 놓으면
$(x^2-5x)(x^2-5x+6)+9$
$=A(A+6)+9$
$=A^2+6A+9=(A+3)^2$
$=(x^2-5x+3)^2$ … ❷
따라서 $a=-5$, $b=3$이므로   … ❸
$ab=-5\times3=-15$ … ❹

📖 -15

채점 기준	배점
❶ 공통부분이 생기도록 2개씩 묶어 전개하기	40 %
❷ 주어진 식 인수분해 하기	40 %
❸ a, b의 값 각각 구하기	10 %
❹ ab의 값 구하기	10 %

0411 $(x+1)(x+4)(x+7)(x+10)+a$
$=\{(x+1)(x+10)\}\{(x+4)(x+7)\}+a$
$=(x^2+11x+10)(x^2+11x+28)+a$

$x^2+11x=A$로 놓으면

(주어진 식)$=(A+10)(A+28)+a$

$\qquad\qquad\quad =A^2+38A+280+a$

따라서 주어진 식이 완전제곱식이 되도록 하려면

$280+a=\left(\dfrac{38}{2}\right)^2,\ 280+a=361$ $\qquad \therefore a=81$ 🖉 81

0412 $(x+1)(x+2)(x+3)(x+6)-8x^2$

$=\{(x+1)(x+6)\}\{(x+2)(x+3)\}-8x^2$

$=(x^2+7x+6)(x^2+5x+6)-8x^2$

$x^2+6=A$로 놓으면

$(x^2+7x+6)(x^2+5x+6)-8x^2$

$=(A+7x)(A+5x)-8x^2$

$=A^2+12Ax+27x^2$

$=(A+3x)(A+9x)$

$=(x^2+3x+6)(x^2+9x+6)$

🖉 $(x^2+3x+6)(x^2+9x+6)$

0413 $x^2y+3x^2-9y-27=x^2(y+3)-9(y+3)$

$\qquad\qquad\qquad\qquad =(y+3)(x^2-9)$

$\qquad\qquad\qquad\qquad =(y+3)(x+3)(x-3)$

🖉 $(y+3)(x+3)(x-3)$

0414 $x^3+4x^2-9x-36=x^2(x+4)-9(x+4)$

$\qquad\qquad\qquad\qquad =(x+4)(x^2-9)$

$\qquad\qquad\qquad\qquad =(x+4)(x+3)(x-3)$

따라서 세 일차식의 합은

$(x+4)+(x+3)+(x-3)=3x+4$ 🖉 ⑤

0415 $x^3-x^2-x+1=x^2(x-1)-(x-1)$

$\qquad\qquad\qquad =(x-1)(x^2-1)$

$\qquad\qquad\qquad =(x-1)(x-1)(x+1)$

$\qquad\qquad\qquad =(x-1)^2(x+1)$

따라서 주어진 다항식의 인수가 아닌 것은 ⑤이다. 🖉 ⑤

(참고) ④ $x^2-2x+1=(x-1)^2$

0416 $x^3+y-x-x^2y=x^3-x+y-x^2y$

$\qquad\qquad\qquad =x(x^2-1)-y(x^2-1)$

$\qquad\qquad\qquad =(x^2-1)(x-y)$

$\qquad\qquad\qquad =(x+1)(x-1)(x-y)$

$xy+1-x-y=xy-y-x+1$

$\qquad\qquad\qquad =y(x-1)-(x-1)$

$\qquad\qquad\qquad =(x-1)(y-1)$

따라서 두 다항식의 공통인 인수는 $x-1$이다. 🖉 ①

0417 $16x^2-8xy+y^2-121=16x^2-8xy+y^2-11^2$

$\qquad\qquad\qquad\qquad\quad =(4x-y)^2-11^2$

$\qquad\qquad\qquad\qquad\quad =(4x-y+11)(4x-y-11)$

따라서 $a=-1,\ b=11$이므로

$a+b=-1+11=10$ 🖉 10

0418 $36x^2-12x+1-y^2=(36x^2-12x+1)-y^2$

$\qquad\qquad\qquad\qquad =(6x-1)^2-y^2$

$\qquad\qquad\qquad\qquad =(6x-1+y)(6x-1-y)$

$\qquad\qquad\qquad\qquad =(6x+y-1)(6x-y-1)$

따라서 두 일차식은 $6x+y-1,\ 6x-y-1$이므로 두 일차식의 합은

$(6x+y-1)+(6x-y-1)=12x-2$ 🖉 ③

0419 $25x^2-16y^2+8y-1=25x^2-(16y^2-8y+1)$

$\qquad\qquad\qquad\qquad =(5x)^2-(4y-1)^2$

$\qquad\qquad\qquad\qquad =(5x+4y-1)(5x-4y+1)$

🖉 ①

0420 $a^2-b^2-a-b=(a^2-b^2)-(a+b)$

$\qquad\qquad\qquad\quad =(a+b)(a-b)-(a+b)$

$\qquad\qquad\qquad\quad =(a+b)(a-b-1)$

$a^2-b^2-2a+1=(a^2-2a+1)-b^2$

$\qquad\qquad\qquad\quad =(a-1)^2-b^2$

$\qquad\qquad\qquad\quad =\{(a-1)+b\}\{(a-1)-b\}$

$\qquad\qquad\qquad\quad =(a+b-1)(a-b-1)$

따라서 두 다항식의 공통인 인수는 $a-b-1$이다. 🖉 ③

0421 y에 대하여 내림차순으로 정리한 후 인수분해 하면

$x^2+xy-8x-3y+15$

$=xy-3y+x^2-8x+15$

$=y(x-3)+(x-3)(x-5)$

$=(x-3)(x+y-5)$ 🖉 ③

0422 x에 대하여 내림차순으로 정리한 후 인수분해 하면

$2x^2+xy-y^2+9x+9$

$=2x^2+(y+9)x-(y^2-9)$

$=2x^2+(y+9)x-(y+3)(y-3)$

$=(2x-y+3)(x+y+3)$

$=A(x+y+3)$

$\therefore A=2x-y+3$ 🖉 $2x-y+3$

(다른 풀이) y에 대하여 내림차순으로 정리한 후 인수분해 하면

$2x^2+xy-y^2+9x+9=-y^2+xy+(2x^2+9x+9)$

$\qquad\qquad\qquad\qquad =-y^2+xy+(x+3)(2x+3)$

$\qquad\qquad\qquad\qquad =(y+x+3)(-y+2x+3)$

$\qquad\qquad\qquad\qquad =(2x-y+3)(x+y+3)$

$\qquad\qquad\qquad\qquad =A(x+y+3)$

$\therefore A=2x-y+3$

0423 x에 대하여 내림차순으로 정리한 후 인수분해 하면
$$x^2+6xy+9y^2-4x-12y-32$$
$$=x^2+(6y-4)x+9y^2-12y-32$$
$$=x^2+(6y-4)x+(3y+4)(3y-8)$$
$$=(x+3y+4)(x+3y-8)$$
따라서 두 일차식은 $x+3y+4$, $x+3y-8$이므로 두 일차식의 합은
$$(x+3y+4)+(x+3y-8)=2x+6y-4 \qquad \text{답} \ ④$$

0424 $x^2-y^2-7x+5y+6$
$$=x^2-7x-(y^2-5y-6)$$
$$=x^2-7x-(y+1)(y-6)$$
$$=(x-y-1)(x+y-6) \qquad \cdots ❶$$
따라서 $a=-1$, $b=1$, $c=-6$이므로 $\qquad \cdots ❷$
$$a-b-c=-1-1-(-6)=4 \qquad \cdots ❸$$
$$\text{답} \ 4$$

채점 기준	배점
❶ 주어진 식 인수분해 하기	60 %
❷ a, b, c의 값 각각 구하기	30 %
❸ $a-b-c$의 값 구하기	10 %

0425 $1002\times1006+4=(1004-2)(1004+2)+4$
$$=1004^2-4+4=1004^2$$
따라서 $A^2=1004^2$이므로
$$A=1004 \ (\because A>0) \qquad \text{답} \ ③$$

0426 $A=5\times101^2-5\times202+5$
$$=5\times(101^2-2\times101\times1+1^2)=5\times(101-1)^2$$
$$=5\times100^2=50000$$
$B=6.5^2\times1.5-3.5^2\times1.5$
$$=1.5\times(6.5^2-3.5^2)=1.5\times(6.5+3.5)\times(6.5-3.5)$$
$$=1.5\times10\times3=45$$
$$\therefore A+B=50000+45=50045 \qquad \text{답} \ 50045$$

0427 $1^2-2^2+3^2-4^2+\cdots+9^2-10^2$
$$=(1^2-2^2)+(3^2-4^2)+\cdots+(9^2-10^2)$$
$$=(1+2)\times(1-2)+(3+4)\times(3-4)$$
$$\qquad\qquad\qquad +\cdots+(9+10)\times(9-10)$$
$$=(1+2+3+4+\cdots+9+10)\times(-1)$$
$$=55\times(-1)=-55 \qquad \text{답} \ ③$$

0428 $2^{40}-1=(2^{20}+1)(2^{20}-1)$
$$=(2^{20}+1)(2^{10}+1)(2^{10}-1)$$
$$=(2^{20}+1)(2^{10}+1)(2^5+1)(2^5-1)$$
따라서 자연수 $2^{40}-1$은 2^5+1과 2^5-1, 즉 33과 31로 나누어 떨어지므로 구하는 합은
$$33+31=64 \qquad \text{답} \ 64$$

0429 $2x^2-4xy+2y^2=2(x^2-2xy+y^2)=2(x-y)^2$
$$=2\{(\sqrt{7}+\sqrt{3})-(\sqrt{7}-\sqrt{3})\}^2$$
$$=2\times(2\sqrt{3})^2=24 \qquad \text{답} \ ④$$

0430 $(x^2+y^2)^2-(x^2-y^2)^2$
$$=\{(x^2+y^2)+(x^2-y^2)\}\{(x^2+y^2)-(x^2-y^2)\}$$
$$=2x^2\times2y^2=4(xy)^2$$
이때
$$xy=(\sqrt{5}+\sqrt{7})(\sqrt{5}-\sqrt{7})$$
$$=(\sqrt{5})^2-(\sqrt{7})^2$$
$$=5-7=-2$$
이므로
$$4(xy)^2=4\times(-2)^2=16 \qquad \text{답} \ 16$$

0431 $x=\dfrac{2}{3-\sqrt{7}}=\dfrac{2(3+\sqrt{7})}{(3-\sqrt{7})(3+\sqrt{7})}$
$$=\dfrac{2(3+\sqrt{7})}{9-7}=3+\sqrt{7}$$
$y=\dfrac{2}{3+\sqrt{7}}=\dfrac{2(3-\sqrt{7})}{(3+\sqrt{7})(3-\sqrt{7})}$
$$=\dfrac{2(3-\sqrt{7})}{9-7}=3-\sqrt{7}$$
이므로 $x+y=6$, $x-y=2\sqrt{7}$, $xy=2$
$$\therefore \ x^3y-xy^3=xy(x^2-y^2)$$
$$=xy(x+y)(x-y)$$
$$=2\times6\times2\sqrt{7}=24\sqrt{7} \qquad \text{답} \ 24\sqrt{7}$$

0432 $3<\sqrt{15}<4$이므로 $x=\sqrt{15}-3$ $\qquad \cdots ❶$
$x-2=A$로 놓으면
$$(x-2)^2+10(x-2)+25=A^2+10A+25$$
$$=(A+5)^2$$
$$=(x-2+5)^2$$
$$=(x+3)^2 \qquad \cdots ❷$$
$$=(\sqrt{15}-3+3)^2$$
$$=(\sqrt{15})^2=15 \qquad \cdots ❸$$
$$\text{답} \ 15$$

채점 기준	배점
❶ x의 값 구하기	30 %
❷ 주어진 식 인수분해 하기	40 %
❸ 주어진 식의 값 구하기	30 %

0433 $x^2y+xy^2-3x-3y=xy(x+y)-3(x+y)$
$$=(x+y)(xy-3) \qquad \cdots ㉠$$
$xy=5$, $x^2y+xy^2-3x-3y=14$이므로 ㉠에서
$$2(x+y)=14 \qquad \therefore \ x+y=7$$
$$\therefore \ x^2+y^2=(x+y)^2-2xy=49-10=39 \qquad \text{답} \ 39$$

0434 $(a+b)^2=a^2+2ab+b^2$이므로

$2ab=(a+b)^2-(a^2+b^2)=6^2-4=32$ $\therefore ab=16$

$\therefore \dfrac{4a^2b+4ab^2-2a-2b}{a^2+2ab+b^2}=\dfrac{4ab(a+b)-2(a+b)}{(a+b)^2}$

$\qquad\qquad\qquad\qquad =\dfrac{2(a+b)(2ab-1)}{(a+b)^2}$

$\qquad\qquad\qquad\qquad =\dfrac{2(2ab-1)}{a+b}$

$\qquad\qquad\qquad\qquad =\dfrac{2\times31}{6}=\dfrac{31}{3}$ **답** $\dfrac{31}{3}$

0435 도형 A의 넓이는

$(x+7)^2-3^2=(x+7+3)(x+7-3)$

$\qquad\qquad\quad =(x+10)(x+4)$

따라서 도형 B의 가로의 길이는 $x+10$이다.   **답** $x+10$

0436 $a^3+2a^2-9a-18=a^2(a+2)-9(a+2)$

$\qquad\qquad\qquad\quad =(a+2)(a^2-9)$

$\qquad\qquad\qquad\quad =(a+2)(a+3)(a-3)$

따라서 직육면체의 높이는 $a-3$이므로 모든 모서리의 길이의
합은

$4\{(a+2)+(a+3)+(a-3)\}=4(3a+2)$

$\qquad\qquad\qquad\qquad\qquad =12a+8$ **답** $12a+8$

0437 $\overline{AB}:\overline{BC}=3:4$이므로 $\overline{AB}:\overline{AC}=3:7$

이때 $\overline{AC}=70\ \text{cm}$이므로 $\overline{AB}=30\ \text{cm}$

따라서 지름이 $\overline{AC}$인 원의 반지름의 길이는 $35\ \text{cm}$이고 지름
이 $\overline{AB}$인 원의 반지름의 길이는 $15\ \text{cm}$이므로 색칠한 부분의
넓이는

$(35^2-15^2)\pi=(35+15)(35-15)\pi=1000\pi\,(\text{cm}^2)$ **답** ②

0438 직사각형을 직선 l을 회전축으로
하여 1회전 시킬 때 생기는 회전체는 오
른쪽 그림과 같으므로 구하는 회전체의
부피는

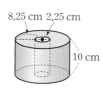

$V=$(큰 원기둥의 부피)

$\quad -$(작은 원기둥의 부피)

$\ =\pi\times8.25^2\times10-\pi\times2.25^2\times10$

$\ =10\pi(8.25^2-2.25^2)$

$\ =10\pi(8.25+2.25)(8.25-2.25)$

$\ =10\pi\times10.5\times6=630\pi$ **답** 630π

0439 두 정사각형의 둘레의 길이의 합이 100이므로

$4x+4y=100$ $\therefore x+y=25$

두 정사각형의 넓이의 차가 375이므로

$x^2-y^2=375,\ (x+y)(x-y)=375$

$25(x-y)=375$ $\therefore x-y=15$

따라서 두 정사각형의 한 변의 길이의 차는 15이다.   **답** 15

0440 잔디밭의 반지름의 길이를 $r\ \text{m}$라 하면 산책로의 한가
운데를 지나는 원의 반지름의 길이는 $\left(r+\dfrac{3}{2}\right)\text{m}$이므로

$2\pi\times\left(r+\dfrac{3}{2}\right)=20\pi,\ r+\dfrac{3}{2}=10$ $\therefore r=\dfrac{17}{2}$

$\therefore$ (산책로의 넓이)$=\pi(r+3)^2-\pi r^2$

$\qquad\qquad\qquad\quad =\pi\{(r+3)^2-r^2\}$

$\qquad\qquad\qquad\quad =\pi(r+3+r)(r+3-r)$

$\qquad\qquad\qquad\quad =3\pi(2r+3)$

$\qquad\qquad\qquad\quad =3\pi\left(2\times\dfrac{17}{2}+3\right)$

$\qquad\qquad\qquad\quad =60\pi\,(\text{m}^2)$ **답** $60\pi\ \text{m}^2$

C step 실력 완성! 🌱

본문 92 ~ 95쪽

0441 $4x^2y-3xy=xy(4x-3)$

따라서 주어진 다항식의 인수가 아닌 것은 ④이다.   **답** ④

0442 ① $a^2+6a+9=(a+3)^2$

② $a^2+2a+1=(a+1)^2$

③ $x^2-12xy+36y^2=(x-6y)^2$

⑤ $4x^2-24xy+36y^2=4(x^2-6xy+9y^2)$

$\qquad\qquad\qquad\qquad\quad =4(x-3y)^2$

따라서 인수분해 할 수 없는 것은 ④이다.   **답** ④

0443 $x^2+(a-1)x+25=x^2+(a-1)x+5^2$이 완전제곱
식이 되려면

$a-1=\pm2\times1\times5$

즉, $a=-9$ 또는 $a=11$이므로 모든 상수 a의 값의 합은

$-9+11=2$ **답** 2

0444 $-3<x<2$이므로 $x-2<0,\ x+3>0$

$\therefore \sqrt{(x+2)^2-8x}+\sqrt{x^2+6x+9}$

$\ =\sqrt{x^2-4x+4}+\sqrt{x^2+6x+9}$

$\ =\sqrt{(x-2)^2}+\sqrt{(x+3)^2}$

$\ =-(x-2)+(x+3)=5$ **답** ⑤

0445 $54x^2-24y^2=6(9x^2-4y^2)=6(3x+2y)(3x-2y)$

답 ②

0446 $(x-1)^2-2(x+3)=x^2-2x+1-2x-6$

$\qquad\qquad\qquad\quad =x^2-4x-5$

$\qquad\qquad\qquad\quad =(x-5)(x+1)$

따라서 주어진 다항식의 인수는 ①이다.   **답** ①

0447 $2x^2-7x+a=(x-6)(bx+c)$
$\qquad\qquad =bx^2+(-6b+c)x-6c$
이므로 $a=-6c,\ b=2,\ -6b+c=-7$
따라서 $a=-30,\ b=2,\ c=5$이므로
$a+b-c=-33$ 답 -33

0448 ① $6a^2-12a+6=6(a^2-2a+1)=6(a-1)^2$
② $a^2-ab-12b^2=(a-4b)(a+3b)$
③ $x^2-4x-12=(x-6)(x+2)$
⑤ $5a^2-14ab+8b^2=(5a-4b)(a-2b)$
따라서 옳은 것은 ④이다. 답 ④

0449 $3x^2-5x-2=(3x+1)(x-2)$
$x^2+3x-10=(x-2)(x+5)$
즉, 두 다항식의 공통인 인수는 $x-2$이다.
따라서 $2x^2-kx-2$도 $x-2$를 인수로 가지므로
$2x^2-kx-2=(x-2)(2x+m)$ (m은 상수)로 놓으면
$2x^2-kx-2=2x^2+(m-4)x-2m$
즉, $-k=m-4,\ -2=-2m$이므로
$m=1,\ k=3$ 답 3

0450 혜수는 상수항을 제대로 보았으므로
$(x+3)(x-8)=x^2-5x-24$
에서 처음 이차식의 상수항은 -24이다.
민호는 x의 계수를 제대로 보았으므로
$(x+4)(x-2)=x^2+2x-8$
에서 처음 이차식의 x의 계수는 2이다.
따라서 처음 이차식은 $x^2+2x-24$이므로 바르게 인수분해 하면 $x^2+2x-24=(x-4)(x+6)$ 답 ②

0451 $\dfrac{1}{2}\times(x+q)\times(16x-2)=8x^2+23x+p$이므로
$(8x-1)(x+q)=8x^2+(8q-1)x-q=8x^2+23x+p$
따라서 $8q-1=23,\ -q=p$이므로 $p=-3,\ q=3$
$\therefore pq=-9$ 답 -9

참고 삼각형의 넓이와 내접원의 반지름의 길이
$\triangle$ABC의 내접원의 반지름의 길이를 r라 하면
$\triangle$ABC$=\dfrac{1}{2}r(a+b+c)$

0452 $2ab(2x+y)-2a(-2x-y)$
$=2ab(2x+y)+2a(2x+y)=2a(b+1)(2x+y)$
따라서 주어진 다항식의 인수가 아닌 것은 ④이다. 답 ④

0453 $2x-1=A$로 놓으면
$2(2x-1)^2-5(2x-1)-3$
$=2A^2-5A-3=(2A+1)(A-3)$
$=\{2(2x-1)+1\}\{(2x-1)-3\}=(4x-1)(2x-4)$
$=2(4x-1)(x-2)$ 답 ③

0454 $(x+2)(x+4)(x+6)(x+8)+k$
$=\{(x+2)(x+8)\}\{(x+4)(x+6)\}+k$
$=(x^2+10x+16)(x^2+10x+24)+k$
$x^2+10x=A$로 놓으면
$(A+16)(A+24)+k=A^2+40A+384+k$
이 식이 완전제곱식이 되도록 하려면
$384+k=\left(\dfrac{40}{2}\right)^2,\ 384+k=400$ $\therefore k=16$
따라서 $A^2+40A+400=(A+20)^2=(x^2+10x+20)^2$이므로
$a=1,\ b=10,\ c=20$
$\therefore a+b+c+k=1+10+20+16=47$ 답 47

0455 $ab-3b-a+3=b(a-3)-(a-3)$
$\qquad\qquad\qquad\qquad =(a-3)(b-1)$
따라서 주어진 다항식의 인수는 ④이다. 답 ④

0456 $9x^2+y^2-6xy-16=(9x^2-6xy+y^2)-16$
$\qquad\qquad\qquad\qquad =(3x-y)^2-4^2$
$\qquad\qquad\qquad\qquad =(3x-y+4)(3x-y-4)$
답 $(3x-y+4)(3x-y-4)$

0457 x에 대하여 내림차순으로 정리한 후 인수분해 하면
$x^2-xy-6y^2-x+8y-2$
$=x^2-(y+1)x-(6y^2-8y+2)$
$=x^2-(y+1)x-(3y-1)(2y-2)$
$=(x+2y-2)(x-3y+1)$
따라서 $a=2,\ b=-3$이므로 $a+b=-1$ 답 ②

0458 (A의 넓이)$=(3x-1)^2-2^2$
$\qquad\qquad\quad =(3x-1+2)(3x-1-2)$
$\qquad\qquad\quad =(3x+1)(3x-3)=3(3x+1)(x-1)$
(B의 넓이)$=\dfrac{1}{2}\times(3x+1)\times h=\dfrac{3x+1}{2}h$
이때 (A의 넓이)$=$(B의 넓이)이므로
$3(3x+1)(x-1)=\dfrac{3x+1}{2}h$
$\therefore h=6(x-1)=6x-6$ 답 $6x-6$

0459 $3x^2+ax+8=(x+b)(3x+c)$
$\qquad\qquad\qquad =3x^2+(3b+c)x+bc$
이므로 $3b+c=a,\ bc=8$
$bc=8$에서 $b>0,\ c>0$ 또는 $b<0,\ c<0$
한편, $a<0$이므로 $b<0,\ c<0$
이때 $a,\ b,\ c$는 정수이므로
(i) $b=-1,\ c=-8$이면 $a=-11$
(ii) $b=-2,\ c=-4$이면 $a=-10$
(iii) $b=-4,\ c=-2$이면 $a=-14$
(iv) $b=-8,\ a=-1$이면 $a=-25$

(i)~(iv)에서 가능한 모든 a의 값의 합은

$-11-10-14-25=-60$ 답 ③

0460 $(x+3)(y+3)=10$에서 $xy+3(x+y)+9=10$

$3(x+y)=3 \; (\because xy=-2)$

$\therefore x+y=1$

$$\begin{aligned}
\therefore x^3+y^3+x^2y+xy^2 &= x^2(x+y)+y^2(x+y) \\
&= (x+y)(x^2+y^2) \\
&= (x+y)\{(x+y)^2-2xy\} \\
&= 1\times\{1^2-2\times(-2)\} \\
&= 5
\end{aligned}$$
답 ①

0461 $(x^2-7ax+2b)+(-ax+2b)$

$=x^2-8ax+4b$ … ❶

이 식이 완전제곱식이 되려면 $4b=\left(\dfrac{-8a}{2}\right)^2$, 즉 $b=4a^2$이어야

한다.   … ❷

따라서 $b=4a^2$을 만족시키는 100 이하의 자연수 a, b의 순서쌍 (a, b)는

$(1, 4)$, $(2, 16)$, $(3, 36)$, $(4, 64)$, $(5, 100)$

으로 5개이다.   … ❸

답 5

채점 기준	배점
❶ 주어진 식 간단히 하기	20 %
❷ 완전제곱식이 되는 조건 구하기	50 %
❸ 순서쌍 (a, b)의 개수 구하기	30 %

0462 $\left(\dfrac{3^2}{2}+\dfrac{5^2}{4}+\dfrac{7^2}{6}+\cdots+\dfrac{21^2}{20}\right)$

$\qquad\qquad -\left(\dfrac{1^2}{2}+\dfrac{3^2}{4}+\dfrac{5^2}{6}+\cdots+\dfrac{19^2}{20}\right)$

$=\dfrac{3^2-1^2}{2}+\dfrac{5^2-3^2}{4}+\dfrac{7^2-5^2}{6}+\cdots+\dfrac{21^2-19^2}{20}$

$=\dfrac{(3+1)(3-1)}{2}+\dfrac{(5+3)(5-3)}{4}+\dfrac{(7+5)(7-5)}{6}$

$\qquad\qquad +\cdots+\dfrac{(21+19)(21-19)}{20}$

    … ❶

$=\dfrac{4\times2}{2}+\dfrac{8\times2}{4}+\dfrac{12\times2}{6}+\cdots+\dfrac{40\times2}{20}$

$=2\times2+2\times2+2\times2+\cdots+2\times2$

$=4\times10=40$ … ❷

답 40

채점 기준	배점
❶ 인수분해 공식을 이용하여 주어진 식 변형하기	50 %
❷ 주어진 식의 값 구하기	50 %

05 이차방정식 [1]
Ⅲ. 이차방정식

step A 개념 익히고
본문 99, 101쪽

0463 (1) $x^2=3x+5$에서 $x^2-3x-5=0$

(2) $x^2=(x+1)(x-1)$에서 $x^2=x^2-1$, $1=0$

(3) 등식이 아니므로 이차방정식이 아니다.

(4) x^2이 분모에 있으므로 이차방정식이 아니다.

(5) $x^3+x^2=x^3-6x+1$에서 $x^2+6x-1=0$

답 (1) ○   (2) ×   (3) ×   (4) ×   (5) ○

0464 답 $a\neq0$

0465 (1) $2^2+2\neq8$ (2) $(-2)^2+4\times(-2)-6\neq0$

(3) $3^2+1=2\times3+4$ (4) $2\times(-1)^2-3\times(-1)-5=0$

답 (1) ×   (2) ×   (3) ○   (4) ○

0466 (1) $x=-1$일 때, $5\times(-1)\times(-1+1)=0$

$\qquad x=0$일 때, $5\times0\times(0+1)=0$

$\qquad x=1$일 때, $5\times1\times(1+1)\neq0$

(2) $x=-1$일 때, $(-1)^2+9\times(-1)-10\neq0$

$\qquad x=0$일 때, $0^2+9\times0-10\neq0$

$\qquad x=1$일 때, $1^2+9\times1-10=0$

(3) $x=-1$일 때, $4\times(-1)^2+7\times(-1)+3=0$

$\qquad x=0$일 때, $4\times0^2+7\times0+3\neq0$

$\qquad x=1$일 때, $4\times1^2+7\times1+3\neq0$

답 (1) $x=-1$ 또는 $x=0$ (2) $x=1$ (3) $x=-1$

0467 (1) $2x=0$ 또는 $x+1=0$이므로 $x=0$ 또는 $x=-1$

(2) $x+5=0$ 또는 $x-3=0$이므로 $x=-5$ 또는 $x=3$

(3) $x+2=0$ 또는 $x-1=0$이므로 $x=-2$ 또는 $x=1$

(4) $2x+7=0$ 또는 $3x+1=0$이므로 $x=-\dfrac{7}{2}$ 또는 $x=-\dfrac{1}{3}$

답 (1) $x=0$ 또는 $x=-1$ (2) $x=-5$ 또는 $x=3$

(3) $x=-2$ 또는 $x=1$ (4) $x=-\dfrac{7}{2}$ 또는 $x=-\dfrac{1}{3}$

0468 (1) $x^2-36=0$에서 $(x+6)(x-6)=0$이므로

$\qquad x=-6$ 또는 $x=6$

(2) $9x^2=4$에서 $9x^2-4=0$, $(3x+2)(3x-2)=0$

$\qquad \therefore x=-\dfrac{2}{3}$ 또는 $x=\dfrac{2}{3}$

(3) $3x^2-15x=0$에서 $3x(x-5)=0$

$\qquad \therefore x=0$ 또는 $x=5$

(4) $x^2-6x+8=0$에서 $(x-2)(x-4)=0$

$\therefore x=2$ 또는 $x=4$

(5) $3x^2-x-2=0$에서 $(3x+2)(x-1)=0$

$\therefore x=-\dfrac{2}{3}$ 또는 $x=1$

(6) $2x^2+5x=3$에서 $2x^2+5x-3=0$, $(x+3)(2x-1)=0$

$\therefore x=-3$ 또는 $x=\dfrac{1}{2}$

    답 (1) $x=-6$ 또는 $x=6$ (2) $x=-\dfrac{2}{3}$ 또는 $x=\dfrac{2}{3}$

      (3) $x=0$ 또는 $x=5$ (4) $x=2$ 또는 $x=4$

      (5) $x=-\dfrac{2}{3}$ 또는 $x=1$ (6) $x=-3$ 또는 $x=\dfrac{1}{2}$

0469 (3) $4x^2-20x=-25$에서 $4x^2-20x+25=0$

$(2x-5)^2=0$ $\therefore x=\dfrac{5}{2}$

    답 (1) $x=-3$ (2) $x=-1$ (3) $x=\dfrac{5}{2}$

0470 (1) $2x^2=30$에서 $x^2=15$ $\therefore x=\pm\sqrt{15}$

(2) $x^2-8=0$에서 $x^2=8$ $\therefore x=\pm\sqrt{8}=\pm2\sqrt{2}$

(3) $4x^2-25=0$에서 $x^2=\dfrac{25}{4}$ $\therefore x=\pm\dfrac{5}{2}$

    답 (1) $x=\pm\sqrt{15}$ (2) $x=\pm2\sqrt{2}$ (3) $x=\pm\dfrac{5}{2}$

0471 (1) $(x-2)^2=49$에서 $x-2=\pm7$

$\therefore x=-5$ 또는 $x=9$

(2) $3(x-4)^2=15$에서 $(x-4)^2=5$

$x-4=\pm\sqrt{5}$ $\therefore x=4\pm\sqrt{5}$

(3) $(x+1)^2-6=0$에서 $(x+1)^2=6$

$x+1=\pm\sqrt{6}$ $\therefore x=-1\pm\sqrt{6}$

(4) $4(x-5)^2=48$에서 $(x-5)^2=12$

$x-5=\pm\sqrt{12}=\pm2\sqrt{3}$ $\therefore x=5\pm2\sqrt{3}$

    답 (1) $x=-5$ 또는 $x=9$ (2) $x=4\pm\sqrt{5}$

      (3) $x=-1\pm\sqrt{6}$ (4) $x=5\pm2\sqrt{3}$

0472 답 $36, 36, 6, 28$

0473 (1) $x^2-2x-2=0$에서 $x^2-2x=2$

$x^2-2x+1=2+1$ $\therefore (x-1)^2=3$

(2) $x^2-6x+2=0$에서 $x^2-6x=-2$

$x^2-6x+9=-2+9$ $\therefore (x-3)^2=7$

(3) $-x^2-8x+1=0$에서 $x^2+8x-1=0$

$x^2+8x=1$, $x^2+8x+16=1+16$

$\therefore (x+4)^2=17$

(4) $2x^2+12x+5=0$에서 $x^2+6x+\dfrac{5}{2}=0$

$x^2+6x=-\dfrac{5}{2}$, $x^2+6x+9=-\dfrac{5}{2}+9$

$\therefore (x+3)^2=\dfrac{13}{2}$

    답 (1) $(x-1)^2=3$ (2) $(x-3)^2=7$

      (3) $(x+4)^2=17$ (4) $(x+3)^2=\dfrac{13}{2}$

0474 답 $4, 4, 2, 5, 2, \pm\sqrt{5}, -2\pm\sqrt{5}$

0475 (1) $x^2-10x-10=0$에서 $x^2-10x+25=10+25$

$(x-5)^2=35$, $x-5=\pm\sqrt{35}$ $\therefore x=5\pm\sqrt{35}$

(2) $x^2+18x+41=0$에서 $x^2+18x+81=-41+81$

$(x+9)^2=40$, $x+9=\pm2\sqrt{10}$ $\therefore x=-9\pm2\sqrt{10}$

(3) $-3x^2-12x-6=0$에서 $x^2+4x+2=0$

$x^2+4x+4=-2+4$, $(x+2)^2=2$

$x+2=\pm\sqrt{2}$ $\therefore x=-2\pm\sqrt{2}$

(4) $\dfrac{1}{2}x^2+3x-9=0$에서 $x^2+6x-18=0$

$x^2+6x+9=18+9$, $(x+3)^2=27$

$x+3=\pm3\sqrt{3}$ $\therefore x=-3\pm3\sqrt{3}$

    답 (1) $x=5\pm\sqrt{35}$ (2) $x=-9\pm2\sqrt{10}$

      (3) $x=-2\pm\sqrt{2}$ (4) $x=-3\pm3\sqrt{3}$

step B 기출 & 변형하면···   본문 102 ~ 110쪽

0476 ① 등식이 아니므로 이차방정식이 아니다.

② $2x^2-5x=0$ ➡ 이차방정식

③ x^2이 분모에 있으므로 이차방정식이 아니다.

④ $-2x^2-4x=0$ ➡ 이차방정식

⑤ $-2x+3=0$ ➡ 일차방정식

따라서 이차방정식인 것은 ②, ④이다.   답 ②, ④

0477 ③ $2(x^2-2)=2x^2-x-1$에서

$2x^2-4=2x^2-x-1$ $\therefore x-3=0$

④ $x^3+x^2=x(x^2-1)$에서

$x^3+x^2=x^3-x$ $\therefore x^2+x=0$

⑤ $(x+1)^2=x^2-2x+1$에서

$x^2+2x+1=x^2-2x+1$ $\therefore 4x=0$

따라서 이차방정식이 아닌 것은 ③, ⑤이다.   답 ③, ⑤

0478 $x=-1$을 주어진 이차방정식에 대입하면

① $(-1-2)^2\neq1$

② $(-1-1)\times(-1+5)\neq0$

③ $(-1+2)\times(-1-3)\neq6$

④ $(-1)^2-7\times(-1)-8=0$

⑤ $2\times(-1)^2-6\times(-1)+4\neq0$

따라서 $x=-1$을 해로 갖는 것은 ④이다.   답 ④

0479 각 방정식에 주어진 수를 대입하면

① $(-3)^2-3\neq 0$

② $(-2)^2-(-2)-2\neq 0$

③ $(-1)^2+5\times(-1)+4=0$

④ $2\times2^2-3\times2-1\neq 0$

⑤ $3\times3^2-7\times3+6\neq 0$

따라서 [ ] 안의 수가 주어진 이차방정식의 해인 것은 ③이다.

탑 ③

0480 $a-1\neq 0$이어야 하므로 $a\neq 1$ 탑 ④

0481 $-4x(ax+2)=2x^2-1$에서

$(-4a-2)x^2-8x+1=0$

$-4a-2\neq 0$이어야 하므로 $a\neq -\dfrac{1}{2}$ 탑 ②

0482 $x=4$를 $x^2+2ax+a+2=0$에 대입하면

$16+8a+a+2=0,\ 9a=-18$ $\quad\therefore a=-2$ 탑 ②

0483 $x=-1$을 $2x^2+(a-1)x+3=0$에 대입하면

$2-(a-1)+3=0$ $\quad\therefore a=6$

$x=3$을 $x^2-5x+b=0$에 대입하면

$9-15+b=0$ $\quad\therefore b=6$

$\therefore a-b=6-6=0$ 탑 0

0484 $x=k$를 $3x^2-6x-5=0$에 대입하면

$3k^2-6k-5=0,\ 6k-3k^2=-5$ $\quad\therefore 2k-k^2=-\dfrac{5}{3}$ 탑 ①

0485 $x=a$를 $3x^2-x-1=0$에 대입하면

$3a^2-a-1=0$ $\quad\therefore 3a^2-a=1$ ··· ❶

$x=b$를 $x^2+2x-6=0$에 대입하면

$b^2+2b-6=0$ $\quad\therefore b^2+2b=6$ ··· ❷

$\therefore 3a^2+b^2-a+2b+1=(3a^2-a)+(b^2+2b)+1$

$\qquad\qquad\qquad\qquad\qquad =1+6+1=8$ ··· ❸

탑 8

채점 기준	배점
❶ $3a^2-a$의 값 구하기	30 %
❷ b^2+2b의 값 구하기	30 %
❸ $3a^2+b^2-a+2b+1$의 값 구하기	40 %

0486 $x=k$를 $x^2-9x+1=0$에 대입하면 $k^2-9k+1=0$

$k\neq 0$이므로 양변을 k로 나누면

$k-9+\dfrac{1}{k}=0$ $\quad\therefore k+\dfrac{1}{k}=9$ 탑 9

0487 $x=k$를 $x^2+3x-1=0$에 대입하면 $k^2+3k-1=0$

$k\neq 0$이므로 양변을 k로 나누면

$k+3-\dfrac{1}{k}=0$ $\quad\therefore k-\dfrac{1}{k}=-3$

$\therefore k^2+\dfrac{1}{k^2}=\left(k-\dfrac{1}{k}\right)^2+2=(-3)^2+2=11$ 탑 11

0488 ① $x=\dfrac{1}{3}$ 또는 $x=3$ ② $x=-\dfrac{1}{3}$ 또는 $x=3$

③ $x=\dfrac{1}{3}$ 또는 $x=-3$ ④ $x=1$ 또는 $x=-3$

⑤ $x=-1$ 또는 $x=3$

따라서 해가 $x=-\dfrac{1}{3}$ 또는 $x=3$인 것은 ②이다. 탑 ②

0489 ①, ②, ③, ⑤ $x=-\dfrac{1}{2}$ 또는 $x=\dfrac{2}{3}$

④ $x=\dfrac{1}{2}$ 또는 $x=-\dfrac{2}{3}$

따라서 해가 나머지 넷과 다른 하나는 ④이다. 탑 ④

0490 ① $x=0$ 또는 $x=-2$이므로 $0\times(-2)=0$

② $x=1$ 또는 $x=2$이므로 $1\times2=2$

③ $x=-3$ 또는 $x=1$이므로 $-3\times1=-3$

④ $x=-\dfrac{2}{3}$ 또는 $x=3$이므로 $-\dfrac{2}{3}\times3=-2$

⑤ $x=-\dfrac{1}{2}$ 또는 $x=-4$이므로 $-\dfrac{1}{2}\times(-4)=2$

따라서 두 근의 곱이 -2인 것은 ④이다. 탑 ④

0491 ㄱ. $x=-4$ 또는 $x=-1$이므로 $-4+(-1)=-5$

ㄴ. $x=-2$ 또는 $x=5$이므로 $-2+5=3$

ㄷ. $x=-\dfrac{1}{2}$ 또는 $x=\dfrac{3}{2}$이므로 $-\dfrac{1}{2}+\dfrac{3}{2}=1$

ㄹ. $x=\dfrac{5}{3}$ 또는 $x=\dfrac{4}{3}$이므로 $\dfrac{5}{3}+\dfrac{4}{3}=3$

따라서 두 근의 합이 3인 것은 ㄴ, ㄹ이다. 탑 ㄴ, ㄹ

0492 $2x^2+x-10=0$에서

$(x-2)(2x+5)=0$ $\quad\therefore x=2$ 또는 $x=-\dfrac{5}{2}$

$\alpha>\beta$이므로 $\alpha=2,\ \beta=-\dfrac{5}{2}$

$\therefore \alpha-\beta=2-\left(-\dfrac{5}{2}\right)=\dfrac{9}{2}$ 탑 $\dfrac{9}{2}$

0493 $3(x+1)(x-3)=2x^2-x-3$에서

$3x^2-6x-9=2x^2-x-3,\ x^2-5x-6=0$

$(x+1)(x-6)=0$ $\quad\therefore x=-1$ 또는 $x=6$ 탑 ③

0494 $2x^2+10x=0$에서 $2x(x+5)=0$

$\therefore x=0$ 또는 $x=-5$

따라서 구하는 정수는 $-4,\ -3,\ -2,\ -1$의 4개이다. 탑 4

0495 $x^2=7x+8$에서 $x^2-7x-8=0$

$(x+1)(x-8)=0$ $\quad\therefore x=-1$ 또는 $x=8$

따라서 두 근은 $-1,\ 8$이므로 $a=8,\ b=-1$ ($\because a>b$)

$x^2+ax+9b=0$에 $a=8,\ b=-1$을 대입하면

$x^2+8x-9=0,\ (x+9)(x-1)=0$

$\therefore x=-9$ 또는 $x=1$

탑 $x=-9$ 또는 $x=1$

0496 $x=-1$을 $x^2+2kx+k+3=0$에 대입하면
$1-2k+k+3=0$, $-k+4=0$ $\therefore k=4$
즉, $x^2+8x+7=0$에서 $(x+1)(x+7)=0$
$\therefore x=-1$ 또는 $x=-7$
따라서 $a=-7$이므로 $a+k=-7+4=-3$ **답** -3

0497 x의 계수와 상수항을 바꾼 이차방정식은
$x^2+3ax+a+3=0$
$x=2$를 $x^2+3ax+a+3=0$에 대입하면
$4+6a+a+3=0$, $7a+7=0$ $\therefore a=-1$ … **❶**
$a=-1$을 원래의 이차방정식에 대입하면
$x^2+2x-3=0$ … **❷**
$(x+3)(x-1)=0$ $\therefore x=-3$ 또는 $x=1$ … **❸**
답 $x=-3$ 또는 $x=1$

채점 기준	배점
❶ a의 값 구하기	40 %
❷ 이차방정식 구하기	20 %
❸ 처음 이차방정식의 해 구하기	40 %

0498 $x=-1$을 $(a+2)x^2+a(1-a)x+5a+4=0$에 대입하면 $a+2-a(1-a)+5a+4=0$
$a^2+5a+6=0$, $(a+3)(a+2)=0$
$\therefore a=-3$ 또는 $a=-2$
그런데 $a+2\neq0$, 즉 $a\neq-2$이어야 하므로 $a=-3$
따라서 주어진 이차방정식은 $-x^2-12x-11=0$,
즉 $x^2+12x+11=0$이므로
$(x+11)(x+1)=0$ $\therefore x=-11$ 또는 $x=-1$
다른 한 근은 $x=-11$이므로 구하는 합은
$-3+(-11)=-14$ **답** -14

0499 $x=2$를 $(m-1)x^2-(m^2+2m-2)x+2=0$에 대입하면 $4(m-1)-2(m^2+2m-2)+2=0$
$-2m^2+2=0$, $m^2-1=0$
$(m+1)(m-1)=0$
$\therefore m=-1$ 또는 $m=1$
그런데 $m\neq1$이어야 하므로 $m=-1$
주어진 이차방정식은 $-2x^2+3x+2=0$, 즉 $2x^2-3x-2=0$
이므로 $(x-2)(2x+1)=0$ $\therefore x=2$ 또는 $x=-\dfrac{1}{2}$
따라서 다른 한 근은 $x=-\dfrac{1}{2}$이므로 $n=-\dfrac{1}{2}$
$\therefore m+n=-1+\left(-\dfrac{1}{2}\right)=-\dfrac{3}{2}$ **답** $-\dfrac{3}{2}$

0500 $2x^2-9x-5=0$에서 $(2x+1)(x-5)=0$
$\therefore x=-\dfrac{1}{2}$ 또는 $x=5$
$x^2-9x+20=0$에서 $(x-4)(x-5)=0$
$\therefore x=4$ 또는 $x=5$

따라서 공통인 근은 $x=5$이다. **답** $x=5$

0501 $x^2+7x-18=0$에서 $(x+9)(x-2)=0$
$\therefore x=-9$ 또는 $x=2$
$7x^2-13x-2=0$에서 $(7x+1)(x-2)=0$
$\therefore x=-\dfrac{1}{7}$ 또는 $x=2$
따라서 공통인 근 $x=2$는 $x^2-3x+a=0$의 한 근이므로
$x=2$를 $x^2-3x+a=0$에 대입하면
$4-6+a=0$ $\therefore a=2$ **답** ①

0502 $3x^2+8x-3=0$에서
$(x+3)(3x-1)=0$ $\therefore x=-3$ 또는 $x=\dfrac{1}{3}$
따라서 $x=-3$이 $x^2+2ax+3a=0$의 근이므로
$9-6a+3a=0$, $9-3a=0$ $\therefore a=3$ **답** 3

0503 $x=2$를 $x^2+ax-8=0$에 대입하면
$4+2a-8=0$, $2a-4=0$ $\therefore a=2$
즉, $x^2+2x-8=0$에서 $(x-2)(x+4)=0$
$\therefore x=2$ 또는 $x=-4$
따라서 $x=-4$가 $3x^2+bx-8=0$의 근이므로
$48-4b-8=0$, $-4b+40=0$ $\therefore b=10$
$\therefore a+b=2+10=12$ **답** 12

0504 ① $x^2-9=0$에서 $(x+3)(x-3)=0$
  $\therefore x=-3$ 또는 $x=3$
② $x^2=4(x-1)$에서 $x^2-4x+4=0$
  $(x-2)^2=0$ $\therefore x=2$
③ $2(x+1)^2=8$에서 $x^2+2x-3=0$
  $(x+3)(x-1)=0$ $\therefore x=-3$ 또는 $x=1$
④ $-3(x+2)^2=0$에서 $x=-2$
⑤ $-1-3x=2(x+1)^2$에서 $2x^2+7x+3=0$
  $(x+3)(2x+1)=0$ $\therefore x=-3$ 또는 $x=-\dfrac{1}{2}$
따라서 중근을 가지는 것은 ②, ④이다. **답** ②, ④

0505 ㄱ. $x^2+4x+4=0$에서
  $(x+2)^2=0$ $\therefore x=-2$
ㄴ. $x^2=16$에서 $x^2-16=0$, $(x+4)(x-4)=0$
  $\therefore x=-4$ 또는 $x=4$
ㄷ. $x^2=4x+32$에서 $x^2-4x-32=0$
  $(x+4)(x-8)=0$ $\therefore x=-4$ 또는 $x=8$
ㄹ. $x^2-12x=-36$에서 $x^2-12x+36=0$
  $(x-6)^2=0$ $\therefore x=6$
ㅁ. $25x^2+10x+1=0$에서
  $(5x+1)^2=0$ $\therefore x=-\dfrac{1}{5}$
따라서 중근을 가지는 것은 ㄱ, ㄹ, ㅁ이다. **답** ⑤

0506 $x^2-16x+64=0$에서 $(x-8)^2=0$ ∴ $x=8$

$4x^2-20x+25=0$에서 $(2x-5)^2=0$ ∴ $x=\dfrac{5}{2}$

따라서 $a=8$, $b=\dfrac{5}{2}$이므로 $ab=8\times\dfrac{5}{2}=20$ **답** 20

0507 $9x^2+24x+16=0$에서 $(3x+4)^2=0$ ∴ $x=-\dfrac{4}{3}$

$(2x+1)^2=-5x^2-2x$에서 $4x^2+4x+1=-5x^2-2x$

$9x^2+6x+1=0$, $(3x+1)^2=0$ ∴ $x=-\dfrac{1}{3}$

따라서 $a=-\dfrac{4}{3}$, $b=-\dfrac{1}{3}$이므로

$a-b=-\dfrac{4}{3}-\left(-\dfrac{1}{3}\right)=-1$ **답** -1

0508 $2x^2-12x+4k+10=0$의 양변을 2로 나누면

$x^2-6x+2k+5=0$

이 이차방정식이 중근을 가지려면

$2k+5=\left(\dfrac{-6}{2}\right)^2=9$, $2k=4$ ∴ $k=2$ **답** ②

0509 $x^2+2x-k=-4x-10$에서 $x^2+6x-k+10=0$

이 이차방정식이 중근을 가지려면

$-k+10=\left(\dfrac{6}{2}\right)^2=9$ ∴ $k=1$

즉, $x^2+6x+9=0$에서

$(x+3)^2=0$ ∴ $x=-3$ **답** $x=-3$

0510 $x^2-10x+a=0$이 중근을 가지려면

$a=\left(\dfrac{-10}{2}\right)^2=25$

즉, $x^2-10x+25=0$이므로 $(x-5)^2=0$ ∴ $x=5$

∴ $p=5$

$4x^2-12x+b=0$의 양변을 4로 나누면

$x^2-3x+\dfrac{b}{4}=0$

이 이차방정식이 중근을 가지려면

$\dfrac{b}{4}=\left(\dfrac{-3}{2}\right)^2$이므로 $\dfrac{b}{4}=\dfrac{9}{4}$ ∴ $b=9$

즉, $4x^2-12x+9=0$이므로 $(2x-3)^2=0$ ∴ $x=\dfrac{3}{2}$

∴ $q=\dfrac{3}{2}$

∴ $a+b+p+q=25+9+5+\dfrac{3}{2}=\dfrac{81}{2}$ **답** $\dfrac{81}{2}$

0511 $x^2+2=a(1-2x)$, 즉 $x^2+2ax+2-a=0$이 중근을

가지므로 $2-a=\left(\dfrac{2a}{2}\right)^2=a^2$

$a^2+a-2=0$, $(a+2)(a-1)=0$

∴ $a=-2$ 또는 $a=1$

그런데 $a<0$이므로 $a=-2$ ⋯ ❶

따라서 $x^2-4x+4=0$이므로 ⋯ ❷

$(x-2)^2=0$ ∴ $x=2$ ⋯ ❸

답 $a=-2$, $x=2$

채점 기준	배점
❶ a의 값 구하기	50 %
❷ 이차방정식 구하기	20 %
❸ 이차방정식의 중근 구하기	30 %

0512 $2(x-5)^2=14$에서 $(x-5)^2=7$이므로

$x-5=\pm\sqrt{7}$ ∴ $x=5\pm\sqrt{7}$

따라서 $a=5$, $b=7$이므로 $ab=5\times7=35$ **답** ⑤

0513 ① $(x-2)^2=12$에서 $x-2=\pm2\sqrt{3}$ ∴ $x=2\pm2\sqrt{3}$

② $(x-2)^2=18$에서 $x-2=\pm3\sqrt{2}$ ∴ $x=2\pm3\sqrt{2}$

③ $(x-1)^2=18$에서 $x-1=\pm3\sqrt{2}$ ∴ $x=1\pm3\sqrt{2}$

④ $(x+2)^2=12$에서 $x+2=\pm2\sqrt{3}$ ∴ $x=-2\pm2\sqrt{3}$

⑤ $(x+2)^2=18$에서 $x+2=\pm3\sqrt{2}$ ∴ $x=-2\pm3\sqrt{2}$

따라서 해가 $x=-2\pm3\sqrt{2}$인 것은 ⑤이다. **답** ⑤

0514 $7(x+a)^2=b$에서 $(x+a)^2=\dfrac{b}{7}$

$x+a=\pm\sqrt{\dfrac{b}{7}}$ ∴ $x=-a\pm\sqrt{\dfrac{b}{7}}$

즉, $-a=5$, $\dfrac{b}{7}=3$이므로 $a=-5$, $b=21$

∴ $a+b=-5+21=16$ **답** ④

0515 $(x+3)^2=k$이므로 $x+3=\pm\sqrt{k}$ ∴ $x=-3\pm\sqrt{k}$

이때 주어진 이차방정식의 한 근이 $x=-3+\sqrt{7}$이므로

$k=7$

따라서 다른 한 근은 $x=-3-\sqrt{7}$이다. **답** $x=-3-\sqrt{7}$

0516 $2(x+5)^2=k$에서 $(x+5)^2=\dfrac{k}{2}$

$x+5=\pm\sqrt{\dfrac{k}{2}}$ ∴ $x=-5\pm\sqrt{\dfrac{k}{2}}$

따라서 이차방정식의 두 근의 차가 4이므로

$\left(-5+\sqrt{\dfrac{k}{2}}\right)-\left(-5-\sqrt{\dfrac{k}{2}}\right)=4$, $2\sqrt{\dfrac{k}{2}}=4$

$\sqrt{\dfrac{k}{2}}=2$, $\dfrac{k}{2}=4$ ∴ $k=8$ **답** ③

0517 $(x-3)^2=\dfrac{k+2}{5}$에서 $x-3=\pm\sqrt{\dfrac{k+2}{5}}$

∴ $x=3\pm\sqrt{\dfrac{k+2}{5}}$ ⋯ ❶

해가 정수가 되려면 $\sqrt{\dfrac{k+2}{5}}$가 정수이어야 하므로

$\dfrac{k+2}{5}$는 0 또는 자연수의 제곱이어야 한다.

즉, $\dfrac{k+2}{5}=0, 1, 4, 9, \cdots$이므로

$k=-2, 3, 18, 43, \cdots$ ⋯ ❷

따라서 가장 작은 자연수 k의 값은 3이다. ⋯ ❸

답 3

채점 기준	배점
❶ 이차방정식의 해 구하기	40 %
❷ k의 값 구하기	40 %
❸ 가장 작은 자연수 k의 값 구하기	20 %

0518 이 이차방정식이 해를 가지려면
$3k+4 \geq 0$, $3k \geq -4$ $\quad \therefore k \geq -\dfrac{4}{3}$
따라서 가장 작은 정수 k의 값은 -1이다. 　　🔢 -1

0519 x에 대한 이차방정식 $(x-a)^2=b$가 해를 가지려면
$b \geq 0$이어야 한다. 　　🔢 ④

0520 ① $(x-2)^2=9$이므로 $x=-1$ 또는 $x=5$
② $(x-2)^2=8$이므로 $x=2\pm2\sqrt{2}$
③ $(x-2)^2=5$이므로 $x=2\pm\sqrt{5}$
④ $(x-2)^2=1$이므로 $x=1$ 또는 $x=3$
⑤ $(x-2)^2=-1$이므로 근을 갖지 않는다.
따라서 옳지 않은 것은 ④이다. 　　🔢 ④

0521 ㄷ. $q>0$이면 $x=-p\pm\sqrt{q}$
즉, $p\neq0$이면 절댓값이 같고 부호가 반대인 두 근이 아니다.
따라서 주어진 이차방정식에 대한 설명으로 옳은 것은 ㄱ, ㄴ이다. 　　🔢 ③

0522 $x^2+8x-3=0$에서 $x^2+8x=3$
$x^2+8x+16=3+16$ $\quad \therefore (x+4)^2=19$
따라서 $p=4$, $q=19$이므로 $p+q=4+19=23$ 　🔢 ⑤

0523 $\dfrac{1}{2}x^2-4x-1=0$에서 $x^2-8x-2=0$
$x^2-8x=2$, $x^2-8x+16=2+16$ $\quad \therefore (x-4)^2=18$
따라서 $p=-4$, $q=18$이므로
$p-q=-4-18=-22$ 　　🔢 -22

0524 ② $B-1$ 　　🔢 ②

0525 $x^2-3x-2=0$에서
$x^2-3x=2$, $x^2-3x+\dfrac{9}{4}=2+\dfrac{9}{4}$
$\left(x-\dfrac{3}{2}\right)^2=\dfrac{17}{4}$, $x-\dfrac{3}{2}=\pm\dfrac{\sqrt{17}}{2}$ $\quad \therefore x=\dfrac{3\pm\sqrt{17}}{2}$
따라서 $A=3$, $B=17$이므로 $A+B=3+17=20$ 　🔢 20

0526 $x^2-10x=k$에서
$x^2-10x+25=k+25$, $(x-5)^2=k+25$
$x-5=\pm\sqrt{k+25}$ $\quad \therefore x=5\pm\sqrt{k+25}$
이때 해가 $x=5\pm\sqrt{7}$이므로
$k+25=7$ $\quad \therefore k=-18$ 　　🔢 -18

0527 $x^2+ax+b=0$에서
$x^2+ax=-b$, $x^2+ax+\dfrac{a^2}{4}=-b+\dfrac{a^2}{4}$
$\left(x+\dfrac{a}{2}\right)^2=\dfrac{a^2-4b}{4}$, $x+\dfrac{a}{2}=\pm\dfrac{\sqrt{a^2-4b}}{2}$
$\therefore x=\dfrac{-a\pm\sqrt{a^2-4b}}{2}$
이 이차방정식의 해가 $x=2\pm\sqrt{2}$이고
$2\pm\sqrt{2}=\dfrac{4\pm\sqrt{8}}{2}$이므로 $-a=4$, $a^2-4b=8$
$\therefore a=-4$, $b=2$
$\therefore b-a=2-(-4)=6$ 　　🔢 6

0528 ① $x(2x-6)=3$에서 $2x^2-6x-3=0$
② $x^2+3x=x(x-5)+7$에서
$x^2+3x=x^2-5x+7$ $\quad \therefore 8x-7=0$
④ $-5x=2x^2+1$에서 $-2x^2-5x-1=0$
⑤ $(x-1)^2=-2x$에서 $x^2-2x+1=-2x$ $\quad \therefore x^2+1=0$
따라서 이차방정식이 아닌 것은 ②이다. 　　🔢 ②

0529 $ax^2-3x+2=5x(x-1)$에서
$(a-5)x^2+2x+2=0$
$a-5\neq0$이어야 하므로 $a\neq5$ 　　🔢 ①

0530 $x=1$을 $ax^2-5x+3=0$에 대입하면
$a-5+3=0$ $\quad \therefore a=2$ 　　🔢 2

0531 $(3x-2)(2x+1)=0$에서
$3x-2=0$ 또는 $2x+1=0$
$\therefore x=\dfrac{2}{3}$ 또는 $x=-\dfrac{1}{2}$ 　　🔢 ④

0532 $3x^2-2x-1=0$에서 $(3x+1)(x-1)=0$
$\therefore x=-\dfrac{1}{3}$ 또는 $x=1$
따라서 두 근의 차는 $1-\left(-\dfrac{1}{3}\right)=\dfrac{4}{3}$ 　🔢 ④

0533 $2x^2+3x+1=0$에서 $(2x+1)(x+1)=0$
$\therefore x=-\dfrac{1}{2}$ 또는 $x=-1$
$x^2-3x-4=0$에서 $(x+1)(x-4)=0$
$\therefore x=-1$ 또는 $x=4$
따라서 공통인 근은 $x=-1$이다. 　　🔢 ②

0534 $x=2$를 $x^2+ax-4=0$에 대입하면
$4+2a-4=0$, $2a=0$ $\quad \therefore a=0$

$x=2$를 $x^2+5x-b=0$에 대입하면

$4+10-b=0$ $\therefore b=14$

$\therefore a-b=0-14=-14$ 답 -14

0535 $x^2+12x+36=0$에서 $(x+6)^2=0$ $\therefore x=-6$

$x^2-\dfrac{2}{3}x+\dfrac{1}{9}=0$에서 $\left(x-\dfrac{1}{3}\right)^2=0$ $\therefore x=\dfrac{1}{3}$

따라서 $a=-6, b=\dfrac{1}{3}$이므로

$ab=-6\times\dfrac{1}{3}=-2$ 답 -2

0536 $3x^2-18x+A=0$의 양변을 3으로 나누면

$x^2-6x+\dfrac{A}{3}=0$

이 이차방정식이 중근을 가지려면

$\dfrac{A}{3}=\left(\dfrac{-6}{2}\right)^2, \dfrac{A}{3}=9$ $\therefore A=27$ 답 ④

0537 $2(x-8)^2=10$의 양변을 2로 나누면

$(x-8)^2=5, x-8=\pm\sqrt{5}$ $\therefore x=8\pm\sqrt{5}$ 답 ④

0538 이 이차방정식이 해를 가지려면

$4k-3\geq0, 4k\geq3$ $\therefore k\geq\dfrac{3}{4}$

따라서 가장 작은 정수 k의 값은 1이다.   답 1

0539 $x^2-12x+20=0$에서 $x^2-12x=-20$

$x^2-12x+36=-20+36$ $\therefore (x-6)^2=16$

따라서 $a=6, b=16$이므로 $a+b=6+16=22$ 답 22

0540 $x=-1$을 $x^2-a^2x-(4a+6)=0$에 대입하면

$1+a^2-4a-6=0$

$a^2-4a-5=0, (a+1)(a-5)=0$ $\therefore a=-1$ 또는 $a=5$

(i) $a=-1$일 때, $x^2-x-2=0$이므로

$(x+1)(x-2)=0$ $\therefore x=-1$ 또는 $x=2$

따라서 다른 한 근은 $x=2$이다.

(ii) $a=5$일 때, $x^2-25x-26=0$이므로

$(x+1)(x-26)=0$ $\therefore x=-1$ 또는 $x=26$

따라서 다른 한 근은 $x=26$이다.

(i), (ii)에서 $m=2, n=26$ 또는 $m=26, n=2$

$\therefore m+n=28$ 답 28

0541 $3x^2+2ax+b=0$의 양변을 3으로 나누면

$x^2+\dfrac{2a}{3}x+\dfrac{b}{3}=0, x^2+\dfrac{2a}{3}x+\dfrac{a^2}{9}=-\dfrac{b}{3}+\dfrac{a^2}{9}$

$\left(x+\dfrac{a}{3}\right)^2=\dfrac{-3b+a^2}{9}$

$\therefore x=-\dfrac{a}{3}\pm\sqrt{\dfrac{-3b+a^2}{9}}$

이때 해가 $x=-2\pm3\sqrt{2}$이므로

$-\dfrac{a}{3}=-2$에서 $a=6$

또, $\sqrt{\dfrac{-3b+a^2}{9}}=3\sqrt{2}$이므로 $\dfrac{-3b+a^2}{9}=18$

이 식에 $a=6$을 대입하면 $-3b+36=162$

$-3b=126$ $\therefore b=-42$

$\therefore a-b=6-(-42)=48$ 답 48

다른 풀이 $x=-2\pm3\sqrt{2}$에서 $x+2=\pm3\sqrt{2}$

양변을 제곱하면 $x^2+4x+4=18$

$\therefore x^2+4x-14=0$

양변에 3을 곱하면 $3x^2+12x-42=0$

따라서 $2a=12, b=-42$이므로 $a=6, b=-42$

$\therefore a-b=48$

0542 $x^2+2(a+1)x+16=0$이 중근을 가지므로

$16=\left\{\dfrac{2(a+1)}{2}\right\}^2, 16=(a+1)^2, a+1=\pm4$

$\therefore a=-5$ 또는 $a=3$ … ❶

$a=-5$를 $x^2+2(a+1)x+16=0$에 대입하면

$x^2-8x+16=0, (x-4)^2=0$ $\therefore x=4$ … ❷

$a=3$을 $x^2+2(a+1)x+16=0$에 대입하면

$x^2+8x+16=0, (x+4)^2=0$ $\therefore x=-4$ … ❸

답 $a=-5$일 때 $x=4$, $a=3$일 때 $x=-4$

채점 기준	배점
❶ a의 값 구하기	40 %
❷ $a=-5$일 때 중근 구하기	30 %
❸ $a=3$일 때 중근 구하기	30 %

0543 $x^2-6x+4=0$에서 $x^2-6x=-4$

$x^2-6x+9=-4+9, (x-3)^2=5$

$x-3=\pm\sqrt{5}$ $\therefore x=3\pm\sqrt{5}$

$\therefore a=3-\sqrt{5}, b=3+\sqrt{5}$ $(\because a<b)$ … ❶

이때 $2<\sqrt{5}<3$이므로

$0<3-\sqrt{5}<1, 5<3+\sqrt{5}<6$ … ❷

따라서 $a<n<b$를 만족시키는 정수 n는 1, 2, 3, 4, 5로 5개이다.   … ❸

답 5

채점 기준	배점
❶ a, b의 값 구하기	40 %
❷ a, b의 값의 범위 각각 구하기	40 %
❸ $a<n<b$를 만족시키는 정수 n의 개수 구하기	20 %

이차방정식 [2]

A step 개념 익히고,

본문 115쪽

0544 답 $-\dfrac{c}{a}$, $\dfrac{b}{2a}$, $-\dfrac{c}{a}$, $\dfrac{b}{2a}$, $\dfrac{b}{2a}$, b^2-4ac, $\dfrac{b}{2a}$, b^2-4ac, $-b$, b^2-4ac

0545 (1) $x=\dfrac{-3\pm\sqrt{3^2-4\times1\times1}}{2}=\dfrac{-3\pm\sqrt{5}}{2}$

(2) $x=\dfrac{-(-3)\pm\sqrt{(-3)^2-2\times3}}{2}=\dfrac{3\pm\sqrt{3}}{2}$

(3) $x=-(-2)\pm\sqrt{(-2)^2-1\times(-1)}=2\pm\sqrt{5}$

(4) $x^2-5x+2=0$이므로

$x=\dfrac{-(-5)\pm\sqrt{(-5)^2-4\times1\times2}}{2}=\dfrac{5\pm\sqrt{17}}{2}$

답 (1) $x=\dfrac{-3\pm\sqrt{5}}{2}$　(2) $x=\dfrac{3\pm\sqrt{3}}{2}$

(3) $x=2\pm\sqrt{5}$　(4) $x=\dfrac{5\pm\sqrt{17}}{2}$

0546 (1) $(x+1)(x-3)=21$에서 $x^2-2x-24=0$

$(x+4)(x-6)=0$　∴ $x=-4$ 또는 $x=6$

(2) $\dfrac{1}{3}x^2-\dfrac{3}{2}x+\dfrac{1}{4}=0$의 양변에 12를 곱하면

$4x^2-18x+3=0$

∴ $x=\dfrac{-(-9)\pm\sqrt{(-9)^2-4\times3}}{4}=\dfrac{9\pm\sqrt{69}}{4}$

답 (1) $x=-4$ 또는 $x=6$　(2) $x=\dfrac{9\pm\sqrt{69}}{4}$

0547 (2) $A^2+5A-14=0$에서 $(A+7)(A-2)=0$

∴ $A=-7$ 또는 $A=2$

(3) $x+1=-7$ 또는 $x+1=2$이므로 $x=-8$ 또는 $x=1$

답 (1) $A^2+5A-14=0$　(2) $A=-7$ 또는 $A=2$

(3) $x=-8$ 또는 $x=1$

0548 답 -7, 0, 0, 1, 49, 2

0549 (1) $(-3)^2-4\times1\times5=-11<0$이므로 근의 개수는 0이다.

(2) $(-4)^2-4\times1\times4=0$이므로 근의 개수는 1이다.

답 (1) 0　(2) 1

0550 (1) $(x+2)(x-7)=0$　∴ $x^2-5x-14=0$

(2) $(x-4)^2=0$　∴ $x^2-8x+16=0$

(3) $x\left(x-\dfrac{1}{2}\right)=0$　∴ $x^2-\dfrac{1}{2}x=0$

답 (1) $x^2-5x-14=0$　(2) $x^2-8x+16=0$

(3) $x^2-\dfrac{1}{2}x=0$

0551 (1) $4(x+1)(x-3)=0$　∴ $4x^2-8x-12=0$

(2) $4\left(x-\dfrac{3}{2}\right)^2=0$　∴ $4x^2-12x+9=0$

답 (1) $4x^2-8x-12=0$　(2) $4x^2-12x+9=0$

0552 (2) $x(x+2)=143$에서 $x^2+2x-143=0$

$(x+13)(x-11)=0$　∴ $x=11$ ($\because x>0$)

따라서 연속하는 두 홀수는 11, 13이다.

답 (1) $x+2$　(2) 11, 13

B step 기출 & 변형하면...

본문 116 ~ 127쪽

0553 $2x^2+5x-2=0$에서 $x=\dfrac{-5\pm\sqrt{41}}{4}$이므로

$A=-5$, $B=41$　∴ $A+B=-5+41=36$　답 ⑤

0554 $\dfrac{x(x+7)}{6}=0.5\left(x-\dfrac{1}{3}\right)$의 양변에 6을 곱하면

$x(x+7)=3\left(x-\dfrac{1}{3}\right)$, $x^2+4x+1=0$　∴ $x=-2\pm\sqrt{3}$

따라서 $p=-2$, $q=3$이므로 $p+q=-2+3=1$　답 ①

0555 $(x+3)(x-1)=\dfrac{(x+1)(x+2)}{2}$의 양변에 2를 곱하면 $2(x+3)(x-1)=(x+1)(x+2)$

$2x^2+4x-6=x^2+3x+2$, $x^2+x-8=0$

∴ $x=\dfrac{-1\pm\sqrt{33}}{2}$

따라서 $\alpha=\dfrac{-1+\sqrt{33}}{2}$이므로

$(2\alpha+1)^2=\left(2\times\dfrac{-1+\sqrt{33}}{2}+1\right)^2=33$　답 33

0556 $0.5x^2-\dfrac{2}{3}x-\dfrac{3}{4}=0$의 양변에 12를 곱하면

$6x^2-8x-9=0$　∴ $x=\dfrac{4\pm\sqrt{70}}{6}$　…❶

따라서 $\alpha=\dfrac{4+\sqrt{70}}{6}$, $\beta=\dfrac{4-\sqrt{70}}{6}$이므로　…❷

$\alpha+\beta=\dfrac{4+\sqrt{70}}{6}+\dfrac{4-\sqrt{70}}{6}=\dfrac{4}{3}$　…❸

답 $\dfrac{4}{3}$

채점 기준	배점
❶ 근의 공식을 이용하여 이차방정식의 해 구하기	60 %
❷ α, β의 값 각각 구하기	20 %
❸ $\alpha+\beta$의 값 구하기	20 %

0557 $3x^2+4x+p=0$에서 $x=\dfrac{-2\pm\sqrt{4-3p}}{3}$이므로

$4-3p=13$, $-3p=9$ $\quad\therefore p=-3$ 　　　🅐 -3

0558 $x^2-3x+k=0$에서 $x=\dfrac{3\pm\sqrt{9-4k}}{2}$이므로

$9-4k=33$, $-4k=24$ $\quad\therefore k=-6$ 　　　🅐 -6

0559 $x^2+ax-3=0$에서 $x=\dfrac{-a\pm\sqrt{a^2+12}}{2}$

따라서 $-\dfrac{a}{2}=-2$, $\dfrac{\sqrt{a^2+12}}{2}=\sqrt{b}$이므로 $a=4$

$\dfrac{\sqrt{16+12}}{2}=\sqrt{7}=\sqrt{b}$ $\quad\therefore b=7$

$\therefore a+b=4+7=11$ 　　　🅐 11

0560 $x^2+ax+b=0$에서 $x=\dfrac{-a\pm\sqrt{a^2-4b}}{2}$

따라서 $-\dfrac{a}{2}=2$, $\dfrac{\sqrt{a^2-4b}}{2}=3\sqrt{2}$이므로 $a=-4$

$\dfrac{\sqrt{(-4)^2-4b}}{2}=3\sqrt{2}$, $16-4b=72$ $\quad\therefore b=-14$

$\therefore ab=-4\times(-14)=56$ 　　　🅐 56

0561 $x(x-1)=\dfrac{1}{3}(x-3)^2$의 양변에 3을 곱하면

$3x(x-1)=(x-3)^2$

$2x^2+3x-9=0$, $(x+3)(2x-3)=0$

$\therefore x=-3$ 또는 $x=\dfrac{3}{2}$ 　　　🅐 ②

0562 $\dfrac{1}{4}x^2-0.4x-\dfrac{1}{5}=0$의 양변에 20을 곱하면

$5x^2-8x-4=0$

$(5x+2)(x-2)=0$ $\quad\therefore x=-\dfrac{2}{5}$ 또는 $x=2$ ⋯❶

따라서 $\alpha=2$, $\beta=-\dfrac{2}{5}$이므로 ⋯❷

$\alpha-5\beta=2-5\times\left(-\dfrac{2}{5}\right)=2+2=4$ ⋯❸

🅐 4

채점 기준	배점
❶ 이차방정식의 해 구하기	60 %
❷ α, β의 값 각각 구하기	20 %
❸ $\alpha-5\beta$의 값 구하기	20 %

0563 $\dfrac{1}{4}x^2-\dfrac{1}{3}x-\dfrac{1}{3}=0$의 양변에 12를 곱하면

$3x^2-4x-4=0$, $(3x+2)(x-2)=0$

$\therefore x=-\dfrac{2}{3}$ 또는 $x=2$

$0.1x^2-0.3x=-\dfrac{1}{5}$의 양변에 10을 곱하면

$x^2-3x=-2$, $x^2-3x+2=0$

$(x-1)(x-2)=0$ $\quad\therefore x=1$ 또는 $x=2$

따라서 두 이차방정식의 공통인 근은 $x=2$이다. 　🅐 $x=2$

0564 $2x-\dfrac{x^2-1}{3}=0.5(x-1)$의 양변에 6을 곱하여 정리하

면 $2x^2-9x-5=0$, $(2x+1)(x-5)=0$

$\therefore x=-\dfrac{1}{2}$ 또는 $x=5$

정수인 근이 5이므로 $x=5$를 $x^2-2x+k=0$에 대입하면

$5^2-2\times5+k=0$ $\quad\therefore k=-15$

$k=-15$를 $x^2-2x+k=0$에 대입하면

$x^2-2x-15=0$, $(x+3)(x-5)=0$

$\therefore x=-3$ 또는 $x=5$

따라서 이차방정식 $x^2-2x+k=0$의 나머지 한 근은 $x=-3$

🅐 $k=-15$, $x=-3$

0565 (2) $A^2+5A=14$에서 $A^2+5A-14=0$

$(A+7)(A-2)=0$ $\quad\therefore A=-7$ 또는 $A=2$

(3) $A=x+2$이므로 $x+2=-7$ 또는 $x+2=2$

$\therefore x=-9$ 또는 $x=0$

🅐 (1) $A^2+5A=14$ (2) $A=-7$ 또는 $A=2$
(3) $x=-9$ 또는 $x=0$

0566 $x-1=A$로 놓으면

$6A^2=7A+3$에서 $6A^2-7A-3=0$

$(3A+1)(2A-3)=0$

$\therefore A=-\dfrac{1}{3}$ 또는 $A=\dfrac{3}{2}$

$A=x-1$이므로 $x-1=-\dfrac{1}{3}$ 또는 $x-1=\dfrac{3}{2}$

$\therefore x=\dfrac{2}{3}$ 또는 $x=\dfrac{5}{2}$ 　　🅐 $x=\dfrac{2}{3}$ 또는 $x=\dfrac{5}{2}$

0567 $x+5=A$로 놓으면 $A^2+2A-35=0$

$(A+7)(A-5)=0$ $\quad\therefore A=-7$ 또는 $A=5$

즉, $x+5=-7$ 또는 $x+5=5$이므로

$x=-12$ 또는 $x=0$

따라서 두 근의 합은 $-12+0=-12$ 　　　🅐 ①

0568 $x-\dfrac{1}{2}=A$로 놓으면 $4A^2+8A-5=0$

$(2A+5)(2A-1)=0$ $\quad\therefore A=-\dfrac{5}{2}$ 또는 $A=\dfrac{1}{2}$

즉, $x-\dfrac{1}{2}=-\dfrac{5}{2}$ 또는 $x-\dfrac{1}{2}=\dfrac{1}{2}$이므로 $x=-2$ 또는 $x=1$

이때 $a>b$이므로 $a=1$, $b=-2$

$\therefore a-b=1-(-2)=3$ **답** 3

0569 $a-b=A$로 놓으면 $A(A+1)=12$

$A^2+A-12=0$, $(A+4)(A-3)=0$

$\therefore A=-4$ 또는 $A=3$

이때 $a>b$에서 $a-b>0$, 즉 $A>0$이므로 $A=3$

$\therefore a-b=3$ **답** 3

0570 $a+b=A$로 놓으면

$A(A-3)-4=0$, $A^2-3A-4=0$

$(A+1)(A-4)=0$ $\therefore A=-1$ 또는 $A=4$

이때 a, b는 서로 다른 두 자연수이므로

$A>0$, 즉 $a+b=4$

$\therefore a=3$, $b=1$ $(\because a>b)$ $\therefore a-b=2$ **답** 2

0571 ① $5^2-4\times1\times2=17>0$ ➡ 2개

② $\left(\dfrac{1}{2}\right)^2-4\times1\times\left(-\dfrac{1}{4}\right)=\dfrac{5}{4}>0$ ➡ 2개

③ $(-3)^2-4\times2\times2=-7<0$ ➡ 0개

④ $(-7)^2-4\times3\times3=13>0$ ➡ 2개

⑤ $6^2-4\times3\times1=24>0$ ➡ 2개

따라서 근의 개수가 나머지 넷과 다른 것은 ③이다. **답** ③

0572 $x^2-5x+8=0$에서 $(-5)^2-4\times1\times8=-7<0$이므로 근의 개수는 0이다.

$\therefore a=0$ ⋯ ❶

$3x^2+3x-1=0$에서 $3^2-4\times3\times(-1)=21>0$이므로 근의 개수는 2이다.

$\therefore b=2$ ⋯ ❷

$9x^2-6x+1=0$에서 $(-6)^2-4\times9\times1=0$이므로 근의 개수는 1이다.

$\therefore c=1$ ⋯ ❸

$\therefore a-b+c=0-2+1=-1$ ⋯ ❹

답 -1

채점 기준	배점
❶ a의 값 구하기	30 %
❷ b의 값 구하기	30 %
❸ c의 값 구하기	30 %
❹ $a-b+c$의 값 구하기	10 %

0573 ㄱ. $x^2-3=0$에서 $0^2-4\times1\times(-3)=12>0$

ㄴ. $x^2-6x+9=0$에서 $(-6)^2-4\times1\times9=0$

ㄷ. $2x^2+x+5=0$에서 $1^2-4\times2\times5=-39<0$

ㄹ. $3x^2-5x+7=0$에서 $(-5)^2-4\times3\times7=-59<0$

따라서 근이 없는 것은 ㄷ, ㄹ이다. **답** ⑤

0574 $2x^2-6x+k=0$에서

ㄱ. $k=1$이면 $2x^2-6x+1=0$이므로

$(-6)^2-4\times2\times1=28>0$

즉, 서로 다른 두 근을 갖는다.

ㄴ. $k=5$이면 $2x^2-6x+5=0$이므로

$(-6)^2-4\times2\times5=-4<0$

즉, 근이 없다.

ㄷ. $k=9$이면 $2x^2-6x+9=0$이므로

$(-6)^2-4\times2\times9=-36<0$

즉, 근이 없다.

따라서 옳은 것은 ㄱ, ㄴ이다. **답** ㄱ, ㄴ

0575 $x(x+8)=2a$에서 $x^2+8x-2a=0$

이 이차방정식이 중근을 가지므로

$8^2-4\times1\times(-2a)=0$, $64+8a=0$

$8a=-64$ $\therefore a=-8$

이때 주어진 이차방정식은 $x^2+8x+16=0$이므로

$(x+4)^2=0$ $\therefore x=-4$ $\therefore b=-4$

$\therefore a+b=-8+(-4)=-12$ **답** ②

0576 $x^2+(k+6)x-2k=0$이 중근을 가지려면

$(k+6)^2-4\times1\times(-2k)=0$이어야 하므로

$k^2+12k+36+8k=0$, $k^2+20k+36=0$

$(k+18)(k+2)=0$ $\therefore k=-18$ 또는 $k=-2$

따라서 모든 k의 값의 합은 $-18+(-2)=-20$ **답** ①

0577 $2x^2-8x+k-3=0$이 해를 가지려면

$(-8)^2-4\times2\times(k-3)\geq0$이어야 하므로

$88-8k\geq0$, $-8k\geq-88$ $\therefore k\leq11$ **답** ⑤

0578 $3x^2-4x+2-k=0$의 해가 없으므로

$(-4)^2-4\times3\times(2-k)<0$

$-8+12k<0$, $12k<8$ $\therefore k<\dfrac{2}{3}$

따라서 k의 값이 될 수 없는 것은 ⑤이다. **답** ⑤

0579 $(a-2)x^2+x-1=0$이 서로 다른 두 근을 가지므로

$1^2-4\times(a-2)\times(-1)>0$, $4a-7>0$ $\therefore a>\dfrac{7}{4}$

이때 $(a-2)x^2+x-1=0$이 이차방정식이므로

$a-2\neq0$ $\therefore a\neq2$

따라서 a의 값이 될 수 없는 것은 ①, ②이다. **답** ①, ②

0580 $(m-1)x^2+4x-1=0$이 서로 다른 두 근을 가지려면

$4^2-4\times(m-1)\times(-1)>0$이어야 하므로

$4m+12>0$ $\therefore m>-3$

이때 $(m-1)x^2+4x-1=0$이 이차방정식이므로
$m-1\neq0$ $\therefore m\neq1$
따라서 m의 값의 범위는 $-3<m<1$ 또는 $m>1$ **답** ⑤

0581 두 근이 -2, $\frac{1}{3}$이고 x^2의 계수가 3인 이차방정식은
$3(x+2)\left(x-\frac{1}{3}\right)=0$, 즉 $3\left(x^2+\frac{5}{3}x-\frac{2}{3}\right)=0$
$\therefore 3x^2+5x-2=0$ **답** $3x^2+5x-2=0$

0582 두 근이 $-\frac{1}{3}$, $\frac{1}{2}$이고 x^2의 계수가 6인 이차방정식은
$6\left(x+\frac{1}{3}\right)\left(x-\frac{1}{2}\right)=0$, 즉 $6\left(x^2-\frac{1}{6}x-\frac{1}{6}\right)=0$
$\therefore 6x^2-x-1=0$ **답** ①

0583 두 근이 -2, $\frac{1}{4}$이고 x^2의 계수가 4인 이차방정식은
$4(x+2)\left(x-\frac{1}{4}\right)=0$ $\therefore 4x^2+7x-2=0$
따라서 $a=7$, $b=-2$이므로 $a+b=7+(-2)=5$ **답** 5

0584 중근이 3이고 x^2의 계수가 -2인 이차방정식은
$-2(x-3)^2=0$, 즉 $-2(x^2-6x+9)=0$
$\therefore -2x^2+12x-18=0$
따라서 x의 계수는 12, 상수항은 -18이므로 구하는 합은
$12+(-18)=-6$ **답** -6

0585 $x^2+x-6=0$에서 $(x+3)(x-2)=0$
$\therefore x=-3$ 또는 $x=2$
따라서 $\alpha=2$, $\beta=-3$이므로 $\alpha+1=3$, $\beta-1=-4$
즉, -4, 3을 두 근으로 하고 x^2의 계수가 1인 이차방정식은
$(x+4)(x-3)=0$ $\therefore x^2+x-12=0$ **답** $x^2+x-12=0$

0586 두 근이 $\frac{1}{5}$, $\frac{1}{2}$이고, 이차항의 계수가 1인 이차방정식은
$\left(x-\frac{1}{5}\right)\left(x-\frac{1}{2}\right)=0$, $x^2-\frac{7}{10}x+\frac{1}{10}=0$
$\therefore a=-\frac{7}{10}$, $b=\frac{1}{10}$ $\cdots$ ❶
$bx^2+ax+1=0$에 $a=-\frac{7}{10}$, $b=\frac{1}{10}$을 대입하면
$\frac{1}{10}x^2-\frac{7}{10}x+1=0$
양변에 10을 곱하면 $x^2-7x+10=0$, $(x-2)(x-5)=0$
$\therefore x=2$ 또는 $x=5$ $\cdots$ ❷
따라서 두 근의 차는 $5-2=3$ $\cdots$ ❸
답 3

채점 기준	배점
❶ a, b의 값 각각 구하기	40 %
❷ 이차방정식의 해 구하기	40 %
❸ 두 근의 차 구하기	20 %

0587 두 근을 $2k$, $3k$ (k는 상수)라 하면
x^2의 계수가 1인 이차방정식은
$(x-2k)(x-3k)=0$, 즉 $x^2-5kx+6k^2=0$
이때 $-20=-5k$이므로 $k=4$
따라서 $-6a=6k^2$에서 $a=-k^2=-16$ **답** -16

0588 두 근을 k, $-k$ ($k>0$인 상수)라 하면
x^2의 계수가 1인 이차방정식은 $(x-k)(x+k)=0$, 즉
$x^2-k^2=0$이므로 $a^2+2a-3=0$
$(a+3)(a-1)=0$ $\therefore a=-3$ 또는 $a=1$
(i) $a=-3$일 때, $x^2-7=0$ $\therefore x=\pm\sqrt{7}$
(ii) $a=1$일 때, $x^2+1=0$ $\therefore$ 해는 없다.
(i), (ii)에서 $a=-3$ **답** -3

0589 연수가 잘못 본 이차방정식은
$(x+1)(x-4)=0$ $\therefore x^2-3x-4=0$
이때 상수항은 바르게 보았으므로 주어진 이차방정식의 상수항은 -4이다.
민찬이가 잘못 본 이차방정식은
$(x+3)(x-2)=0$ $\therefore x^2+x-6=0$
이때 x의 계수는 바르게 보았으므로 주어진 이차방정식의 x의 계수는 1이다.
따라서 주어진 이차방정식은 $x^2+x-4=0$ **답** ②

0590 민지가 잘못 본 이차방정식은
$(x+8)(x-1)=0$ $\therefore x^2+7x-8=0$
즉, 처음 이차방정식의 상수항은 -8이므로 $b=-8$
현석이가 잘못 본 이차방정식은
$(x+5)(x-3)=0$ $\therefore x^2+2x-15=0$
즉, 처음 이차방정식의 x의 계수는 2이므로 $a=2$
$\therefore b-a=-8-2=-10$ **답** -10

0591 하은이가 잘못 본 이차방정식은
$(x+4)(x-3)=0$ $\therefore x^2+x-12=0$
즉, 처음 이차방정식의 상수항은 -12이다. $\cdots$ ❶
지호가 잘못 본 이차방정식은
$(x+3)(x-7)=0$ $\therefore x^2-4x-21=0$
즉, 처음 이차방정식의 x의 계수는 -4이다. $\cdots$ ❷
따라서 처음 이차방정식 $x^2-4x-12=0$에서
$(x+2)(x-6)=0$ $\therefore x=-2$ 또는 $x-6$ $\cdots$ ❸
답 $x=-2$ 또는 $x=6$

채점 기준	배점
❶ 처음 이차방정식의 상수항 구하기	40 %
❷ 처음 이차방정식의 x의 계수 구하기	40 %
❸ 처음 이차방정식의 해 구하기	20 %

0592 $\dfrac{-b-\sqrt{b^2-4ac}}{4a} < \dfrac{-b+\sqrt{b^2-4ac}}{4a}$ 이므로

$\dfrac{-b-\sqrt{b^2-4ac}}{4a}=-2$, $\dfrac{-b+\sqrt{b^2-4ac}}{4a}=3$

$\therefore \dfrac{-b-\sqrt{b^2-4ac}}{2a}=-4$, $\dfrac{-b+\sqrt{b^2-4ac}}{2a}=6$

따라서 이차방정식의 두 근은 -4, 6이므로 두 근의 곱은
$-4 \times 6 = -24$ 🖹 -24

0593 $\dfrac{n(n-3)}{2}=90$이므로 $n(n-3)=180$

$n^2-3n-180=0$, $(n+12)(n-15)=0$

$\therefore n=15 \ (\because n>0)$

따라서 구하는 다각형은 십오각형이다.   🖹 ⑤

0594 $\dfrac{n(n+1)}{2}=136$이므로 $n(n+1)=272$

$n^2+n-272=0$, $(n+17)(n-16)=0$

$\therefore n=16 \ (\because n>0)$

따라서 1부터 16까지의 자연수를 더해야 한다.   🖹 16

0595 $\dfrac{n(n+1)}{2}=45$이므로 $n(n+1)=90$

$n^2+n-90=0$, $(n+10)(n-9)=0$ $\therefore n=9 \ (\because n>0)$

따라서 점의 개수가 45인 삼각형 모양은 9단계이다.
     🖹 9단계

0596 $n(n+3)=180$이므로 $n^2+3n-180=0$

$(n+15)(n-12)=0$ $\therefore n=12 \ (\because n>0)$

따라서 성냥개비의 개수가 180인 도형은 12단계이다.
     🖹 12단계

0597 어떤 양수를 x라 하면 $x(x+6)=187$

$x^2+6x-187=0$, $(x+17)(x-11)=0$

$\therefore x=11 \ (\because x>0)$

따라서 어떤 양수는 11이므로 처음 구하려던 두 수의 곱은
$11 \times 5 = 55$ 🖹 55

0598 십의 자리의 숫자를 x라 하면 일의 자리의 숫자는

$11-x$이므로 $x(11-x)=10x+(11-x)-19$ … ❶

$x^2-2x-8=0$, $(x+2)(x-4)=0$

$\therefore x=4 \ (\because x>0)$ … ❷

따라서 십의 자리의 숫자는 4, 일의 자리의 숫자는 7이므로 구하는 두 자리 자연수는 47이다.   … ❸

     🖹 47

채점 기준	배점
❶ 이차방정식 세우기	40 %
❷ 이차방정식의 해 구하기	40 %
❸ 두 자리 자연수 구하기	20 %

0599 연속하는 세 자연수를 $x-1$, x, $x+1$이라 하면

$(x+1)^2=(x-1)^2+x^2-32$

$x^2-4x-32=0$, $(x+4)(x-8)=0$

$\therefore x=8 \ (\because x>1)$

따라서 세 자연수는 7, 8, 9이므로 구하는 합은
$7+8+9=24$ 🖹 24

0600 연속하는 두 짝수를 x, $x+2$라 하면

$x^2+(x+2)^2=340$

$2x^2+4x-336=0$, $x^2+2x-168=0$

$(x+14)(x-12)=0$ $\therefore x=12 \ (\because x>0)$

따라서 두 짝수는 12, 14이므로 구하는 합은
$12+14=26$ 🖹 26

0601 이달의 둘째 주 수요일의 날짜를 x일이라 하면 넷째 주 수요일의 날짜는 $(x+14)$일이므로

$x(x+14)=95$, $x^2+14x-95=0$

$(x+19)(x-5)=0$ $\therefore x=5 \ (\because x>0)$

따라서 둘째 주 수요일은 5일이므로 둘째 주 금요일은 7일이다.   🖹 ③

0602 학생 수를 x라 하면 학생 1명이 받는 사탕의 개수는

$x-4$이므로 $x(x-4)=140$, $x^2-4x-140=0$

$(x+10)(x-14)=0$ $\therefore x=14 \ (\because x>4)$

따라서 학생은 모두 14명이다.   🖹 ④

0603 $50t-5t^2=0$에서 $t^2-10t=0$

$t(t-10)=0$ $\therefore t=10 \ (\because t>0)$

따라서 공이 다시 지면에 떨어지는 것은 던진 지 10초 후이다.

     🖹 ⑤

0604 $70+20x-5x^2=85$에서 $x^2-4x+3=0$

$(x-1)(x-3)=0$ $\therefore x=1$ 또는 $x=3$

따라서 쏘아 올린 물 로켓의 지면으로부터 높이가 85 m가 되는 것은 물 로켓을 쏘아 올린 지 1초 후, 3초 후이다.

     🖹 1초 후, 3초 후

0605 가로의 길이를 x cm라 하면 세로의 길이는

$(15-x)$ cm이므로 $x(15-x)=54$, $x^2-15x+54=0$

$(x-6)(x-9)=0$ $\therefore x=6 \left(\because 0<x<\dfrac{15}{2}\right)$

따라서 이 직사각형의 가로의 길이는 6 cm이다.   🖹 6 cm

0606 $\overline{AP}=\overline{BQ}=x$ cm라 하면

$\overline{QC}=(9-x)$ cm, $\overline{PC}=(12-x)$ cm

$\triangle PQC$의 넓이가 20 cm²이므로

$\dfrac{1}{2} \times (9-x) \times (12-x)=20$

$x^2-21x+68=0$, $(x-4)(x-17)=0$

$\therefore x=4$ $(\because 0<x<9)$ $\therefore \overline{BQ}=4$ cm **❸** 4 cm

0607 큰 정사각형의 한 변의 길이를 x cm라 하면 작은 정사각형의 한 변의 길이는 $(16-x)$ cm이므로

$x^2+(16-x)^2=160$

$x^2-16x+48=0$, $(x-4)(x-12)=0$

$\therefore x=12$ $(\because 8<x<16)$

따라서 큰 정사각형의 한 변의 길이는 12 cm이다.

❸ 12 cm

0608 $\overline{BC}=x$라 하면 $\overline{AD}=\overline{AE}=\overline{BC}=x$이므로

$\overline{BE}=5-x$

$\square ABCD \backsim \square BCFE$이므로

$5:x=x:(5-x)$, $x^2=5(5-x)$

$x^2+5x-25=0$ $\therefore x=\dfrac{-5+5\sqrt{5}}{2}$ $(\because 0<x<5)$

$\therefore \overline{BC}=\dfrac{-5+5\sqrt{5}}{2}$ **❸** $\dfrac{-5+5\sqrt{5}}{2}$

0609 처음 원의 반지름의 길이를 x cm라 하면

$\pi \times (x+2)^2=3\times\pi\times x^2$

$x^2-2x-2=0$ $\therefore x=1+\sqrt{3}$ $(\because x>0)$

따라서 처음 원의 반지름의 길이는 $(1+\sqrt{3})$ cm이다.

❸ $(1+\sqrt{3})$ cm

0610 $\pi\times(r+10)^2-\pi\times r^2=\dfrac{1}{2}\times\pi\times(r+10)^2$

$r^2-20r-100=0$ $\therefore r=10+10\sqrt{2}$ $(\because r>0)$

❸ $10+10\sqrt{2}$

0611 똑같이 늘인 길이를 x m라 하면

$(12+x)(5+x)=12\times5+38$

$x^2+17x-38=0$, $(x+19)(x-2)=0$ $\therefore x=2$ $(\because x>0)$

따라서 늘인 길이는 2 m이다. **❸** 2 m

0612 x초 후에 넓이가 같아진다고 하면

$(8+2x)(12-x)=8\times12$, $x^2-8x=0$, $x(x-8)=0$

$\therefore x=8$ $(\because 0<x<12)$

따라서 넓이가 같아지는 것은 8초 후이다. **❸** 8초 후

0613 처음 정사각형 모양의 종이의 한 변의 길이를 x cm라 하면 $(x-8)\times(x-8)\times4=324$

$(x-8)^2=81$, $x-8=\pm9$ $\therefore x=17$ $(\because x>8)$

따라서 처음 정사각형 모양의 종이의 한 변의 길이는 17 cm이다. **❸** 17 cm

0614 물받이의 높이를 x cm라 하면

$(30-2x)\times x=72$ $\cdots$ **❶**

$x^2-15x+36=0$, $(x-3)(x-12)=0$

$\therefore x=3$ 또는 $x=12$ $(\because 0<x<15)$ $\cdots$ **❷**

따라서 물받이의 높이는 3 cm 또는 12 cm이다. $\cdots$ **❸**

❸ 3 cm 또는 12 cm

채점 기준	배점
❶ 이차방정식 세우기	40 %
❷ 이차방정식의 해 구하기	40 %
❸ 물받이의 높이 구하기	20 %

0615 도로의 폭을 x m라 하면 도로를 제외한 땅의 넓이는 오른쪽 그림의 색칠한 부분의 넓이와 같으므로 $(30-x)(20-x)=459$

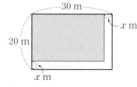

$x^2-50x+141=0$, $(x-3)(x-47)=0$

$\therefore x=3$ $(\because 0<x<20)$

따라서 도로의 폭은 3 m이다. **❸** 3 m

0616 통로의 폭을 x m라 하면 통로를 제외한 부분의 넓이는 오른쪽 그림의 색칠한 부분의 넓이와 같으므로

$(80-2x)(60-x)=3850$

$x^2-100x+475=0$, $(x-5)(x-95)=0$

$\therefore x=5$ $(\because 0<x<40)$

따라서 통로의 폭은 5 m이다. **❸** ②

C step **실력 완성!** 본문 128 ~ 131쪽

0617 $2x^2-6x+3=0$에서 $x=\dfrac{3\pm\sqrt{3}}{2}$이므로

두 근의 합은 $\dfrac{3+\sqrt{3}}{2}+\dfrac{3-\sqrt{3}}{2}=3$

$x=3$이 $x^2-5x+a=0$의 근이므로

$3^2-5\times3+a=0$, $9-15+a=0$ $\therefore a=6$ **❸** 6

0618 $9x^2+ax-1=0$에서 $x=\dfrac{-a\pm\sqrt{a^2+36}}{18}$

따라서 $-\dfrac{a}{18}=\dfrac{1}{3}$, $\dfrac{\sqrt{a^2+36}}{18}=\dfrac{\sqrt{b}}{3}$이므로 $a=-6$

$\dfrac{\sqrt{36+36}}{18}=\dfrac{\sqrt{2}}{3}=\dfrac{\sqrt{b}}{3}$ $\therefore b=2$

$\therefore a+b=-6+2=-4$ **❸** -4

0619 주어진 방정식의 양변에 6을 곱하면

$2(x+1)^2-(x-1)(4x+1)=3$

$2x^2+4x+2-(4x^2-3x-1)-3=0$

$2x^2-7x=0$, $x(2x-7)=0$ $\quad\therefore x=0$ 또는 $x=\dfrac{7}{2}$

따라서 $m=\dfrac{7}{2}$, $n=0$이므로 $m-n=\dfrac{7}{2}$ 　　답 ⑤

0620 $2x-3y=A$로 놓으면 $A(A+3)=10$
$A^2+3A-10=0$, $(A+5)(A-2)=0$
$\therefore A=-5$ 또는 $A=2$
이때 $2x>3y$에서 $2x-3y>0$, 즉 $A>0$이므로 $A=2$
따라서 $2x-3y=2$이므로
$6y-4x=-2(2x-3y)=-2\times2=-4$ 　　답 -4

0621 ㄱ. $x^2+6x+10=0$에서
$\quad 6^2-4\times1\times10=-4<0$ ➡ 근이 없다.
ㄴ. $4x^2+9x+2=0$에서
$\quad 9^2-4\times4\times2=49>0$ ➡ 서로 다른 두 근을 갖는다.
ㄷ. $x^2-12x+36=0$에서
$\quad (-12)^2-4\times1\times36=0$ ➡ 중근을 갖는다.
ㄹ. $3x^2-5x+3=0$에서
$\quad (-5)^2-4\times3\times3=-11<0$ ➡ 근이 없다.
따라서 근을 갖는 이차방정식은 ㄴ, ㄷ이다. 　　답 ③

0622 $x^2-(2k+1)x+4=0$이 중근을 가지려면
$\{-(2k+1)\}^2-4\times1\times4=0$이어야 하므로
$(2k+1)^2=16$, $2k+1=\pm4$ $\quad\therefore k=-\dfrac{5}{2}$ 또는 $k=\dfrac{3}{2}$
즉, $ax^2-2ax+9=0$의 한 근이 $\dfrac{3}{2}$이므로
$\dfrac{9}{4}a-3a+9=0$, $-\dfrac{3}{4}a=-9$ $\quad\therefore a=12$ 　　답 ④

0623 $(-5)^2-4\times1\times(k+5)>0$이므로
$5-4k>0$, $-4k>-5$ $\quad\therefore k<\dfrac{5}{4}$
따라서 가장 큰 정수 k의 값은 1이다. 　　답 1

0624 $x=2$를 $x^2+x+a=0$에 대입하면
$4+2+a=0$ $\quad\therefore a=-6$
즉, $x^2+x-6=0$에서 $(x+3)(x-2)=0$
$\therefore x=-3$ 또는 $x=2$
$x^2+bx+c=0$은 1, 2를 두 근으로 하고 x^2의 계수가 1이므로
$(x-1)(x-2)=0$ $\quad\therefore x^2-3x+2=0$
$\therefore b=-3$, $c=2$
$\therefore a+b+c=-6+(-3)+2=-7$ 　　답 ③

0625 두 근을 k, $-k$ ($k>0$인 상수)라 하면
x^2의 계수가 1인 이차방정식은 $(x-k)(x+k)=0$, 즉
$x^2-k^2=0$이므로 $a^2-a-12=0$
$(a+3)(a-4)=0$ $\quad\therefore a=-3$ 또는 $a=4$

(i) $a=-3$일 때, $x^2+6=0$ $\quad\therefore$ 해는 없다.
(ii) $a=4$일 때, $x^2-1=0$ $\quad\therefore x=-1$ 또는 $x=1$
(i), (ii)에서 $a=4$ 　　답 ⑤

0626 $\dfrac{n(n-1)}{2}=210$이므로 $n(n-1)=420$
$n^2-n-420=0$, $(n+20)(n-21)=0$
$\therefore n=21$ ($\because n>0$)
따라서 이 모임의 회원은 21명이다. 　　답 21명

0627 십의 자리의 숫자를 x라 하면 일의 자리의 숫자는
$10-x$이므로 $x(10-x)=10x+(10-x)-52$
$x^2-x-42=0$, $(x+6)(x-7)=0$ $\quad\therefore x=7$ ($\because x>0$)
따라서 십의 자리의 숫자는 7, 일의 자리의 숫자는 3이므로 구하는 두 자리 자연수는 73이다. 　　답 73

0628 $60t-5t^2=100$에서 $t^2-12t+20=0$
$(t-2)(t-10)=0$ $\quad\therefore t=2$ 또는 $t=10$
따라서 높이가 100 m 이상인 지점을 지나는 시간은 공을 던진 후 2초 후부터 10초 후까지이므로 8초 동안이다. 　　답 8초

0629 타일의 짧은 변의 길이를 x cm라 하면 긴 변의 길이는
$\dfrac{6x-3}{3}=2x-1$ (cm)
직사각형의 넓이가 420 cm^{2}이므로
$6x\{(2x-1)+x\}=420$, $3x^2-x-70=0$
$(3x+14)(x-5)=0$ $\quad\therefore x=5$ ($\because x>0$)
따라서 타일의 넓이는 $5\times9=45$ (cm^2) 　　답 45 cm^2

0630 $\overline{AB}=x$ cm라 하면 $\overline{OA}=(x+3)$ cm이므로
$\pi\times(2x+3)^2-\pi\times(x+3)^2=24\pi$
$x^2+2x-8=0$, $(x+4)(x-2)=0$ $\quad\therefore x=2$ ($\because x>0$)
따라서 $\overline{AB}$의 길이는 2 cm이다. 　　답 2 cm

0631 길의 폭을 x m라 하면
$(18-x)(14-x)=192$, $x^2-32x+60=0$
$(x-2)(x-30)=0$ $\quad\therefore x=2$ ($\because 0<x<14$)
따라서 길의 폭은 2 m이다. 　　답 ②

0632 직선 $\dfrac{m}{3}x+2y-1=0$이 점 $(m-4, m^2)$을 지나므로
$\dfrac{m(m-4)}{3}+2m^2-1=0$, $7m^2-4m-3=0$
$(7m+3)(m-1)=0$ $\quad\therefore m=-\dfrac{3}{7}$ 또는 $m=1$
한편, 직선 $\dfrac{m}{3}x+2y-1=0$이 제4사분면을 지나지 않아야 하므로 기울기는 양수이어야 한다.
이때 직선의 기울기는 $-\dfrac{m}{6}$이므로 $m<0$
$\therefore m=-\dfrac{3}{7}$ 　　답 ③

0633 가격 인상 후의 햄버거 한 개의 가격은

$4000 \times \left(1 + \dfrac{x}{100}\right)$원

가격 인상 전에 a개의 햄버거가 팔렸다고 하면 인상 후의 햄버거의 판매량은 $a \times \left(1 - \dfrac{0.8x}{100}\right)$개

가격 인상 전후의 매출액이 같으므로

$4000a = 4000\left(1 + \dfrac{x}{100}\right) \times a\left(1 - \dfrac{0.8x}{100}\right)$

$x^2 - 25x = 0$, $x(x-25) = 0$ ∴ $x = 25$ (∵ $x > 0$)

따라서 가격 인상 후의 햄버거 한 개의 가격은

$4000\left(1 + \dfrac{25}{100}\right) = 5000$(원) 🅐 ④

0634 두 점 P, Q가 동시에 출발한 지 x초 후에
$\overline{AP} = x$ cm, $\overline{BQ} = 2x$ cm이고, $\overline{PB} = (15-x)$ cm이므로

$\triangle PBQ = \dfrac{1}{2} \times \overline{PB} \times \overline{BQ}$에서

$\dfrac{1}{2} \times (15 - x) \times 2x = 26$

$x^2 - 15x + 26 = 0$, $(x-2)(x-13) = 0$

∴ $x = 2$ (∵ $0 < x < \dfrac{25}{2}$)

따라서 $\triangle PBQ$의 넓이가 26 cm²가 되는 것은 출발한 지 2초 후이다. 🅐 2초 후

0635 $x^2 + ax + b = 0$이 중근을 가지므로

$a^2 - 4b = 0$ ∴ $a^2 = 4b$ ··· ❶

$a^2 = 4b$ ($1 \le a \le 6$, $1 \le b \le 6$)를 만족시키는 순서쌍 (a, b)는

$(2, 1)$, $(4, 4)$ ··· ❷

따라서 구하는 확률은 $\dfrac{2}{36} = \dfrac{1}{18}$ ··· ❸

🅐 $\dfrac{1}{18}$

채점 기준	배점
❶ a, b의 관계식 구하기	30 %
❷ 순서쌍 (a, b) 구하기	40 %
❸ 중근을 가질 확률 구하기	30 %

0636 다애의 생일을 x일이라 하면 다연이의 생일은 $(x-14)$일이므로

$x(x-14) = 351$ ··· ❶

$x^2 - 14x - 351 = 0$, $(x+13)(x-27) = 0$

∴ $x = 27$ (∵ $x > 0$) ··· ❷

따라서 다애의 생일은 12월 27일이다. ··· ❸

🅐 12월 27일

채점 기준	배점
❶ 이차방정식 세우기	40 %
❷ 이차방정식의 해 구하기	40 %
❸ 다애의 생일 구하기	20 %

07 이차함수와 그래프 [1]

Ⅳ. 이차함수

step 1 개념 익히고 🖐

본문 135, 137쪽

0637 (2) $y = x(x+1) + 6 = x^2 + x + 6$

(3) $y = 2x^2 - x(x-1) = x^2 + x$

🅐 (1) × (2) ○ (3) ○ (4) × (5) ×

0638 🅐 (1) $y = 4(x+1)$ 또는 $y = 4x + 4$, ×

(2) $y = x(x+6)$ 또는 $y = x^2 + 6x$, ○

(3) $y = x^3$, ×

(4) $y = \pi x^2$, ○

0639 (1) $f(-3) = 2 \times (-3)^2 - (-3) + 3 = 24$

(2) $f(0) = 2 \times 0^2 - 0 + 3 = 3$

(3) $f\left(\dfrac{1}{2}\right) = 2 \times \left(\dfrac{1}{2}\right)^2 - \dfrac{1}{2} + 3 = 3$

(4) $f(2) = 2 \times 2^2 - 2 + 3 = 9$

🅐 (1) 24 (2) 3 (3) 3 (4) 9

0640 🅐 (1) 아래 (2) 0, 0 (3) y (4) $-x^2$

0641 🅐 (1) 0, 0, y (2) 위 (3) 감소 (4) -8

0642 🅐 (1) ㄴ, ㄹ, ㅁ (2) ㄷ (3) ㄱ, ㅁ

0643 🅐 (1) $y = \dfrac{2}{3}x^2 + 2$ (2) $y = -5x^2 - 3$

0644 🅐 (1) 꼭짓점의 좌표: $(0, 1)$, 축의 방정식: $x = 0$

(2) 꼭짓점의 좌표: $(0, -2)$, 축의 방정식: $x = 0$

0645 🅐 (1)

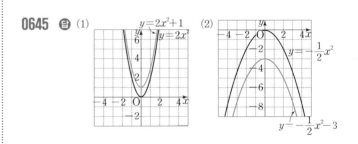

0646 🅐 (1) $y = \dfrac{2}{3}(x-2)^2$ (2) $y = -5(x+3)^2$

0647 🅐 (1) 꼭짓점의 좌표: $(-6, 0)$, 축의 방정식: $x = -6$

(2) 꼭짓점의 좌표: $(5, 0)$, 축의 방정식: $x = 5$

0648 답 (1)
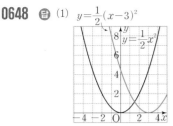
(2)
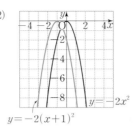

0649 답 (1) $y=4(x-1)^2-3$

(2) $y=-2\left(x-\dfrac{1}{3}\right)^2-\dfrac{1}{3}$

0650 답 (1) 꼭짓점의 좌표: $(-3,\ -4)$,

축의 방정식: $x=-3$

(2) 꼭짓점의 좌표: $\left(\dfrac{4}{3},\ \dfrac{1}{3}\right)$, 축의 방정식: $x=\dfrac{4}{3}$

0651 답 (1)
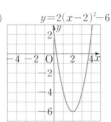
(2)
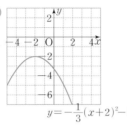

0652 ① x^2이 분모에 있으므로 이차함수가 아니다.

③ 일차함수

⑤ $y=x(1-x)+x^2=x-x^2+x^2=x$이므로 일차함수이다.

답 ④

0653 ㄱ. $y=x^2-4x+4$ ㄷ. $y=12x-4$

ㄹ. $y=-3x^2-x$ ㅁ. $y=-x^2+4x+5$

ㅂ. $y=-x$

따라서 이차함수인 것은 ㄱ, ㄹ, ㅁ이다. 답 ㄱ, ㄹ, ㅁ

0654 ① $y=x^2+3x$ ② $y=5x$

③ $y=\dfrac{x}{100}\times200=2x$ ④ $y=6x^2$

⑤ $y=\pi\times x^2\times\dfrac{120}{360}=\dfrac{1}{3}\pi x^2$ 답 ②, ③

0655 ㄱ. $y=20x$

ㄴ. $y=\dfrac{1}{2}\times\{(x+2)+4\}\times x=\dfrac{1}{2}x^2+3x$

ㄷ. 둘레의 길이가 20 cm이고 가로의 길이가 x cm인 직사각형의 세로의 길이는 $(10-x)$ cm이므로

$y=x(10-x)=-x^2+10x$

ㄹ. $y=\pi\times x^2\times5=5\pi x^2$

따라서 이차함수인 것은 ㄴ, ㄷ, ㄹ이다. 답 ㄴ, ㄷ, ㄹ

0656 $y=(3a+2)x^2+5x-4$가 x에 대한 이차함수이므로

$3a+2\neq0$ ∴ $a\neq-\dfrac{2}{3}$ 답 ①

0657 $y=ax^2-3x(x+1)=ax^2-3x^2-3x$

$=(a-3)x^2-3x$

이 함수가 x에 대한 이차함수가 되려면

$a-3\neq0$ ∴ $a\neq3$ 답 $a\neq3$

0658 $y=k(k-5)x^2-8x+1+4x^2$

$=(k^2-5k+4)x^2-8x+1$

이 함수가 x에 대한 이차함수이므로

$k^2-5k+4\neq0,\ (k-1)(k-4)\neq0$

∴ $k\neq1$이고 $k\neq4$ 답 ③, ④

0659 $y=(a+2)^2x^2+(ax-1)(x+1)$

$=(a^2+4a+4)x^2+(ax^2+ax-x-1)$

$=(a^2+5a+4)x^2+(a-1)x-1$

이 함수가 x에 대한 이차함수이므로

$a^2+5a+4\neq0,\ (a+1)(a+4)\neq0$

∴ $a\neq-1$이고 $a\neq-4$ 답 ①, ④

0660 $f(-2)=(-2)^2-2\times(-2)+7=15$

$f(1)=1^2-2\times1+7=6$

∴ $f(-2)+f(1)=15+6=21$ 답 ①

0661 $f(a)=-a^2+6a-4=-11$이므로

$a^2-6a-7=0,\ (a+1)(a-7)=0$ ∴ $a=-1$ 또는 $a=7$

그런데 $a>0$이므로 $a=7$ 답 7

0662 $f(x)=3x^2-ax-7$에서

$f(-2)=3\times(-2)^2-a\times(-2)-7=5+2a$

즉, $5+2a=15$이므로 $2a=10$ ∴ $a=5$ 답 ⑤

0663 $f(-1)=(-1)^2+a\times(-1)+b=-6$이므로

$1-a+b=-6$ ∴ $a-b=7$ ······ ㉠

$f(-4)=(-4)^2+a\times(-4)+b=3$이므로

$16-4a+b=3$ ∴ $4a-b=13$ ······ ㉡ ··· ❶

㉠, ㉡을 연립하여 풀면 $a=2,\ b=-5$ ··· ❷

따라서 $f(x)=x^2+2x-5$이므로

$f(-5)=(-5)^2+2\times(-5)-5=25-10-5=10$ ··· ❸

답 10

채점 기준	배점
❶ a, b에 대한 연립방정식 세우기	40 %
❷ a, b의 값 구하기	40 %
❸ $f(-5)$의 값 구하기	20 %

0664 $y=ax^2$에서 a의 절댓값이 클수록 그래프의 폭이 좁아진다.

따라서 폭이 가장 좁은 것은 a의 절댓값이 가장 큰 ①이다. **답** ①

0665 $y=ax^2$에서 a의 부호가 양수이면서 절댓값이 가장 큰 것은 ⑤이다. **답** ⑤

0666 $-3<a<-\dfrac{3}{4}$ **답** ④

0667 그래프가 색칠한 부분을 지나는 이차함수를 $y=ax^2$이라 하면 $-\dfrac{1}{3}<a<0$ 또는 $0<a<2$

따라서 **보기** 중 그 그래프가 색칠한 부분을 지나는 것은 ㄴ, ㄷ이다. **답** ㄴ, ㄷ

0668 **답** ③

0669 **답** ②

0670 **답** ②, ⑤

0671 $y=ax^2$의 그래프는 $y=-2x^2$의 그래프와 x축에 대칭이므로 $a=2$ … ❶

$y=bx^2$의 그래프는 $y=\dfrac{1}{2}x^2$의 그래프와 x축에 대칭이므로

$b=-\dfrac{1}{2}$ … ❷

$\therefore ab=2\times\left(-\dfrac{1}{2}\right)=-1$ … ❸

답 -1

채점 기준	배점
❶ a의 값 구하기	40 %
❷ b의 값 구하기	40 %
❸ ab의 값 구하기	20 %

0672 ③ $a>0$이면 $x>0$일 때 x의 값이 증가하면 y의 값도 증가하고, $a<0$이면 $x>0$일 때 x의 값이 증가하면 y의 값은 감소한다. **답** ③

0673 ① 그래프의 폭이 가장 좁은 것은 ㄱ이다.
③ 모든 그래프의 축의 방정식은 $x=0$이다.
④ 두 그래프가 x축에 서로 대칭인 것은 없다. **답** ②, ⑤

0674 $y=ax^2$의 그래프가 점 $(4,-2)$를 지나므로

$-2=16a$ $\therefore a=-\dfrac{1}{8}$

즉, $y=-\dfrac{1}{8}x^2$의 그래프가 점 $(-4,b)$를 지나므로

$b=-\dfrac{1}{8}\times(-4)^2=-2$

$\therefore \dfrac{b}{a}=-2\div\left(-\dfrac{1}{8}\right)=-2\times(-8)=16$ **답** 16

0675 $y=-ax^2$의 그래프가 점 $(3,-36)$을 지나므로

$-36=-9a$ $\therefore a=4$ **답** 4

0676 $y=4x^2$의 그래프가 점 $(a,100)$을 지나므로

$100=4a^2$, $a^2=25$ $\therefore a=\pm5$

따라서 $a>0$이므로 $a=5$ **답** 5

0677 포물선 ㉠은 아래로 볼록하면서 폭이 가장 넓으므로 주어진 네 이차함수 중 그 그래프가 ㉠을 나타내는 식은

$y=\dfrac{1}{2}x^2$이다.

따라서 $y=\dfrac{1}{2}x^2$의 그래프가 점 $(-6,k)$를 지나므로

$k=\dfrac{1}{2}\times(-6)^2=18$ **답** 18

0678 이차함수의 식을 $y=ax^2$으로 놓으면 이 그래프가

점 $\left(\dfrac{1}{3},\dfrac{1}{6}\right)$을 지나므로 $\dfrac{1}{6}=\dfrac{1}{9}a$ $\therefore a=\dfrac{3}{2}$

따라서 구하는 이차함수의 식은 $y=\dfrac{3}{2}x^2$이다. **답** $y=\dfrac{3}{2}x^2$

0679 $f(x)=ax^2$으로 놓으면 $y=f(x)$의 그래프가

점 $(3,-2)$를 지나므로 $f(3)=9a=-2$ $\therefore a=-\dfrac{2}{9}$

즉, $f(x)=-\dfrac{2}{9}x^2$이므로 $f(6)=-\dfrac{2}{9}\times6^2=-8$ **답** -8

0680 이차함수의 식을 $y=ax^2$으로 놓으면 이 그래프가

점 $(-2,-2)$를 지나므로 $-2=4a$ $\therefore a=-\dfrac{1}{2}$

따라서 구하는 이차함수의 식은 $y=-\dfrac{1}{2}x^2$이다.

답 $y=-\dfrac{1}{2}x^2$

0681 이차함수의 식을 $y=ax^2$으로 놓으면

이 그래프가 점 $(3,3)$을 지나므로 $3=9a$ $\therefore a=\dfrac{1}{3}$

즉, 이차함수 $y=\dfrac{1}{3}x^2$의 그래프가 점 $(-6,k)$를 지나므로

$k=\dfrac{1}{3}\times(-6)^2=12$ **답** ⑤

0682 $y=-\dfrac{4}{3}x^2$의 그래프를 y축의 방향으로 -6만큼 평행

이동한 그래프의 식은 $y=-\dfrac{4}{3}x^2-6$

이때 $y=-\dfrac{4}{3}x^2-6$의 그래프의 꼭짓점의 좌표는 $(0,-6)$이

고, 축의 방정식은 $x=0$이므로
$p=0$, $q=-6$, $m=0$
$\therefore p+q+m=0+(-6)+0=-6$ ··· 답 -6

0683 $y=4x^2-3$의 그래프는 오른쪽 그림과 같다.

② 축의 방정식은 $x=0$이다.
③ $x>0$일 때, x의 값이 증가하면 y의 값도 증가한다.
④ 이차함수 $y=4x^2$의 그래프를 y축의 방향으로 -3만큼 평행이동한 것이다. ··· 답 ①, ⑤

0684 $y=ax^2$의 그래프를 y축의 방향으로 1만큼 평행이동한 그래프의 식은 $y=ax^2+1$
이때 $y=ax^2+1$의 그래프가 점 $(-1, 4)$를 지나므로
$4=a+1$ $\therefore a=3$ ··· 답 3

0685 $y=-x^2$의 그래프를 y축의 방향으로 $-\dfrac{1}{4}$만큼 평행이동한 그래프의 식은 $y=-x^2-\dfrac{1}{4}$ ··· ❶
이때 $y=-x^2-\dfrac{1}{4}$의 그래프가 점 $\left(\dfrac{3}{2}, a\right)$를 지나므로
$a=-\left(\dfrac{3}{2}\right)^2-\dfrac{1}{4}=-\dfrac{5}{2}$ ··· ❷
$y=-x^2-\dfrac{1}{4}$의 그래프가 점 $\left(b, -\dfrac{17}{4}\right)$을 지나므로
$-\dfrac{17}{4}=-b^2-\dfrac{1}{4}$, $b^2=4$ $\therefore b=\pm 2$
그런데 $b>0$이므로 $b=2$ ··· ❸
$\therefore a+b=-\dfrac{5}{2}+2=-\dfrac{1}{2}$ ··· ❹

답 $-\dfrac{1}{2}$

채점 기준	배점
❶ 평행이동한 그래프의 식 구하기	20 %
❷ a의 값 구하기	30 %
❸ b의 값 구하기	40 %
❹ $a+b$의 값 구하기	10 %

0686 $y=2x^2$의 그래프를 x축의 방향으로 p만큼 평행이동한 그래프의 식은 $y=2(x-p)^2$
이 그래프가 점 $(1, 2)$를 지나므로
$2=2(1-p)^2$, $p^2-2p=0$
$p(p-2)=0$ $\therefore p=2$ $(\because p>0)$ ··· 답 ②

0687 ④ $y=-\dfrac{1}{2}(x+2)^2$에 $x=0$을 대입하면
$y=-\dfrac{1}{2}(0+2)^2=-2$
따라서 y축과 만나는 점의 좌표는 $(0, -2)$이다. ··· 답 ④

0688 꼭짓점의 좌표가 $(-2, 0)$이므로
$p=-2$ ··· ❶
$y=a(x+2)^2$의 그래프가 점 $(0, 8)$을 지나므로
$8=a(0+2)^2$ $\therefore a=2$ ··· ❷
따라서 $y=2(x+2)^2$의 그래프가 점 $(-1, k)$를 지나므로
$k=2\times(-1+2)^2=2$ ··· ❸

답 2

채점 기준	배점
❶ p의 값 구하기	30 %
❷ a의 값 구하기	40 %
❸ k의 값 구하기	30 %

0689 $y=ax^2$의 그래프를 x축의 방향으로 -4만큼 평행이동한 그래프의 식은 $y=a(x+4)^2$
이 그래프가 점 $(-2, 2)$를 지나므로
$2=a\times(-2+4)^2$ $\therefore a=\dfrac{1}{2}$
따라서 $y=\dfrac{1}{2}(x+4)^2$의 그래프는 아래로 볼록하고 축의 방정식이 $x=-4$이므로 $x<-4$일 때, x의 값이 증가하면 y의 값은 감소한다. ··· 답 $x<-4$

0690 $y=-5x^2$의 그래프를 x축의 방향으로 1만큼, y축의 방향으로 q만큼 평행이동한 그래프의 식은
$y=-5(x-1)^2+q$
이 그래프가 이차함수 $y=a(x-p)^2-1$의 그래프와 일치하므로 $a=-5$, $p=1$, $q=-1$
$\therefore apq=-5\times1\times(-1)=5$ ··· 답 5

0691 ① 꼭짓점의 좌표는 $(2, -1)$이다.
② $y=(x-2)^2-1$의 그래프는 오른쪽 그림과 같으므로 제3사분면을 지나지 않는다.
④ $x>2$일 때, x의 값이 증가하면 y의 값도 증가한다. ··· 답 ③, ⑤

0692 $y=-(x-1)^2+3$의 그래프의 꼭짓점의 좌표는 $(1, 3)$이고 위로 볼록한 포물선이다.
또, $x=0$일 때 $y=-1+3=2$, 즉 점 $(0, 2)$를 지나므로 그래프는 오른쪽 그림과 같다.

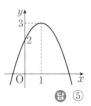

따라서 주어진 그래프는 모든 사분면을 지나므로 지나지 않는 사분면은 없다. ··· 답 ⑤

0693 $y=-3x^2$의 그래프를 x축의 방향으로 -1만큼, y축의 방향으로 2만큼 평행이동한 그래프의 식은
$y=-3(x+1)^2+2$

이 그래프는 위로 볼록하고, 꼭짓점의 좌표는 $(-1, 2)$이고 점 $(0, -1)$을 지나므로 오른 쪽 그림과 같다. 따라서 그래프가 지나지 않는 사분면은 제1사분면이다.

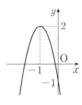

답 ①

0694 $y=\dfrac{2}{3}(x+2)^2-5$의 그래프의 꼭짓점의 좌표는 $(-2, -5)$, 축의 방정식은 $x=-2$이므로
$a=-2, b=-5, p=-2$
$\therefore a-b+p=-2-(-5)+(-2)=1$ 답 1

0695 꼭짓점의 좌표는 $(-p, -2p^2)$이고, 이 점이 직선 $y=-2x-4$ 위에 있으므로 $-2p^2=-2\times(-p)-4$
$p^2+p-2=0, (p-1)(p+2)=0$ $\therefore p=1$ 또는 $p=-2$
그런데 $p>0$이므로 $p=1$ 답 1

0696 $y=-\dfrac{1}{5}(x-1)^2+2$의 그래프의 꼭짓점의 좌표는 $(1, 2)$이고 위로 볼록한 포물선이므로 그래프는 오른쪽 그림과 같다. 따라서 x의 값이 증가할 때, y의 값이 감소하는 x의 값의 범위는 $x>1$이다.

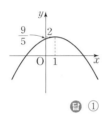

답 ①

0697 축의 방정식이 $x=-p$이고 그래프가 위로 볼록하므로 x의 값이 증가할 때 y의 값도 증가하는 x의 값의 범위는 $x<-p$
따라서 $-p=\dfrac{1}{2}$이므로 $p=-\dfrac{1}{2}$ 답 $-\dfrac{1}{2}$

0698 $y=\dfrac{1}{2}(x-5)^2+1$의 그래프를 x축의 방향으로 p만큼, y축의 방향으로 q만큼 평행이동한 그래프의 식은
$y=\dfrac{1}{2}(x-p-5)^2+1+q$
이 그래프가 $y=\dfrac{1}{2}x^2$의 그래프와 일치하므로
$-p-5=0, 1+q=0$ $\therefore p=-5, q=-1$
$\therefore p+q=-5+(-1)=-6$ 답 -6

0699 $y=2(x-1)^2+2$의 그래프를 x축의 방향으로 p만큼, y축의 방향으로 q만큼 평행이동한 그래프의 식은
$y=2(x-p-1)^2+2+q$
이 그래프의 꼭짓점의 좌표는 $(p+1, 2+q)$이고, 이 점이 원점이므로 $p+1=0, 2+q=0$
따라서 $p=-1, q=-2$이므로
$p+q=-1+(-2)=-3$ 답 -3

0700 $y=a(x+3)^2+5$의 그래프를 y축의 방향으로 -2만큼 평행이동한 그래프의 식은
$y=a(x+3)^2+5-2$ $\therefore y=a(x+3)^2+3$

이 그래프가 점 $(-1, -9)$를 지나므로
$-9=a(-1+3)^2+3, 4a=-12$ $\therefore a=-3$ 답 ①

0701 $y=-(x+1)^2-4$의 그래프를 x축의 방향으로 p만큼, y축의 방향으로 $2p$만큼 평행이동한 그래프의 식은
$y=-(x-p+1)^2-4+2p$
이 그래프가 점 $(-3, -11)$을 지나므로
$-11=-(-3-p+1)^2-4+2p$
$p^2+2p-3=0, (p+3)(p-1)=0$ $\therefore p=-3$ 또는 $p=1$
그런데 $p>0$이므로 $p=1$ 답 ①

0702 $y=a(x+p)^2+q$의 그래프의 꼭짓점의 좌표가 $(-1, -2)$이므로 $-p=-1$에서 $p=1, q=-2$
이때 $y=a(x+1)^2-2$의 그래프가 원점 $(0, 0)$을 지나므로
$0=a\times1^2-2$ $\therefore a=2$
$\therefore a+p+q=2+1+(-2)=1$ 답 1

0703 축의 방정식이 $x=3$이므로 이차함수의 식을 $y=a(x-3)^2+q$로 놓으면 이 그래프가 두 점 $(4, -2)$, $(1, 7)$을 지나므로 $a+q=-2, 4a+q=7$
$\therefore a=3, q=-5$
따라서 구하는 이차함수의 식은
$y=3(x-3)^2-5$ 답 $y=3(x-3)^2-5$

0704 꼭짓점의 좌표가 $(-3, 2)$이므로 이차함수의 식을 $y=a(x+3)^2+2$로 놓자. ⋯❶
이 그래프가 점 $(0, -4)$를 지나므로
$-4=9a+2, 9a=-6$ $\therefore a=-\dfrac{2}{3}$
$\therefore y=-\dfrac{2}{3}(x+3)^2+2$ ⋯❷
이 그래프가 점 $(k, -22)$를 지나므로
$-22=-\dfrac{2}{3}(k+3)^2+2, (k+3)^2=36$
$k+3=\pm6$ $\therefore k=-9$ 또는 $k=3$
그런데 $k>0$이므로 $k=3$ ⋯❸
답 3

채점 기준	배점
❶ 꼭짓점의 좌표를 이용하여 이차함수의 식 세우기	30 %
❷ 이차함수의 식 구하기	30 %
❸ k의 값 구하기	40 %

0705 꼭짓점의 좌표가 $(3, 6)$이므로 이차함수의 식을 $y=k(x-3)^2+6$으로 놓자.
이 그래프가 점 $(0, -3)$을 지나므로
$-3=9k+6, 9k=-9$ $\therefore k=-1$
따라서 $y=-(x-3)^2+6$의 그래프가 점 $(-1, a)$를 지나 므로 $a=-(-1-3)^2+6=-10$

또, 점 $(7, b)$를 지나므로 $b = -(7-3)^2+6 = -10$

$\therefore a+b = -10+(-10) = -20$ **답** ④

0706 그래프가 위로 볼록하므로 $a<0$

꼭짓점 (p, q)가 제4사분면 위에 있으므로 $p>0$, $q<0$

     답 $a<0$, $p>0$, $q<0$

0707 $y = a(x-p)^2+q$의 그래프가 제1, 3, 4사분면만 지나려면 오른쪽 그림과 같아야 하므로 $a<0$, $p>0$, $q>0$

① $a-q<0$

②, ⑤ 양수인지 음수인지 알 수 없다.

③ $aq<0$ **답** ④

0708 $y = a(x-p)^2+q$의 그래프가 아래로 볼록하므로 $a>0$

꼭짓점 (p, q)가 y축의 오른쪽의 x축 위에 있으므로

$p>0$, $q=0$

따라서 $y = p(x-q)^2+a = px^2+a$의 그래프는 아래로 볼록하고 꼭짓점이 $(0, a)$로 x축의 위쪽의 y축 위에 있으므로 알맞은 그래프는 ①이다.   **답** ①

0709 $y = ax+b$의 그래프의 기울기는 음수이고 y절편도 음수이므로 $a<0$, $b<0$

따라서 $y = ax^2+b$의 그래프에서 $a<0$이므로 그래프가 위로 볼록하다.

또, $b<0$이므로 꼭짓점 $(0, b)$는 y축 위에 있으면서 x축의 아래쪽에 있으므로 알맞은 그래프는 ④이다.   **답** ④

본문 148 ~ 151쪽

0710 ① $y = 4\pi x^2$

② $y = x(x+2) = x^2+2x$

③ 직사각형의 세로의 길이는 $(20-x)$ cm이므로

    $y = x(20-x) = -x^2+20x$

④ $y = \dfrac{60}{x}$

⑤ $y = \dfrac{1}{3} \times \pi \times x^2 \times 15 = 5\pi x^2$ **답** ④

0711 ② $y = 3x^2-3$

④ $y = x+3$

따라서 이차함수인 것은 ②, ③이다.   **답** ②, ③

0712 $y = mx^2-2m^2(x+2)^2 = mx^2-2m^2(x^2+4x+4)$

    $= (-2m^2+m)x^2-8m^2x-8m^2$

이 함수가 x에 대한 이차함수이므로 $-2m^2+m \neq 0$

$-m(2m-1) \neq 0$ $\therefore m \neq 0$이고 $m \neq \dfrac{1}{2}$ **답** ③, ⑤

0713 $2f(-1) = 2 \times \{(-1)^2+2 \times (-1)+5\}$

    $= 2 \times 4 = 8$ **답** ④

0714 ㉠, ㉡은 아래로 볼록하므로 $a>0$

㉢, ㉣은 위로 볼록하므로 $a<0$

㉡의 폭이 ㉠의 폭보다 좁고 ㉣의 폭이 ㉢의 폭보다 좁으므로 a의 값이 큰 것부터 차례로 나열하면 ㉡, ㉠, ㉢, ㉣이다.

     답 ㉡, ㉠, ㉢, ㉣

0715 $y = 2x^2$의 그래프와 x축에 대칭인 그래프의 식은

$y = -2x^2$

$y = -2x^2$의 그래프가 점 $(a-1, a-2)$를 지나므로

$a-2 = -2(a-1)^2$

$2a^2-3a = 0$, $a(2a-3) = 0$ $\therefore a=0$ 또는 $a = \dfrac{3}{2}$

그런데 $a>0$이므로 $a = \dfrac{3}{2}$ **답** ②

0716 이차함수 $y = -x^2$의 그래프는 오른쪽 그림과 같다.

④ $y = x^2$의 그래프와 x축에 서로 대칭이다.   **답** ④

0717 $f(x) = ax^2$으로 놓으면 $y = f(x)$의 그래프가 점 $(-3, 6)$을 지나므로 $6 = 9a$ $\therefore a = \dfrac{2}{3}$

따라서 $f(x) = \dfrac{2}{3}x^2$이므로

$f\left(-\dfrac{3}{2}\right) = \dfrac{2}{3} \times \left(-\dfrac{3}{2}\right)^2 = \dfrac{3}{2}$ **답** $\dfrac{3}{2}$

0718 $y = -\dfrac{3}{2}x^2$의 그래프를 평행이동하여 완전히 포개어지려면 x^2의 계수가 $-\dfrac{3}{2}$이어야 하므로 포갤 수 있는 것은 ①이다.

     답 ①

0719 $y = -x^2$의 그래프를 y축의 방향으로 q만큼 평행이동한 그래프의 식은 $y = -x^2+q$

정사각형 ABCD의 넓이가 16이므로 한 변의 길이는 4이다.

$\therefore \overline{CD} = \overline{BD} = 4$

$y = -x^2+q$의 그래프는 y축에 대칭이므로

$\overline{CO} = \overline{OD} = \dfrac{1}{2}\overline{CD} = \dfrac{1}{2} \times 4 = 2$

따라서 B$(2, 4)$이고, 이 점이 $y = -x^2+q$의 그래프 위의 점이므로 $4 = -2^2+q$ $\therefore q = 8$ **답** 8

0720 $y = -\dfrac{1}{3}x^2$의 그래프를 x축의 방향으로 -1만큼 평행이동한 그래프의 식은 $y = -\dfrac{1}{3}(x+1)^2$

이 그래프가 점 $(k, -3)$을 지나므로

$-3 = -\dfrac{1}{3}(k+1)^2$, $k^2+2k-8=0$

$(k+4)(k-2)=0$ $\quad \therefore k=-4$ 또는 $k=2$

그런데 $k>0$이므로 $k=2$ 답 ②

0721 $y=(x-2)^2-3$의 그래프의 꼭짓점의 좌표는 $(2, -3)$이고 아래로 볼록한 포물선이다.

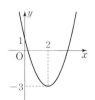

또, $x=0$일 때 $y=(-2)^2-3=1$, 즉 점 $(0, 1)$을 지나므로 오른쪽 그림과 같다.
따라서 주어진 그래프는 제1, 2, 4사분면을 지난다. 답 ③

0722 $y=-3(x+3)^2-1$의 그래프를 x축의 방향으로 -3만큼, y축의 방향으로 4만큼 평행이동한 그래프의 식은

$y=-3(x+3+3)^2-1+4$ $\quad \therefore y=-3(x+6)^2+3$

이 그래프가 점 $(-4, k)$를 지나므로

$k=-3 \times 2^2+3=-9$ 답 -9

0723 꼭짓점의 좌표가 $(2, 0)$이므로 $p=2, q=0$

$y=a(x-2)^2$의 그래프가 점 $(0, 4)$를 지나므로

$4=a\times(-2)^2$, $4a=4$ $\quad \therefore a=1$

$\therefore a+p+q=1+2+0=3$ 답 ③

0724 x축에 대칭인 그래프의 꼭짓점의 좌표는 $(1, -3)$이고 점 $(0, -2)$를 지난다.

$\therefore p=1, q=-3$

$y=a(x-1)^2-3$에 $x=0, y=-2$를 대입하면

$-2=a\times(-1)^2-3$ $\quad \therefore a=1$

$\therefore a+p+q=1+1+(-3)=-1$ 답 -1

0725 $y=-(x-a)^2+b$의 그래프의 꼭짓점 (a, b)가 제2사분면 위에 있으므로

$a<0, b>0$

따라서 일차함수 $y=ax+b$의 그래프는 오른쪽 그림과 같으므로 제3사분면을 지나지 않는다.

답 ③

0726 두 이차함수

$y=-2(x-2)^2+6$,

$y=-2(x+3)^2+6$의 이차항의 계수가 같으므로 두 그래프의 폭은 같다. 즉, 빗금 친 ㉠의 넓이와 ㉡의 넓이는 서로 같으므로 색칠한 부분의 넓이는 □ABCD의 넓이와 같다.

이때 A$(2, 6)$, B$(-3, 6)$이므로

$\overline{AB}=5$, $\overline{BC}=6$

$\therefore \square ABCD=\overline{AB}\times\overline{BC}=5\times6=30$ 답 30

0727 $y=a(x+2)^2-5$의 그래프의 꼭짓점의 좌표는 $(-2, -5)$이므로 이 그래프가 모든 사분면을 지나려면 오른쪽 그림과 같아야 한다.

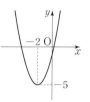

즉, $a>0$, (y축과의 교점의 y좌표)<0이어야 한다.

$y=a(x+2)^2-5$에 $x=0$을 대입하면 $y=4a-5$이므로

$4a-5<0$ $\quad \therefore a<\dfrac{5}{4}$

따라서 $0<a<\dfrac{5}{4}$이므로 조건을 만족시키는 정수 a의 값은 1이다. 답 1

0728 $y=-\dfrac{1}{3}(x-3)^2+5$의 그래프의 꼭짓점의 좌표가 $(3, 5)$이므로

A$(3, 5)$ ··· ❶

$y=-\dfrac{1}{3}(x-3)^2+5$에 $x=0$을 대입하면

$y=-\dfrac{1}{3}\times(-3)^2+5=2$이므로

B$(0, 2)$ ··· ❷

$\therefore \triangle ABO=\dfrac{1}{2}\times2\times3=3$ ··· ❸

답 3

채점 기준	배점
❶ 점 A의 좌표 구하기	40 %
❷ 점 B의 좌표 구하기	40 %
❸ △ABO의 넓이 구하기	20 %

0729 축의 방정식이 $x=-4$이므로

이차함수의 식을 $y=a(x+4)^2+q$로 놓자.

이 그래프가 두 점 $(-2, 2)$, $(-5, -4)$를 지나므로

$2=a(-2+4)^2+q$ $\quad \therefore 4a+q=2$ ······ ㉠

$-4=a(-5+4)^2+q$ $\quad \therefore a+q=-4$ ······ ㉡ ··· ❶

㉠, ㉡을 연립하여 풀면 $a=2, q=-6$ ··· ❷

따라서 $y=2(x+4)^2-6$의 그래프의 꼭짓점의 좌표는 $(-4, -6)$이다. ··· ❸

답 $(-4, -6)$

채점 기준	배점
❶ $y=a(x+4)^2+q$로 놓고 a, q에 대한 연립방정식 세우기	40 %
❷ a, q의 값 각각 구하기	30 %
❸ 꼭짓점의 좌표 구하기	30 %

08 이차함수와 그래프(2)

IV. 이차함수

본문 153, 155쪽

0730 답 2, 2, 1, 1, 1, 2

0731
(1) $y=x^2+8x+2$
$\qquad = (x^2+8x+16-16)+2=(x+4)^2-14$
(2) $y=-x^2+4x+7$
$\qquad = -(x^2-4x+4-4)+7=-(x-2)^2+11$
(3) $y=2x^2-10x+9$
$\qquad = 2\left(x^2-5x+\dfrac{25}{4}-\dfrac{25}{4}\right)+9$
$\qquad = 2\left(x-\dfrac{5}{2}\right)^2-\dfrac{7}{2}$
(4) $y=\dfrac{1}{2}x^2-x+3$
$\qquad = \dfrac{1}{2}(x^2-2x+1-1)+3=\dfrac{1}{2}(x-1)^2+\dfrac{5}{2}$

답 (1) $y=(x+4)^2-14$ (2) $y=-(x-2)^2+11$
(3) $y=2\left(x-\dfrac{5}{2}\right)^2-\dfrac{7}{2}$ (4) $y=\dfrac{1}{2}(x-1)^2+\dfrac{5}{2}$

0732
(1) $y=3x^2-6x-2$
$\qquad = 3(x^2-2x+1-1)-2=3(x-1)^2-5$
(2) $y=-2x^2+12x+10$
$\qquad = -2(x^2-6x+9-9)+10=-2(x-3)^2+28$
(3) $y=-4x^2-4x-2$
$\qquad = -4\left(x^2+x+\dfrac{1}{4}-\dfrac{1}{4}\right)-2=-4\left(x+\dfrac{1}{2}\right)^2-1$
(4) $y=-\dfrac{1}{3}x^2-2x-3$
$\qquad = -\dfrac{1}{3}(x^2+6x+9-9)-3=-\dfrac{1}{3}(x+3)^2$

답 (1) 꼭짓점의 좌표: $(1, -5)$, 축의 방정식: $x=1$
(2) 꼭짓점의 좌표: $(3, 28)$, 축의 방정식: $x=3$
(3) 꼭짓점의 좌표: $\left(-\dfrac{1}{2}, -1\right)$, 축의 방정식: $x=-\dfrac{1}{2}$
(4) 꼭짓점의 좌표: $(-3, 0)$, 축의 방정식: $x=-3$

0733
(1) $y=x^2-3x+2$에 $y=0$을 대입하면
$0=x^2-3x+2$, $(x-1)(x-2)=0$
$\therefore x=1$ 또는 $x=2$
따라서 x축과의 교점의 좌표는 $(1, 0)$, $(2, 0)$이다.
$y=x^2-3x+2$에 $x=0$을 대입하면 $y=2$
따라서 y축과의 교점의 좌표는 $(0, 2)$이다.

(2) $y=-x^2+7x-10$에 $y=0$을 대입하면
$0=-x^2+7x-10$, $x^2-7x+10=0$
$(x-2)(x-5)=0$ $\therefore x=2$ 또는 $x=5$
따라서 x축과의 교점의 좌표는 $(2, 0)$, $(5, 0)$이다.
$y=-x^2+7x-10$에 $x=0$을 대입하면 $y=-10$
따라서 y축과의 교점의 좌표는 $(0, -10)$이다.

(3) $y=\dfrac{1}{4}x^2-x-3$에 $y=0$을 대입하면
$0=\dfrac{1}{4}x^2-x-3$, $x^2-4x-12=0$
$(x+2)(x-6)=0$ $\therefore x=-2$ 또는 $x=6$
따라서 x축과의 교점의 좌표는 $(-2, 0)$, $(6, 0)$이다.
$y=\dfrac{1}{4}x^2-x-3$에 $x=0$을 대입하면 $y=-3$
따라서 y축과의 교점의 좌표는 $(0, -3)$이다.

답 (1) x축: $(1, 0)$, $(2, 0)$, y축: $(0, 2)$
(2) x축: $(2, 0)$, $(5, 0)$, y축: $(0, -10)$
(3) x축: $(-2, 0)$, $(6, 0)$, y축: $(0, -3)$

0734 답 (1) $>$ (2) $<$, $<$ (3) $>$

0735 답 (1) $<$ (2) $>$, $<$ (3) $<$

0736
(1) 이차함수의 식을 $y=a(x-3)^2+1$로 놓으면 이 그래프가 점 $(-1, 5)$를 지나므로 $5=16a+1$ $\therefore a=\dfrac{1}{4}$
$\therefore y=\dfrac{1}{4}(x-3)^2+1$
(2) 이차함수의 식을 $y=a(x-2)^2-1$로 놓으면 이 그래프가 점 $(1, -6)$을 지나므로 $-6=a-1$ $\therefore a=-5$
$\therefore y=-5(x-2)^2-1$

답 (1) $y=\dfrac{1}{4}(x-3)^2+1$ (2) $y=-5(x-2)^2-1$

0737 이차함수의 식을 $y=a(x-2)^2+7$로 놓으면 이 그래프가 점 $(0, 5)$를 지나므로
$5=4a+7$ $\therefore a=-\dfrac{1}{2}$
$\therefore y=-\dfrac{1}{2}(x-2)^2+7$

답 $y=-\dfrac{1}{2}(x-2)^2+7$

0738
(1) 이차함수의 식을 $y=a(x-3)^2+q$로 놓으면 이 그래프가 점 $(2, -6)$을 지나므로 $-6=a+q$ ······ ㉠
또, 점 $(5, 3)$을 지나므로 $3=4a+q$ ······ ㉡
㉠, ㉡을 연립하여 풀면 $a=3$, $q=-9$
$\therefore y=3(x-3)^2-9$
(2) 이차함수의 식을 $y=a(x+1)^2+q$로 놓으면 이 그래프가 점 $(-2, 7)$을 지나므로 $7=a+q$ ······ ㉠
또, 점 $(3, -8)$을 지나므로 $-8=16a+q$ ······ ㉡
㉠, ㉡을 연립하여 풀면 $a=-1$, $q=8$
$\therefore y=-(x+1)^2+8$

답 (1) $y=3(x-3)^2-9$ (2) $y=-(x+1)^2+8$

0739 이차함수의 식을 $y=a(x+2)^2+q$로 놓으면 이 그래프가 점 $(-6, 0)$을 지나므로 $0=16a+q$ ······ ㉠

또, 점 $(0, 9)$를 지나므로 $9=4a+q$ ······ ㉡

㉠, ㉡을 연립하여 풀면 $a=-\dfrac{3}{4}$, $q=12$

$\therefore y=-\dfrac{3}{4}(x+2)^2+12$ 📝 $y=-\dfrac{3}{4}(x+2)^2+12$

0740 (1) 이차함수의 식을 $y=ax^2+bx+5$로 놓으면 이 그래프가 점 $(-1, 0)$을 지나므로

$0=a-b+5$ $\therefore a-b=-5$ ······ ㉠

또, 점 $(1, 8)$을 지나므로

$8=a+b+5$ $\therefore a+b=3$ ······ ㉡

㉠, ㉡을 연립하여 풀면 $a=-1$, $b=4$

$\therefore y=-x^2+4x+5$

(2) 이차함수의 식을 $y=ax^2+bx-3$으로 놓으면 이 그래프가 점 $(3, -3)$을 지나므로

$-3=9a+3b-3$ $\therefore 3a+b=0$ ······ ㉠

또, 점 $(-1, -11)$을 지나므로

$-11=a-b-3$ $\therefore a-b=-8$ ······ ㉡

㉠, ㉡을 연립하여 풀면 $a=-2$, $b=6$

$\therefore y=-2x^2+6x-3$

📝 (1) $y=-x^2+4x+5$ (2) $y=-2x^2+6x-3$

0741 이차함수의 식을 $y=ax^2+bx+6$으로 놓으면 이 그래프가 점 $(1, 12)$를 지나므로

$12=a+b+6$ $\therefore a+b=6$ ······ ㉠

또, 점 $(-4, 2)$를 지나므로

$2=16a-4b+6$ $\therefore 4a-b=-1$ ······ ㉡

㉠, ㉡을 연립하여 풀면 $a=1$, $b=5$

$\therefore y=x^2+5x+6$ 📝 $y=x^2+5x+6$

0742 (1) 이차함수의 식을 $y=a(x-1)(x+5)$로 놓으면 이 그래프가 점 $(3, 8)$을 지나므로 $8=16a$ $\therefore a=\dfrac{1}{2}$

$\therefore y=\dfrac{1}{2}(x-1)(x+5)$

(2) 이차함수의 식을 $y=a(x-2)(x-7)$로 놓으면 이 그래프가 점 $(1, 12)$를 지나므로 $12=6a$ $\therefore a=2$

$\therefore y=2(x-2)(x-7)$

📝 (1) $y=\dfrac{1}{2}(x-1)(x+5)$ (2) $y=2(x-2)(x-7)$

0743 이차함수의 식을 $y=a(x+1)(x-3)$으로 놓으면 이 그래프가 점 $(0, -6)$을 지나므로

$-6=-3a$ $\therefore a=2$

$\therefore y=2(x+1)(x-3)$ 📝 $y=2(x+1)(x-3)$

0744 (1) $y=-x^2+2x+3$

$=-(x^2-2x+1-1)+3$

$=-(x-1)^2+4$

이 이차함수의 그래프의 꼭짓점의 좌표는 $(1, 4)$이므로
C$(1, 4)$

(2) x축과의 교점의 x좌표는 $y=0$을 대입하면

$0=-x^2+2x+3$에서 $x^2-2x-3=0$

$(x+1)(x-3)=0$ $\therefore x=-1$ 또는 $x=3$

$\therefore$ A$(-1, 0)$, B$(3, 0)$

(3) $\triangle$ABC$=\dfrac{1}{2}\times 4\times 4=8$

📝 (1) C$(1, 4)$ (2) A$(-1, 0)$, B$(3, 0)$ (3) 8

B step **기출 & 변형하면···** 본문 156~165쪽

0745 $y=3x^2-6x+5=3(x-1)^2+2$

따라서 $a=3$, $p=1$, $q=2$이므로 $apq=3\times 1\times 2=6$ 📝 6

0746 ① $y=-2x^2+6x=-2\left(x-\dfrac{3}{2}\right)^2+\dfrac{9}{2}$

② $y=-x^2+2x-2=-(x-1)^2-1$

③ $y=x^2-2x-3=(x-1)^2-4$

④ $y=\dfrac{1}{2}x^2-x-\dfrac{1}{2}=\dfrac{1}{2}(x-1)^2-1$

⑤ $y=-\dfrac{2}{3}x^2+6x-1=-\dfrac{2}{3}\left(x-\dfrac{9}{2}\right)^2+\dfrac{25}{2}$ 📝 ③

0747 $y=2x^2-2x+5=2\left(x-\dfrac{1}{2}\right)^2+\dfrac{9}{2}$

이 그래프의 꼭짓점의 좌표는 $\left(\dfrac{1}{2}, \dfrac{9}{2}\right)$이므로

$p=\dfrac{1}{2}$, $q=\dfrac{9}{2}$ $\therefore p+q=\dfrac{1}{2}+\dfrac{9}{2}=5$ 📝 5

0748 ① $y=\dfrac{1}{3}(x-9)^2-17 \Rightarrow (9, -17)$: 제4사분면

② $y=(x-1)^2+3 \Rightarrow (1, 3)$: 제1사분면

③ $y=\left(x+\dfrac{3}{2}\right)^2-\dfrac{5}{4} \Rightarrow \left(-\dfrac{3}{2}, -\dfrac{5}{4}\right)$: 제3사분면

④ $y=\dfrac{1}{2}(x-4)^2-5 \Rightarrow (4, -5)$: 제4사분면

⑤ $y=-2(x+1)^2+3 \Rightarrow (-1, 3)$: 제2사분면

따라서 꼭짓점이 제2사분면에 있는 것은 ⑤이다.   📝 ⑤

0749 $y=3x^2-kx+11$의 그래프가 점 $(-3, 2)$를 지나므로

$2=27+3k+11$, $3k=-36$ $\therefore k=-12$

따라서 $y=3x^2+12x+11=3(x+2)^2-1$이므로 이 그래프의 꼭짓점의 좌표는 $(-2, -1)$이다.   📝 $(-2, -1)$

0750 $y=-2x^2+2mx-10$

$=-2\left(x^2-mx+\dfrac{m^2}{4}-\dfrac{m^2}{4}\right)-10$

$=-2\left(x-\dfrac{m}{2}\right)^2+\dfrac{m^2}{2}-10$

이 그래프의 꼭짓점의 좌표는 $\left(\dfrac{m}{2},\ \dfrac{m^2}{2}-10\right)$이고 축의 방정식은 $x=\dfrac{m}{2}$이므로 $\dfrac{m}{2}=2$ $\therefore m=4$

따라서 이 그래프의 꼭짓점의 y좌표는

$\dfrac{m^2}{2}-10=8-10=-2$ 답 ②

0751 $y=-x^2+4x-10=-(x-2)^2-6$
이므로 이 그래프의 꼭짓점의 좌표는 $(2,\ -6)$
$y=x^2-2px+q=(x-p)^2-p^2+q$
이므로 이 그래프의 꼭짓점의 좌표는 $(p,\ -p^2+q)$
두 그래프의 꼭짓점이 일치하므로 $p=2$
$-p^2+q=-6$에서 $-4+q=-6$ $\therefore q=-2$
$\therefore p+q=2+(-2)=0$ 답 ③

0752 $y=-x^2+2x+k=-(x-1)^2+k+1$
이므로 이 그래프의 꼭짓점의 좌표는 $(1,\ k+1)$ ⋯ ❶
이때 꼭짓점이 직선 $y=x+1$ 위에 있으므로
$k+1=2$ $\therefore k=1$ ⋯ ❷
답 1

채점 기준	배점
❶ 꼭짓점의 좌표를 k를 사용하여 나타내기	50 %
❷ k의 값 구하기	50 %

0753 $y=3x^2-8x+4$에 $y=0$을 대입하면
$3x^2-8x+4=0$, $(3x-2)(x-2)=0$
$\therefore x=\dfrac{2}{3}$ 또는 $x=2$
$y=3x^2-8x+4$에 $x=0$을 대입하면 $y=4$
따라서 $p=\dfrac{2}{3}$, $q=2$, $r=4$ 또는 $p=2$, $q=\dfrac{2}{3}$, $r=4$이므로
$p+q+r=\dfrac{2}{3}+2+4=\dfrac{20}{3}$ 답 $\dfrac{20}{3}$

0754 $y=-x^2-4x+5$에 $y=0$을 대입하면
$-x^2-4x+5=0$, $x^2+4x-5=0$
$(x+5)(x-1)=0$ $\therefore x=-5$ 또는 $x=1$
따라서 그래프가 x축과 만나는 점의 좌표가 $(-5,\ 0)$, $(1,\ 0)$
이므로 $\overline{\mathrm{AB}}=1-(-5)=6$ 답 6

0755 $y=-2x^2-3x+k$의 그래프가 점 $(-2,\ -6)$을 지나므로 $-6=-8+6+k$ $\therefore k=-4$
즉, $y=-2x^2-3x-4$에 $x=0$을 대입하면 $y=-4$
따라서 그래프가 y축과 만나는 점의 좌표는 $(0,\ -4)$이다.
답 $(0,\ -4)$

0756 $y=-\dfrac{1}{2}x^2+\dfrac{1}{2}x+k=-\dfrac{1}{2}\left(x^2-x+\dfrac{1}{4}-\dfrac{1}{4}\right)+k$
$=-\dfrac{1}{2}\left(x-\dfrac{1}{2}\right)^2+k+\dfrac{1}{8}$

이 그래프의 축의 방정식이 $x=\dfrac{1}{2}$이고 $\overline{\mathrm{AB}}=5$이므로 두 점
A, B와 축 사이의 거리가 각각 $\dfrac{5}{2}$이다.
$\therefore \mathrm{A}(-2,\ 0)$, $\mathrm{B}(3,\ 0)$
이때 이차함수 $y=-\dfrac{1}{2}x^2+\dfrac{1}{2}x+k$의 그래프가
점 $\mathrm{A}(-2,\ 0)$을 지나므로
$0=-2-1+k$ $\therefore k=3$ 답 ③

0757 $y=-\dfrac{5}{4}x^2-5x+1=-\dfrac{5}{4}(x+2)^2+6$
이므로 꼭짓점의 좌표가 $(-2,\ 6)$이고 위로 볼록하다.
또, y축과 만나는 점의 좌표가 $(0,\ 1)$이므로 그래프는 ④와 같다.
답 ④

0758 $y=-3x^2-6x-2=-3(x+1)^2+1$
이므로 꼭짓점의 좌표는 $(-1,\ 1)$이고 위로 볼록하다. 또, y축과 만나는 점의 좌표는 $(0,\ -2)$이므로 그래프는 오른쪽 그림과 같다. 따라서 그래프가 지나지 않는 사분면은 제1 사분면이다. 답 ①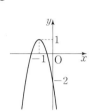

0759 ① $y=-3x^2-3x-3=-3\left(x+\dfrac{1}{2}\right)^2-\dfrac{9}{4}$
따라서 x축과 만나지 않는다.
② $y=-\dfrac{3}{2}x^2+2x=-\dfrac{3}{2}\left(x-\dfrac{2}{3}\right)^2+\dfrac{2}{3}$
따라서 x축과 서로 다른 두 점에서 만난다.
③ $y=\dfrac{1}{4}x^2-5x+25=\dfrac{1}{4}(x-10)^2$
따라서 x축과 한 점에서 만난다.
④ $y=x^2+6x+10=(x+3)^2+1$
따라서 x축과 만나지 않는다.
⑤ $y=4x^2+2x-1=4\left(x+\dfrac{1}{4}\right)^2-\dfrac{5}{4}$
따라서 x축과 서로 다른 두 점에서 만난다. 답 ②, ⑤

0760 그래프가 x축과 한 점에서 만나려면 꼭짓점의 y좌표가 0이어야 한다.
① $y=-x^2-4x+4=-(x+2)^2+8$
② $y=\dfrac{1}{3}x^2+2x-2=\dfrac{1}{3}(x+3)^2-5$
③ $y=x^2+x=\left(x+\dfrac{1}{2}\right)^2-\dfrac{1}{4}$
④ $y=x^2+\dfrac{1}{2}x+\dfrac{1}{4}=\left(x+\dfrac{1}{4}\right)^2+\dfrac{3}{16}$
⑤ $y=9x^2-6x+1=9\left(x-\dfrac{1}{3}\right)^2$ 답 ⑤

0761 $y=-\dfrac{1}{2}x^2+x+3k=-\dfrac{1}{2}(x-1)^2+\dfrac{1}{2}+3k$

꼭짓점의 좌표가 $\left(1, \dfrac{1}{2}+3k\right)$이고 그래프가 위로 볼록하므로
이 그래프가 x축과 서로 다른 두 점에서 만나려면
$$\dfrac{1}{2}+3k>0 \qquad \therefore k>-\dfrac{1}{6} \qquad \text{❸ } k>-\dfrac{1}{6}$$

0762 그래프가 y축과 만나는 점의 y좌표가 -3이므로
$b=-3$
$$\begin{aligned}\therefore y&=-3x^2+ax-3=-3\left(x^2-\dfrac{a}{3}x+\dfrac{a^2}{36}-\dfrac{a^2}{36}\right)-3\\&=-3\left(x-\dfrac{a}{6}\right)^2+\dfrac{a^2}{12}-3\end{aligned}$$
그래프가 x축과 한 점에서 만나려면 꼭짓점의 y좌표가 0이어야
하므로 $\dfrac{a^2}{12}-3=0,\ a^2=36 \qquad \therefore a=6\ (\because a>0)$
$$\therefore a-b=6-(-3)=9 \qquad \text{❸ ⑤}$$

0763 $y=-x^2+8x-6=-(x-4)^2+10$
이므로 그래프는 오른쪽 그림과 같다.
따라서 x의 값이 증가할 때 y의 값도 증가하
는 x의 값의 범위는 $x<4$이다.
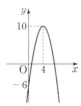
$$\text{❸ ④}$$

0764 $y=2x^2+2x-3=2\left(x+\dfrac{1}{2}\right)^2-\dfrac{7}{2}$
이므로 그래프는 오른쪽 그림과 같다.
따라서 x의 값이 증가할 때 y의 값은 감소하
는 x의 값의 범위는 $x<-\dfrac{1}{2}$이다.
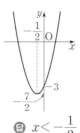
$$\text{❸ } x<-\dfrac{1}{2}$$

0765 $y=-\dfrac{1}{2}x^2-kx-2$의 그래프가 점 $(2,-2)$를 지나므로
$-2=-2-2k-2,\ 2k=-2 \qquad \therefore k=-1 \qquad \text{… ❶}$
$y=-\dfrac{1}{2}x^2+x-2=-\dfrac{1}{2}(x-1)^2-\dfrac{3}{2}$
이므로 그래프는 오른쪽 그림과 같다.
따라서 x의 값이 증가할 때 y의 값은 감소하는
x의 값의 범위는 $x>1$이다. $\qquad \text{… ❷}$

$$\text{❸ } x>1$$

채점 기준	배점
❶ k의 값 구하기	40 %
❷ x의 값의 범위 구하기	60 %

0766 $\begin{aligned}y&=-\dfrac{1}{4}x^2+\dfrac{1}{2}mx+2m-1\\&=-\dfrac{1}{4}(x-m)^2+\dfrac{m^2}{4}+2m-1\end{aligned}$
이고 축의 방정식이 $x=1$이므로 $m=1$
따라서 $\dfrac{m^2}{4}+2m-1=\dfrac{5}{4}$이므로 꼭짓점의 좌표는
$\left(1,\dfrac{5}{4}\right) \qquad \text{❸ }\left(1,\dfrac{5}{4}\right)$

0767 $y=2x^2-8x+1=2(x-2)^2-7$
이 그래프를 x축의 방향으로 a만큼, y축의 방향으로 b만큼 평
행이동한 그래프의 식은 $y=2(x-a-2)^2-7+b$
이때 $y=2x^2+12x-2=2(x+3)^2-20$이고 두 그래프가 일
치하므로 $-a-2=3,\ -7+b=-20$
따라서 $a=-5,\ b=-13$이므로
$$ab=-5\times(-13)=65 \qquad \text{❸ ③}$$

0768 $y=-x^2+x+1=-\left(x-\dfrac{1}{2}\right)^2+\dfrac{5}{4}$
이 그래프는 $y=-x^2$의 그래프를 x축의 방향으로 $\dfrac{1}{2}$만큼, y축
의 방향으로 $\dfrac{5}{4}$만큼 평행이동한 것이므로
$a=-1,\ b=\dfrac{1}{2},\ c=\dfrac{5}{4}$
$$\begin{aligned}\therefore a+2b+4c&=-1+2\times\dfrac{1}{2}+4\times\dfrac{5}{4}\\&=-1+1+5=5 \qquad \text{❸ 5}\end{aligned}$$

0769 $y=-4x^2+8x-1=-4(x-1)^2+3$
이 그래프를 x축의 방향으로 -3만큼 평행이동한 그래프의 식
은 $y=-4(x+2)^2+3 \qquad \text{… ❶}$
이 그래프가 점 $(-2,k)$를 지나므로
$k=-4(-2+2)^2+3=3 \qquad \text{… ❷}$
$$\text{❸ 3}$$

채점 기준	배점
❶ 평행이동한 그래프의 식 구하기	60 %
❷ k의 값 구하기	40 %

0770 $y=4x^2-8x+5=4(x-1)^2+1$
이 그래프를 x축의 방향으로 a만큼, y축의 방향으로 3만큼 평
행이동한 그래프의 식은
$y=4(x-a-1)^2+1+3=4(x-a-1)^2+4$
이 그래프의 꼭짓점의 좌표가 $(2,b)$이므로
$a+1=2$에서 $a=1,\ b=4$
$$\therefore a+b=1+4=5 \qquad \text{❸ 5}$$

0771 $y=-x^2-8x-7=-(x+4)^2+9$
⑤ $y=-x^2$의 그래프를 x축의 방향으로 -4만큼, y축의 방향
으로 9만큼 평행이동한 그래프이다. $\qquad \text{❸ ⑤}$

0772 $y=\dfrac{1}{2}x^2-x+\dfrac{7}{2}=\dfrac{1}{2}(x-1)^2+3$
이 그래프를 x축의 방향으로 1만큼, y축의 방향으로 -2만큼
평행이동한 그래프의 식은 $y=\dfrac{1}{2}(x-2)^2+1$
이므로 그래프는 오른쪽 그림과 같다.

ㄷ. $x<2$일 때, x의 값이 증가하면 y의 값은
감소한다.
ㄹ. 그래프는 제3, 4사분면을 지나지 않는다.
따라서 옳은 것은 ㄱ, ㄴ이다. $\qquad \text{❸ ①}$

0773 그래프가 위로 볼록하므로 $a<0$
축이 y축의 오른쪽에 있으므로 $ab<0$
이때 $a<0$이므로 $b>0$
y축의 교점이 x축의 아래쪽에 있으므로 $c<0$ 🖹 ⑤

0774 그래프가 아래로 볼록하므로 $a>0$
축이 y축의 오른쪽에 있으므로 $ab<0$
이때 $a>0$이므로 $b<0$
y축의 교점이 x축의 아래쪽에 있으므로 $c<0$
② $b<0$, $c<0$이므로 $bc>0$
③ $a>0$, $c<0$이므로 $a-c>0$
④ $b<0$, $c<0$이므로 $b+c<0$
⑤ $a>0$, $b<0$, $c<0$이므로 $abc>0$ 🖹 ⑤

0775 $c<0$이므로 그래프가 위로 볼록하고
$bc<0$이므로 축은 y축의 오른쪽에 있다.
또, $a<0$이므로 y축의 교점은 x축의 아래쪽에 있다.   🖹 ③

0776 $a<0$이므로 그래프는 위로 볼록하고
$ab>0$이므로 축은 y축의 왼쪽에 있다.
$-c>0$이므로 y축의 교점은 x축의 위쪽에 있다.
따라서 그래프는 오른쪽 그림과 같으므로 꼭짓점은 제2사분면에 있다.

🖹 제2사분면

0777 그래프가 아래로 볼록하므로 $a>0$
축이 y축의 왼쪽에 있으므로 $ab>0$
이때 $a>0$이므로 $b>0$
y축의 교점이 x축의 아래쪽에 있으므로 $-c<0$, 즉 $c>0$
$y=cx^2+bx$에서
$c>0$이므로 그래프가 아래로 볼록하다.
$bc>0$이므로 축은 y축의 왼쪽에 있다.
상수항이 0이므로 y축의 교점은 원점이다.
따라서 그래프는 오른쪽 그림과 같으므로 그래프가 지나지 않는 사분면은 제4사분면이다.   🖹 ④

0778 그래프가 아래로 볼록하므로 $a>0$
축이 y축의 왼쪽에 있으므로 $ab>0$
이때 $a>0$이므로 $b>0$
y축의 교점이 x축의 아래쪽에 있으므로 $c<0$
$\therefore ab>0$, $ac<0$
따라서 일차함수 $y=abx+ac$의 그래프는 오른쪽 그림과 같이 제2사분면을 지나지 않는다.

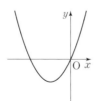

🖹 제2사분면

0779 이차함수의 식을 $y=a(x-1)^2-6$으로 놓으면 이 그래프가 점 $(0,3)$을 지나므로 $3=a-6$ $\therefore a=9$
$\therefore y=9(x-1)^2-6=9x^2-18x+3$
따라서 $a=9$, $b=-18$, $c=3$이므로
$a-b+c=9-(-18)+3=30$ 🖹 30

0780 이차함수의 식을 $y=a(x+6)^2+2$로 놓으면 이 그래프가 점 $(-3,8)$을 지나므로 $8=9a+2$ $\therefore a=\dfrac{2}{3}$
$\therefore y=\dfrac{2}{3}(x+6)^2+2=\dfrac{2}{3}x^2+8x+26$ 🖹 ⑤

0781 꼭짓점의 좌표가 $(3,-2)$이므로 이차함수의 식을 $y=a(x-3)^2-2$로 놓자.
이 그래프가 점 $(0,1)$을 지나므로 $1=9a-2$ $\therefore a=\dfrac{1}{3}$
$\therefore y=\dfrac{1}{3}(x-3)^2-2=\dfrac{1}{3}x^2-2x+1$ 🖹 ①

0782 꼭짓점의 좌표가 $(0,4)$이므로 이차함수의 식을 $y=ax^2+4$로 놓자.
이 그래프가 점 $(3,0)$을 지나므로 $0=9a+4$ $\therefore a=-\dfrac{4}{9}$
따라서 이차함수 $y=-\dfrac{4}{9}x^2+4$의 그래프가 점 $(6,k)$를 지나므로 $k=-16+4=-12$ 🖹 -12

0783 이차함수의 식을 $y=a(x+4)^2+q$로 놓으면 이 그래프가 두 점 $(-2,3)$, $(0,-9)$를 지나므로
$3=4a+q$, $-9=16a+q$
두 식을 연립하여 풀면 $a=-1$, $q=7$
$\therefore y=-(x+4)^2+7=-x^2-8x-9$ 🖹 ③

0784 이차함수의 식을 $y=a\left(x+\dfrac{1}{2}\right)^2+q$로 놓으면 이 그래프가 두 점 $(-1,5)$, $(1,13)$을 지나므로
$5=\dfrac{1}{4}a+q$, $13=\dfrac{9}{4}a+q$
두 식을 연립하여 풀면 $a=4$, $q=4$
따라서 $y=4\left(x+\dfrac{1}{2}\right)^2+4=4x^2+4x+5$이므로 $b=4$, $c=5$
$\therefore a+b-c=4+4-5=3$ 🖹 3

0785 이차함수의 식을 $y=a(x-4)^2+q$로 놓으면 이 그래프가 두 점 $(1,-5)$, $(3,3)$을 지나므로
$-5=9a+q$, $3=a+q$
두 식을 연립하여 풀면 $a=-1$, $q=4$
$\therefore y=-(x-4)^2+4=-x^2+8x-12$ … ❶
이 식에 $y=0$을 대입하면
$0=-x^2+8x-12$, $x^2-8x+12=0$
$(x-2)(x-6)=0$ $\therefore x=2$ 또는 $x=6$ … ❷
따라서 x축과 만나는 두 점의 x좌표는 2, 6이므로
$\overline{AB}=6-2=4$ … ❸
🖹 4

채점 기준	배점
❶ 이차함수의 식 구하기	40 %
❷ 그래프가 x축과 만나는 두 점의 x좌표 구하기	40 %
❸ $\overline{AB}$의 길이 구하기	20 %

0786 꼭짓점이 x축 위에 있고 축의 방정식이 $x=1$이므로 이차함수의 식을 $y=a(x-1)^2$으로 놓자.

이 그래프가 점 $(0, -4)$를 지나므로 $a=-4$

따라서 $y=-4(x-1)^2=-4x^2+8x-4$이므로

$b=8, c=-4$

$\therefore a+b-c=-4+8-(-4)=8$ 　　　　　　🔑 8

0787 이차함수의 식을 $y=ax^2+bx-3$으로 놓으면 이 그래프가 점 $(-1, 3)$을 지나므로

$3=a-b-3$ 　　$\therefore a-b=6$ 　　……㉠

또, 점 $(4, 13)$을 지나므로

$13=16a+4b-3$ 　　$\therefore 4a+b=4$ 　　……㉡

㉠, ㉡을 연립하여 풀면 $a=2, b=-4$

$\therefore y=2x^2-4x-3$ 　　　　　　🔑 ⑤

0788 이차함수의 식을 $y=ax^2+bx+3$으로 놓으면 이 그래프가 점 $(-4, 3)$을 지나므로

$3=16a-4b+3$ 　　$\therefore 4a-b=0$ 　　……㉠

또, 점 $(2, 0)$을 지나므로

$0=4a+2b+3$ 　　$\therefore 4a+2b=-3$ 　　……㉡

㉠, ㉡을 연립하여 풀면 $a=-\dfrac{1}{4}, b=-1$

$\therefore y=-\dfrac{1}{4}x^2-x+3=-\dfrac{1}{4}(x+2)^2+4$

따라서 꼭짓점의 좌표는 $(-2, 4)$이다. 　　🔑 $(-2, 4)$

0789 이차함수의 식을 $y=ax^2+bx+3$으로 놓으면 이 그래프가 점 $(-2, -5)$를 지나므로

$-5=4a-2b+3$ 　　$\therefore 2a-b=-4$ 　　……㉠

또, 점 $(2, 3)$을 지나므로

$3=4a+2b+3$ 　　$\therefore 2a+b=0$ 　　……㉡

㉠, ㉡을 연립하여 풀면 $a=-1, b=2$

$\therefore y=-x^2+2x+3$

이 그래프가 점 $(4, k)$를 지나므로

$k=-16+8+3=-5$ 　　　　　　🔑 -5

0790 이차함수 $y=ax^2+bx+c$의 그래프가 점 $(0, 2)$를 지나므로 $c=2$

즉, $y=ax^2+bx+2$의 그래프가 두 점 $(1, 3)$, $(-1, 5)$를 지나므로

$3=a+b+2$ 　　$\therefore a+b=1$ 　　……㉠

$5=a-b+2$ 　　$\therefore a-b=3$ 　　……㉡

㉠, ㉡을 연립하여 풀면 $a=2, b=-1$

$y=bx^2+ax+c$에 $a=2, b=-1, c=2$를 대입하면

$y=-x^2+2x+2=-(x-1)^2+3$

따라서 구하는 꼭짓점의 좌표는 $(1, 3)$이다. 　🔑 $(1, 3)$

0791 이차함수의 식을 $y=a(x+4)(x-2)$로 놓으면 이 그래프가 점 $(0, -4)$를 지나므로 $-4=-8a$ 　$\therefore a=\dfrac{1}{2}$

$\therefore y=\dfrac{1}{2}(x+4)(x-2)=\dfrac{1}{2}x^2+x-4$

따라서 $a=\dfrac{1}{2}, b=1, c=-4$이므로

$a+b+c=\dfrac{1}{2}+1+(-4)=-\dfrac{5}{2}$ 　　🔑 $-\dfrac{5}{2}$

0792 이차함수의 식을 $y=a(x+5)(x-3)$으로 놓으면 이 그래프가 점 $(0, 5)$를 지나므로 $5=-15a$ 　$\therefore a=-\dfrac{1}{3}$

$\therefore y=-\dfrac{1}{3}(x+5)(x-3)=-\dfrac{1}{3}x^2-\dfrac{2}{3}x+5$ 　…❶

이때 $y=-\dfrac{1}{3}x^2-\dfrac{2}{3}x+5=-\dfrac{1}{3}(x+1)^2+\dfrac{16}{3}$이므로

이 그래프의 꼭짓점의 좌표는 $\left(-1, \dfrac{16}{3}\right)$이다. 　…❷

🔑 $\left(-1, \dfrac{16}{3}\right)$

채점 기준	배점
❶ 이차함수의 식 구하기	50 %
❷ 꼭짓점의 좌표 구하기	50 %

0793 이차함수의 식을 $y=a(x+3)(x-2)$로 놓으면 이차함수 $y=-2x^2$의 그래프와 모양이 같으므로 $a=-2$

$\therefore y=-2(x+3)(x-2)=-2x^2-2x+12$ 　🔑 ②

0794 $y=-x^2$의 그래프를 평행이동한 그래프가 x축과 두 점 $(-1, 0)$, $(4, 0)$에서 만나므로 이차함수의 식은

$y=-(x+1)(x-4)=-x^2+3x+4$

따라서 $x=0$일 때 $y=4$이므로 이 그래프가 y축과 만나는 점의 y좌표는 4이다. 　　　　　　🔑 4

0795 $y=-2x^2+8x+10$에 $x=0$을 대입하면

$y=10$ 　　$\therefore A(0, 10)$

$y=-2x^2+8x+10$에 $y=0$을 대입하면

$0=-2x^2+8x+10, x^2-4x-5=0$

$(x+1)(x-5)=0$ 　　$\therefore x=-1$ 또는 $x=5$

따라서 $B(-1, 0)$, $C(5, 0)$이므로 $\overline{BC}=6$

$\therefore \triangle ABC=\dfrac{1}{2}\times6\times10=30$ 　　🔑 ②

0796 $y=2x^2-12x+10=2(x-3)^2-8$ 　$\therefore C(3, -8)$

$y=2x^2-12x+10$에 $y=0$을 대입하면

$0=2x^2-12x+10, x^2-6x+5=0$

$(x-1)(x-5)=0$ ∴ $x=1$ 또는 $x=5$
따라서 A$(1, 0)$, B$(5, 0)$이므로 $\overline{AB}=4$
∴ $\triangle ABC=\dfrac{1}{2}\times 4\times 8=16$ 📋 ①

0797 $y=\dfrac{1}{2}x^2-2x-4$에 $x=0$을 대입하면
$y=-4$ ∴ A$(0, -4)$
$y=\dfrac{1}{2}x^2-2x-4=\dfrac{1}{2}(x-2)^2-6$ ∴ B$(2, -6)$
따라서 $\overline{OA}=4$이므로 $\triangle OAB=\dfrac{1}{2}\times 4\times 2=4$ 📋 4

0798 $y=-x^2+4x-3$에 $y=0$을 대입하면
$0=-x^2+4x-3$, $x^2-4x+3=0$
$(x-1)(x-3)=0$ ∴ $x=1$ 또는 $x=3$
∴ A$(1, 0)$, B$(3, 0)$
$y=-x^2+4x-3$에 $x=0$을 대입하면 $y=-3$
∴ C$(0, -3)$
점 C를 지나고 y축에 수직인 직선이 이 그래프와 만나는 다른 한 점의 y좌표는 -3이므로 $y=-3$을 대입하면
$-3=-x^2+4x-3$, $x^2-4x=0$
$x(x-4)=0$ ∴ $x=0$ 또는 $x=4$ ∴ D$(4, -3)$
따라서 $\overline{AB}=2$, $\overline{CD}=4$이므로 사다리꼴 ACDB의 넓이는
$\dfrac{1}{2}\times(2+4)\times 3=9$ 📋 ⑤

C step 실력 완성! 🌱 본문 166 ~ 168쪽

0799 $y=-3x^2-12x+8=-3(x+2)^2+20$
이 그래프의 꼭짓점의 좌표는 $(-2, 20)$이고, 축의 방정식은 $x=-2$이므로 $p=-2$, $q=20$, $r=-2$
∴ $p+q+r=-2+20+(-2)=16$ 📋 ④

0800 $y=x^2-4x+k=(x-2)^2-4+k$
이므로 축의 방정식은 $x=2$
그래프의 축과 두 점 A, B 사이의 거리는 각각
$\dfrac{1}{2}\overline{AB}=\dfrac{6}{2}=3$이므로
A$(-1, 0)$, B$(5, 0)$ 또는 A$(5, 0)$, B$(-1, 0)$
$y=x^2-4x+k$에 $x=-1$, $y=0$을 대입하면
$0=1+4+k$ ∴ $k=-5$ 📋 ②

0801 $y=2x^2-4x-1=2(x-1)^2-3$
이므로 꼭짓점의 좌표가 $(1, -3)$이고 아래로 볼록하다.
또, y축의 교점의 좌표가 $(0, -1)$이므로 그래프는 ②와 같다. 📋 ②

0802 $y=-2x^2-12x+a=-2(x+3)^2+a+18$
그래프가 x축에 접하려면 꼭짓점의 y좌표가 0이어야 하므로
$a+18=0$ ∴ $a=-18$ 📋 -18

0803 $y=\dfrac{3}{4}x^2+2kx+2$의 그래프가 점 $(-2, 3)$을 지나므로
$3=3-4k+2$, $4k=2$ ∴ $k=\dfrac{1}{2}$
$y=\dfrac{3}{4}x^2+x+2=\dfrac{3}{4}\left(x+\dfrac{2}{3}\right)^2+\dfrac{5}{3}$
이므로 그래프는 오른쪽 그림과 같다.
따라서 x의 값이 증가할 때 y의 값도 증가하는 x의 값의 범위는 $x>-\dfrac{2}{3}$이다. 📋 $x>-\dfrac{2}{3}$

0804 $y=x^2-4x+1=(x-2)^2-3$
이 그래프는 $y=x^2$의 그래프를 x축의 방향으로 2만큼, y축의 방향으로 -3만큼 평행이동한 것이므로
$a=2$, $b=-3$ ∴ $a+b=2+(-3)=-1$ 📋 -1

0805 $y=a(x+3)^2$의 그래프를 y축의 방향으로 -2만큼 평행이동하면 $y=a(x+3)^2-2$
① 축의 방정식은 $x=-3$으로 변하지 않는다.
② 꼭짓점의 좌표는 $(-3, 0)$에서 $(-3, -2)$로 변한다.
③ $y=\dfrac{2}{9}(x+3)^2-2$에 $x=0$, $y=-2$를 대입하면
$-2\neq\dfrac{2}{9}\times 3^2-2$이므로 점 $(0, -2)$를 지나지 않는다.
④ $a>0$일 때, 그래프는 $x>-3$인 범위에서 x의 값이 증가하면 y의 값도 증가한다.
⑤ $a<0$일 때, 그래프는 제1사분면과 제2사분면을 지나지 않는다.
따라서 옳은 것은 ④이다. 📋 ④

0806 $y=ax^2+bx+c$의 그래프에서 $a>0$, $b<0$, $c<0$
$y=cax^2+abx+bc$에서 $ca<0$이므로 그래프가 위로 볼록하다.
$ab<0$이고 ca와 ab의 부호가 같으므로 축은 y축의 왼쪽에 있다.
$bc>0$이므로 y축의 교점은 x축의 위쪽에 있다.
따라서 $y=cax^2+abx+bc$의 그래프로 알맞은 것은 ②이다. 📋 ②

0807 이차함수의 식을 $y=a(x-2)^2+7$로 놓으면 이 그래프가 점 $(4, -1)$을 지나므로 $-1=4a+7$ ∴ $a=-2$
∴ $y=-2(x-2)^2+7=-2x^2+8x-1$ 📋 ②

0808 이차함수의 식을 $y=a(x+2)^2+q$로 놓으면 이 그래프가 두 점 $(-4, -1), (-3, 2)$를 지나므로

$-1=4a+q, 2=a+q$

두 식을 연립하여 풀면 $a=-1, q=3$

따라서 $y=-(x+2)^2+3=-x^2-4x-1$이므로

$a=-1, b=-4, c=-1$

$\therefore ab+c=4+(-1)=3$ 🅐 ③

0809 이차함수의 식을 $y=ax^2+bx-2$로 놓으면 이 그래프가 점 $(-2, 6)$을 지나므로

$6=4a-2b-2$ $\therefore 2a-b=4$ …… ㉠

또, 점 $(3, 1)$을 지나므로

$1=9a+3b-2$ $\therefore 3a+b=1$ …… ㉡

㉠, ㉡을 연립하여 풀면 $a=1, b=-2$

따라서 $y=x^2-2x-2$이므로 이 식에 $y=0$을 대입하면

$0=x^2-2x-2$ $\therefore x=1\pm\sqrt{3}$

따라서 x축의 두 교점의 좌표는

$(1+\sqrt{3}, 0), (1-\sqrt{3}, 0)$이므로

$\overline{AB}=1+\sqrt{3}-(1-\sqrt{3})=2\sqrt{3}$ 🅐 ③

0810 이차함수의 식을 $y=a(x+3)(x-5)$로 놓으면 이 그래프가 점 $(0, 10)$을 지나므로 $10=-15a$ $\therefore a=-\dfrac{2}{3}$

$\therefore y=-\dfrac{2}{3}(x+3)(x-5)=-\dfrac{2}{3}x^2+\dfrac{4}{3}x+10$

이때 $y=-\dfrac{2}{3}x^2+\dfrac{4}{3}x+10=-\dfrac{2}{3}(x-1)^2+\dfrac{32}{3}$이므로

이 그래프의 꼭짓점의 y좌표는 $\dfrac{32}{3}$이다.   🅐 $\dfrac{32}{3}$

0811 $y=kx^2+6kx+9k+10=k(x+3)^2+10$

이므로 꼭짓점의 좌표는 $(-3, 10)$이다.

이 그래프가 모든 사분면을 지나려면 오른쪽 그림과 같이 위로 볼록하면서 y축의 교점이 x축의 위쪽에 있어야 한다.

즉, $k<0$이고 $9k+10>0$이어야 하므로

$-\dfrac{10}{9}<k<0$

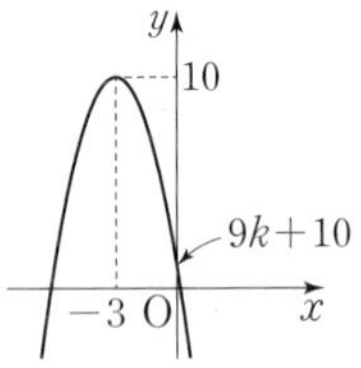

따라서 조건을 만족시키는 정수 k의 값은 -1이다.   🅐 -1

0812 $y=x^2-2x-3=(x-1)^2-4$이므로 $B(1, -4)$

$y=x^2-12x+32=(x-6)^2-4$이므로 $C(6, -4)$

즉, $y=x^2-12x+32$의 그래프는 $y=x^2-2x-3$의 그래프를 x축의 방향으로 5만큼 평행이동한 것이므로 □ABCD는 평행사변형이다.

$\therefore$ □$ABCD=5\times 4=20$ 🅐 20

0813 $y=\dfrac{1}{2}x^2-6x+k+18=\dfrac{1}{2}(x-6)^2+k$의 그래프의 꼭짓점의 좌표는 $(6, k)$이다.

또, $y=-(x-2)^2+3k-6$의 그래프의 꼭짓점의 좌표는 $(2, 3k-6)$이다.   ❶

두 그래프의 꼭짓점을 지나는 직선이 x축에 평행하므로 두 꼭짓점의 y좌표는 같다.   ❷

즉, $k=3k-6$이므로 $k=3$ ❸

🅐 3

채점 기준	배점
❶ 두 그래프의 꼭짓점의 좌표를 각각 k를 사용하여 나타내기	50 %
❷ 두 꼭짓점의 y좌표가 같음을 알기	30 %
❸ k의 값 구하기	20 %

0814 두 그래프가 x축 위에서 만나므로

$y=x^2-9$에 $y=0$을 대입하면

$0=x^2-9, x^2=9$ $\therefore x=\pm 3$

따라서 $A(-3, 0), B(3, 0)$이므로 $\overline{AB}=6$ ❶

$y=x^2-9$의 그래프의 꼭짓점의 좌표는 $(0, -9)$이므로

$C(0, -9)$

$y=-\dfrac{1}{3}x^2+k$의 그래프가 점 $B(3, 0)$을 지나므로

$0=-3+k$ $\therefore k=3$

$y=-\dfrac{1}{3}x^2+3$의 그래프의 꼭짓점의 좌표는 $(0, 3)$이므로

$D(0, 3)$ ❷

$\therefore$ □$ACBD=\triangle ABD+\triangle ACB$

$\qquad\qquad =\dfrac{1}{2}\times 6\times 3+\dfrac{1}{2}\times 6\times 9=36$ ❸

🅐 36

채점 기준	배점
❶ $\overline{AB}$의 길이 구하기	30 %
❷ 두 꼭짓점 C, D의 좌표 각각 구하기	40 %
❸ □ACBD의 넓이 구하기	30 %

NE능률 수학교육연구소

NE능률 수학교육연구소는 전문성과 탁월성을 기반으로
수학교육 트렌드를 선도합니다.

필요충분한 수학유형서

75

펴 낸 날	2024년 7월 5일(초판 1쇄)
펴 낸 이	주민홍
펴 낸 곳	(주)NE능률
지 은 이	NE능률 수학교육연구소
	류용수, 이충안, 이민호, 정다운, 류재권, 홍성현, 오민호, 김정훈, 이혜수
개 발 책 임	차은실
개 발	최진경, 김미연, 최신욱
디자인책임	오영숙
디 자 인	김효민
제 작 책 임	한성일
등 록 번 호	제1-68호
I S B N	979-11-253-4746-0

대 표 전 화	02 2014 7114
홈 페 이 지	www.neungyule.com
주 소	서울시 마포구 월드컵북로 396(상암동) 누리꿈스퀘어 비즈니스타워 10층